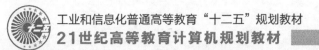

工业和信息化普通高等教育“十二五”规划教材

21世纪高等教育计算机规划教材

COMPUTER

微机原理与接口技术——从16位到32位

Microcomputer Principle and Interface Technology——from 16 to 32 bits

乔志伟 张艳兵 李顺增 主编

人 民 邮 电 出 版 社

北 京

图书在版编目（CIP）数据

微机原理与接口技术 : 从16位到32位 / 乔志伟, 张艳兵, 李顺增主编. -- 北京 : 人民邮电出版社, 2014.2（2020.8重印）
21世纪高等教育计算机规划教材
ISBN 978-7-115-34342-0

Ⅰ. ①微… Ⅱ. ①乔… ②张… ③李… Ⅲ. ①微型计算机－理论－高等学校－教材②微型计算机－接口技术－高等学校－教材 Ⅳ. ①TP36

中国版本图书馆CIP数据核字(2014)第009498号

内 容 提 要

本书分为 4 篇，共 14 章，内容包括：计算机的硬件组成、8086 汇编语言程序设计、8086 CPU 特性及其总线操作、存储器配置方法、接口和中断技术、常用接口芯片及其应用、80386 CPU 特性、32 位汇编语言及其程序设计。

本书既有 16 位汇编语言与微机原理的内容，又有 32 位汇编语言的内容，可以作为非电类和电类相关专业微机原理与接口技术课程的教材，也可供从事微机、单片机、DSP 以及嵌入式系统的科研人员参考。

◆ 主　　编　乔志伟　张艳兵　李顺增
　责任编辑　邹文波
　责任印制　彭志环　杨林杰
◆ 人民邮电出版社出版发行　　北京市丰台区成寿寺路 11 号
　邮编　100164　　电子邮件　315@ptpress.com.cn
　网址　http://www.ptpress.com.cn
　北京捷迅佳彩印刷有限公司印刷
◆ 开本：787×1092　1/16
　印张：17.5　　　　2014 年 2 月第 1 版
　字数：460 千字　　　　2020 年 8 月北京第 6 次印刷

定价：39.80 元

读者服务热线：(010)81055256　印装质量热线：(010)81055316
反盗版热线：(010)81055315

前言

微机原理与接口技术是一门工科大学生必修的专业基础课，其与计算机基础及程序设计基础一起构成了工科大学生的计算机知识基本框架。这门课程有时被称作微型计算机技术及应用，有时被称作微机原理与汇编语言，其实它们基本的内涵是一样的，即应该包含3部分：汇编语言、微机原理及接口技术。

汇编语言部分，主要介绍指令系统及汇编语言的程序设计方法。其目标是使学生成为汇编语言的初级程序员，能规范地用汇编语言设计程序。微机原理部分，主要介绍CPU、存储器、接口和中断等原理性的内容。其目标是使学生理解微型计算机的基本运行原理，也就是程序的运行机理，并在此基础上掌握如何设计存储器、如何管理接口以及如何管理中断系统。接口技术部分，其实就是应用部分，其目标是使学生掌握常用接口的知识并熟练运用接口及其外设的配置方法与编程方法。

以上3部分内容是一个完整的体系，而本书在此基础上，又较系统地介绍了32位的基于Windows控制台的汇编语言程序设计方法。这对于学生理解32位及64位的基于Windows的计算机的基本原理有入门和引导的作用，也是为什么本书分为4篇而不是3篇的原因。

该课程的先行课建议包括：计算机基础、程序设计基础、数字电子技术、计算机组成原理以及数据结构。

对于非电类的专业，建议学习前两篇并选择第3篇的1~2章内容（根据专业特点选择，如机械类的可选择8255及A/D转换这两章）；对于电类非计算机的专业，建议学习前三篇；而对于计算机科学与技术专业的学生，建议学习全部内容；对于网络工程、物联网工程及软件工程的学生，建议尽可能学习全部内容。

本书的参考学时为64~88学时，建议至少进行6次实验（12学时），而对于计算机专业的学生则建议至少进行10次实验（20学时）。具体学时分配方法，请根据教学大纲及各个学校的实际来安排。

本书第1章到第14章分别由李顺增、陈够喜、赵冬青、雷海卫、孟令军、尹建平、赵英亮、靳鸿、李文强、徐志永、张艳兵、李建民、乔道迹和乔志伟编写。附录由李顺增编写。全书由乔志伟、张艳兵和李顺增统稿。

感谢所有对本书提供帮助和支持的领导和老师。

由于作者水平有限，书中难免存在疏漏或不妥之处，恳请广大读者批评指正。

编　者

2014年1月

目 录

第 1 篇　16 位汇编语言部分

第 2 篇　16 位微机原理部分

第 3 篇　接口应用部分

第 1 篇

16 位汇编语言部分

第 1 章 微机系统基础知识

计算机技术是 20 世纪发展速度最快、普及程度最高、应用最广的科学技术之一。

自 1946 年第一台电子计算机在美国宾夕法尼亚大学诞生至今，经过半个多世纪的发展，计算机应用已经渗透到国民经济和社会生活的各个领域，极大地改变了人们的工作和生活方式，成为推动社会发展和社会进步的巨大推手。

传统的计算机由五大部分组成，分别是运算器、控制器、存储器、输入设备和输出设备。其中，运算器负责对数据进行加工；控制器则控制和协调各部分之间的数据传输工作；存储器用来存储数据和程序；输入设备是外界干预计算机运行与向计算机提供信息的媒介；输出设备用来将计算机内部的运算结果向外界展示。这五大组成部分利用相应的辅助电路连接在一起，构成了计算机的硬件部分，再配置相应的软件就构成完整的计算机系统。

通常，电子计算机按其体积、性能和价格被分为巨型机、大型机、中型机、小型机和微型机。微型计算机（简称微机）与其他几类计算机的主要区别在于微型计算机以微处理器为基础，采用大规模集成电路组成其核心电路。

1.1 微机的发展、分类与应用

微机是由大规模集成电路组成的、体积较小的电子计算机。它是以微处理器为基础，配以内存储器及输入/输出（I/O）接口电路和相应的辅助电路而构成的计算机。特点是体积小、灵活性大、价格便宜、使用方便。

1.1.1 微机的发展过程

在微机中，由于微处理器是其核心部件，它在很大程度上决定了微机及其系统的主要性能指标。因此，微处理器的发展过程就是微机的发展过程。每当一款新型的微处理器出现时，就会带动微机体系结构的进一步优化、存储器存取速度的不断提高、存取容量的不断增大、外围设备的不断改进以及新设备的不断出现等。

根据微处理器的字长和功能，可将微机的发展划分为以下几个阶段。

第 1 阶段（1971～1973 年）是 4 位和 8 位低档微处理器时代，典型产品是 Intel 4004 和 Intel 8008。基本特点是采用 PMOS 工艺，集成度大约为 4000 个晶体管/片，系统结构和指令系统都比较简单，主要采用机器语言或简单的汇编语言，指令数目较少，基本指令周期为 20～50μs，主要应用于家用电器、计算器等消费领域。

第 2 阶段（1974～1977 年）是 8 位中高档微处理器时代，典型产品是 Intel 8080/8085、Motorola 公司的 MC6800、Zilog 公司的 Z80 等。它们的特点是采用 NMOS 工艺，集成度大约为 10000 管/片，平均指令执行时间为 1～2μs，指令系统比较完善，具有典型的系统结构和中断、DMA 等控制功能，并被广泛应用于教学、实验、工业控制和智能仪器等领域。

第 3 阶段（1978～1984 年）是 16 位微处理器时代，典型产品是 Intel 公司的 8086/8088，Motorola 公司的 M68000，Zilog 公司的 Z8000 等。其特点是采用 HMOS 工艺，集成度大约为 20000～70000 晶体管/片，平均指令执行时间为 0.5μs。指令系统更加丰富和完善，采用多级中断、多种寻址方式和硬件乘除部件。这一时期著名微机产品有 IBM 公司的 IBM-PC 机。由于 IBM 公司采用了技术开放的策略，使得个人计算机风靡世界。此阶段计算机应用范围已涉及实时控制、数据管理和组联局域网等方面。

第 4 阶段（1985～1999 年）是 32 位微处理器时代，典型产品是 Intel 80386/80486、MC68020/MC68040 和 Pentium（奔腾）、PentiumPro、AMD-K6、PentiumⅡ和 PentiumⅢ等。特点是采用 CMOS 或 HMOS 工艺，集成度大约为 270000～8200000 管/片，使用 32 位地址总线和 32 位数据总线。指令的平均执行时间约为 1～100ns。微机的功能已经达到或者超过小型计算机，完全可以胜任多任务、多用户的作业。

第 5 阶段（2005 年至今）是 64 位高档微处理器时代，主要代表产品是 Itanium（安腾）和 Amd64，2000 年 8 月，Intel 向世界展示了 Itanium，新一代字长 64 位的微处理器已经诞生。在 21 世纪到来之时，微处理器也迎来了一个新的发展时代（另外还有人将“酷睿”以后的处理器称为第 6 代微处理器，主要特点是多核以及低能耗，但没有统一）。

从奔腾开始，微处理器内部采用了超标量指令流水线结构，并具有相互独立的指令 Cache 和数据 Cache。随着 MMX 微处理器的出现，使微机的发展在网络化、多媒体化和智能化等方面跨上了更高的台阶。在双内核处理器的支持下，真正的多任务得以应用，微机系统应用更广泛，已经深入到社会生活的各个方面。

微处理器技术的发展过程是微处理器在其结构体系上不断改进、优化的过程，是集成度、功能和速度不断提高的过程，也是性价比不断增长的过程。

1.1.2 微机的分类和应用

微机可以从不同角度对其进行分类。按微处理器的位数，可分为 1 位、4 位、8 位、16 位、32 位和 64 位机等。按功能和结构，可分为单片机和多片机。按组装方式，可分为单板机和多板机。

目前使用较多的是按应用场合分类。一般按应用场所不同、设计时的侧重不同，可以将微机分为以下几类。

1. 网络计算机

这类计算机主要应用于计算机网络，为计算机网络提供部分网络功能或者网络服务，使计算机网络能够提供更快、更便捷的服务。主要有以下几种。

（1）服务器（Server）：具有高可靠性和强大数据吞吐能力的提供各种服务的高性能计算机。

（2）工作站（Workstation）：以网络计算为基础，面向不同专业应用领域，具备强大的数据运算与图形、图像处理能力以及较强的联网能力的高性能计算机。

（3）集线器（HUB）和交换机（Switch）：将计算机连接在一起构成局域网，并能进行数据转送的网络设备。

（4）路由器（Router）：路由器用于连接多个网络，向用户提供通信量最少的网络通信路径，不同的路由器采用不同的最优路径算法来调整信息传递的路径。

2. 工业控制计算机

工业控制计算机是指对工业生产过程以及机电设备、生产工艺进行检测与控制的计算机系统的总称，简称工控机。它采用总线结构，一般由计算机和输入输出通道两大部分组成。输入/输出通道一方面用来完成工业生产过程的检测并将数据送入计算机进行处理；另一方面将计算机对生产过程中发出的控制命令和信息转换成受控对象的控制变量的信号，再送往控制对象的控制器去，由控制器行使对生产设备运行控制。目前工控机主要有：IPC（PC总线工业电脑）、PLC（可编程控制系统）、DCS（分散型控制系统）、FCS（现场总线系统）及CNC（数控系统）等。工业控制计算机的特点是：体积小、组装维护方便、编程简单、可靠性高、抗干扰能力强等特点。

3. 个人计算机（Personal Computer）

个人计算机是指能独立运行、完成特定功能的计算机。个人计算机不需要共享其他计算机的处理、磁盘和打印机等资源也可以独立工作，完成特定功能的、面向个人使用的计算机。它主要由主机、显示器、键盘、鼠标等组成最基本的系统。目前，个人计算机的主要类型有台式机、笔记本电脑、掌上电脑、平板电脑等。

台式机（Desktop）：也叫桌面机，是一种由主机、显示器、键盘等相对独立的设备组合而成的，需要放置在电脑桌或者专门的工作台上的计算机，是现在非常流行的微型计算机，多数人家里和公司用的机器都是台式机。

笔记本电脑（Notebook）：也称手提电脑或膝上型电脑，是一种小型、便携的个人电脑，通常重1～3kg，采用液晶显示器。有些笔记本电脑除了键盘外，还提供了触摸板（TouchPad）。笔记本电脑可以大体上分为6类：商务型、时尚型、多媒体应用、上网型、学习型、特殊用途。

掌上电脑（PDA）：是一种运行在嵌入式操作系统和内嵌式应用软件之上的、小巧、轻便、易带、实用、价廉的手持式计算设备。它在体积、功能和硬件配备方面都比笔记本电脑简单轻便。掌上电脑再配上其他功能，就可以变成其他便携设备。

平板电脑：是一款无须翻盖、没有键盘、大小不等、形状各异，却功能完整的电脑。其构成组件与笔记本电脑基本相同，但它是利用触笔在屏幕上书写，而不是使用键盘和鼠标输入，它除了拥有笔记本电脑的所有功能外，还支持手写输入或语音输入，移动性和便携性更胜一筹。

4. 嵌入式计算机

嵌入式计算机是一种以应用为中心、以微处理器为基础，软硬件可裁剪的，适应应用系统对功能、可靠性、成本、体积、功耗等综合性要求严格的专用计算机系统。它一般由嵌入式微处理器、外围硬件设备、嵌入式操作系统以及用户的应用程序等四个部分组成。它是目前增长最快的计算机系统。嵌入式系统几乎包括了生活中的所有电器设备，如掌上PDA、计算器、电视机顶盒、手机、数字电视、多媒体播放器、汽车、微波炉、数字相机、家庭自动化系统、电梯、空调、安全系统、自动售货机、蜂窝式电话、消费电子设备、工业自动化仪表与医疗仪器等。

嵌入式系统的核心部件是嵌入式处理器，分成4类：嵌入式微控制器（Micro Contrller Unit，MCU，俗称单片机）、嵌入式微处理器（Micro Processor Unit，MPU）、嵌入式DSP 处理器（Digital Signal Processor，DSP）和嵌入式片上系统（System on Chip，SOC）。嵌入式微处理器一般具备4个特点：

（1）嵌入式微处理器的功耗很低，一般功耗只有mW甚至μW级；

（2）有很强的对实时和多任务的支持能力，具有较短的中断响应时间；

（3）具有很强的存储保护功能；

（4）方便扩展的处理器结构，能迅速地扩展出满足应用的嵌入式系统。

1.2　微机系统的组成

微机系统可以从三个层次来理解，这三个层次为：微处理器、微型计算机和微型计算机系统。

1.2.1　微处理器

微处理器主要由运算器、控制器及少量存储器组成，一般也称中央处理器（Central Processing Unit，CPU），是微型计算机的核心，具有运算和控制功能。虽然不同 CPU 的功能和性能指标各不相同，但是具有共同的特点。

CPU 一般都具有以下功能：可以进行算术和逻辑运算；可保存少量数据；能对指令进行译码并执行规定的动作；能和存储器、外设交换数据；提供整个系统所需要的定时和控制；可以响应其他部件发来的特殊事件的请求。

CPU 在内部结构上主要包含以下部分：算术逻辑部件（ALU）；累加器和通用寄存器组；程序计数器（指令指针）、指令寄存器和译码器；时序和控制部件等部分。

CPU 内部的 ALU 是专门用来处理各种数据信息的，它可以进行加、减、乘、除算术运算和与、或、非、异或等逻辑运算。累加器和通用寄存器用来暂存参加运算的数据和运算的中间结果，也可以用来存放操作数的地址。程序计数器存储下一条要执行的指令在内存中的地址。指令寄存器存放当前要执行指令的指令代码。指令译码器则对指令进行译码和分析，从而确定指令的操作，并确定操作数的地址，再得到操作数，以完成指定的操作。指令译码器对指令进行译码时，产生相应的控制信号送到时序和控制逻辑电路，组成外部电路所需要的时序和控制信号，并将其送到微型计算机的其他部件，以控制这些部件协调工作。

1.2.2　微型计算机

微型计算机由 CPU、存储器、输入/输出接口电路和系统总线构成。微型计算机的基本结构如图 1.1 所示。

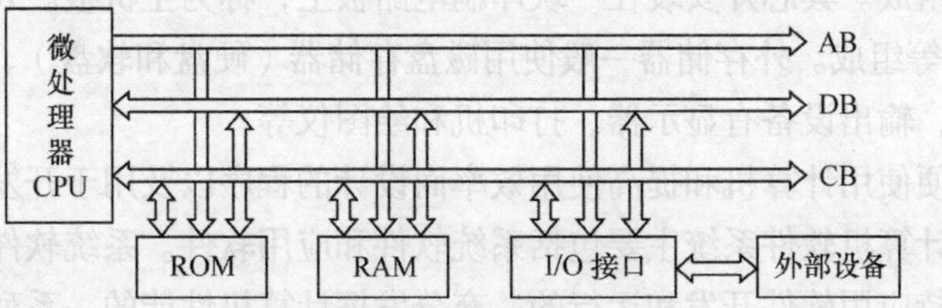

图 1.1　微型计算机的基本结构

CPU 是微型计算机的核心，它的性能决定了整个微型计算机的各项关键指标。它的功能是根据指令的要求进行算术和逻辑运算，以及控制其他部件协调工作。微处理器本身不能构成一个独立的工作系统，也不能独立地执行程序，必须配上存储器、输入/输出设备构成一个完整的微型计算机系统后才能工作。

存储器用来存放程序和数据。在工作过程中，CPU 可根据需要随时对存储器进行读或写操作，以取得指令和数据，并将运算结果保存在存储器中。存储器包括随机存取存储器（RAM）和只读存储器（ROM）两大类：RAM 是易失性存储器，即其内容在断电后会全部丢失，因而只能存放暂时性的程序和数据；ROM 是非易失性存储器，其内容在一般情况下只能读出不能随时写入，但断电后其所存信息仍保持不变，所以 ROM 常用来存放永久性的程序和数据，如初始化引导程序、监控程序、自检程序以及系统的基本输入/输出管理程序 BIOS 等。

输入/输出接口电路是微型计算机的重要组成部件，是微型计算机连接外部设备并与外界进行信息交换的逻辑控制电路。由于输入/输出设备的形式多种多样，其结构、工作速度、信号形式和数据格式等各不相同，因此它们不能直接与计算机的系统总线相连接，必须通过输入/输出接口电路才能实现与 CPU 间的信息交换。

总线是计算机各部件之间数据传输的公共通道，是微型计算机的重要组成部件。CPU 和其他部件之间需要传输数据、地址和控制信息，这些信息都通过总线来传输。换句话来讲，就是构成微机的各功能部件之间通过总线相连接，构成一个整体。采用总线结构之后，使得符合总线标准的部件或设备都可以很方便地连接到系统中，使系统功能得到扩展。

系统总线根据传输的信息不同，一般包含 3 组不同功能的总线，即数据总线 DB（Data Bus）、地址总线 AB（Address Bus）和控制总线 CB（Control Bus）。数据总线用来传输数据，从结构上看，数据总线是双向的，即数据可以从 CPU 送到其他部件，也可以从其他部件传送到 CPU。地址总线专门用来传送地址信息，一般情况下地址总线是单向的，在计算机中地址总线的位数决定了 CPU 可以直接访问的存储器的数量。控制总线用来传输控制信号、时序信号和状态信号等，协调和控制计算机各部件之间的工作。

1.2.3 微型计算机系统

以微型计算机为主体，配上相应的软件和外部设备之后，就成了微型计算机系统，如表 1.1 所示。一个完整的微型计算机系统由硬件系统和软件系统这两大部分组成，计算机的硬件系统和软件系统是密不可分但又相对独立的两大部分。硬件系统是计算机工作的基础，没有硬件系统的支持，软件系统将无法正常工作；软件是计算机的灵魂，没有软件，硬件就是一个空壳，不能作任何工作。只有把二者有机地结合起来，才能充分发挥计算机的作用。

微型计算机硬件系统是指构成计算机的物理设备，即由机械、电子器件构成的具有输入、存储、计算、控制和输出功能的实体部件，主要包括主机和外围设备，主机由微处理器、内存储器以及一些接口电路组成。其芯片安装在一块印刷电路板上，称为主机板。外部设备主要由外存储器、输入/输出设备等组成。外存储器一般使用磁盘存储器（硬盘和软盘）、光盘存储器。输入设备有键盘、鼠标等，输出设备有显示器、打印机和绘图仪等。

软件是指为方便使用计算机和提高使用效率而设计的程序以及用于开发、使用和维护的相关文档的统称。微型计算机软件系统主要包括系统软件和应用软件。系统软件是指控制和协调计算机及外部设备、支持应用软件开发和运行的、充分发挥计算机性能的一系列程序的总称，主要包括操作系统、语言翻译系统、数据管理系统以及一些服务性程序等，如编辑程序、汇编程序、编译程序、调试程序等。应用软件是指用户利用计算机提供的系统软件编制的用以解决各种实际问题的程序。通常，应用软件解决某一领域中的具体问题，或某一类特定的计算、数据处理或控制问题。

表 1.1 微型计算机系统组成

<table>
<tr><th colspan="7">硬件系统</th><th colspan="2">软件系统</th></tr>
<tr><th colspan="4">主机</th><th colspan="3" rowspan="2">外设</th><th rowspan="2">系统软件</th><th rowspan="2">应用软件</th></tr>
<tr><th colspan="2">微处理器</th><th colspan="2">存储器</th></tr>
<tr><td>运算器</td><td>控制器</td><td>内存储器</td><td>硬盘</td><td>输入设备</td><td>输出设备</td><td>外存储器</td><td>操作系统
办公软件
程序设计语言
数据库管理系统
网络管理系统软件
工具软件</td><td>信息管理软件
辅助设计软件
实时控制软件</td></tr>
</table>

1.3 二进制数及运算

1.3.1 二进制数

计算机是一个典型的数字化电子设备。它只能识别高电平和低电平，分别用“1”和“0”表示。所有数字电子计算机都是以二进制形式进行算术运算和逻辑操作的。

以 2 为基数的计数制叫作二进制计数制，简称二进制。

二进制数通常具有如下 2 个主要特点。

（1）有 0～1 共 2 个不同的数码。

（2）在加法中采用逢 2 进 1 的原则。

对于一个有 n 位整数和 m 位小数的二进制数 N 表示为：

$$N = \pm[a_{n-1}\times 2^{n-1} + a_{n-2}\times 2^{n-2} + \cdots + a_0\times 2^0 + a_{-1}\times 2^{-1} + a_{-2}\times 2^{-2} + \cdots + a_{-m}\times 2^{-m}]$$

$$= \pm\sum_{i=n-1}^{-m} a_i \times 2^i$$

式中：i 表示数中任一二进制位，a_i 表示第 i 位的数值，可取 0 或 1，n 为该二进制数整数部分的位数；m 为小数部分的位数。

1.3.2 二进制数的运算

二进制数的运算有逻辑运算和算术运算。

逻辑运算常用的有：“逻辑与”、“逻辑或”、“逻辑异或”和“逻辑非”四种运算。在组成表达式时，可分别用符号“AND”、“OR”、“XOR”及“NOT”作为运算符。二进制数的逻辑运算只按位进行运算。其一位逻辑运算规则如表 1.2 所示。

表 1.2 逻辑运算规则

逻辑与运算	逻辑或运算	逻辑异或运算	逻辑非运算
0 AND 0 = 0	0 OR 0 = 0	0 XOR 0 = 0	NOT 0 = 1
0 AND 1 = 0	0 OR 1 = 1	0 XOR 1 = 1	NOT 1 = 0
1 AND 0 = 0	1 OR 0 = 1	1 XOR 0 = 1	
1 AND 1 = 1	1 OR 1 = 1	1 XOR 1 = 0	

多位二进制数进行逻辑运算时，利用一位逻辑运算规则按位进行运算。

算术运算主要有“加”、“减”和“乘”，其一位运算规则如表 1.3 所示。

表 1.3　　加、减、乘运算规则

加运算	减运算	乘运算
0 + 0 = 0	0 – 0 = 0	0 * 0 = 0
0 + 1 = 1	0 – 1 = 1 （有借位）	0 * 1 = 0
1 + 0 = 1	1 – 0 = 1	1 * 0 = 0
1 + 1 = 0（有进位）	1 – 1 = 0	1 * 1 = 1

多位二进制数组成一个数值进行算术运算时，利用一位运算规则按位进行运算，如果有进位或借位时，与十进制数运算相同，向该位的左边一位进位或借位。

1.3.3　数在计算机中的表示

在计算机中，数有无符号数和带符号数之分。所谓无符号数就是指组成该数据的所有二进制位上的数码全部用来表示其数值的大小，所以它所表示的数据都是正数，不可能出现负数，比如存储单元的地址等。而带符号数则将数据的值和正负在数据编码中表示出来，数据有正有负。那么在计算机中对于带符号的数是如何表示的呢？在计算机中，将一个数连同其符号用二进制数来表示，这样的二进制数称为机器数。机器数是有特定的位数的二进制数，它的位数就是该机器的字长。在机器数中，最高有效位是符号位，其余的各位是数值位。符号位规定 0 表示正数，1 表示负数。机器数有多种表示方法，在计算机中普遍采用的是补码表示方法。

对于 n 位字长的带符号数 X

$$[X]_{补}=\begin{cases} X & X \geqslant 0 \\ 2^n + X & X \leqslant 0 \end{cases}$$

为了说明补码，先引进一个“模”的概念。“模”是指一个计量系统的计数范围。如钟表的计量范围是 0～11，即模为“12”。在钟表上，我们将时针顺时针调整 8 小时与将时针逆时针调整 4 小时是相同的，为什么呢？

“模”实质上是计量器产生“溢出”的量，它的值在计量器上表示不出来，计量器上只能表示出模的余数。例如：在钟表上，假设当前时针指向 11 点，而正确时间是 7 点，调整钟表可以用以下两种方法。

（1）逆时针拨 4 小时，即：11–4=7

（2）顺时针拨 8 小时：11+8=12+7=7

在以 12 为模的系统中，加 8 和减 4 效果是一样的。因此凡是减 4 运算，都可以用加 8 来代替。对“模 12”而言，8 和–4 互为补数。

对于计算机，其概念和方法完全一样。n 位计算机（设 n=8），所能表示的最大数是 11111111，若再加 1 为 100000000（9 位）。但因为只能保留 8 位，最高位 1 自然丢失，又回了 00000000，所以 8 位二进制系统的模为 2^8。

在字长为 n 位的计算机中，其计量范围是 0～2^n–1，即模为 2^n。

把补数用到计算机对数的处理上，就是补码。

在计算机中采用补码，是为了将减法问题转化成加法问题，只需把减数用相应的补数表示就可以了。即对补码来讲具有如下关系式：

$$[X+Y]_{补}=[X]_{补}+[Y]_{补}$$

$$[X-Y]_{补}=[X]_{补}+[-Y]_{补}$$

由补码的加法运算可知，引入补码后，使加法运算变得更加简单和方便。做加法时，两个补码相加即得和的补码。做减法时，如果减数是正数，则将减数变为与该数相对应的负数的补码，然后与被减数的补码相加；如果减数为负数，则将减数变为与该数相对应的正数的补码，再与被减数的补码相加。

采用补码做加法时，也要注意以下两个问题。

（1）把符号位当作数据，一同参与运算。

（2）符号位相加后，若有进位存在，则把进位舍去。

例如：已知字长为 8 位，$X=+11101$，$Y=-1110$，求 $X+Y=?$

解：$\because [X]_{补}=00011101$，$[Y]_{补}=11110010$

	00011101	$[X]_{补}$
	+ 11110010	$[Y]_{补}$
进位自然丢失	(1)00001111	$[X+Y]_{补}$

$\therefore \quad X+Y=[X+Y]_{补}=00001111$

例如：已知字长为 8 位，$X=+11011$，$Y=+1110$，求 $X-Y=?$

解：$\because [X]_{补}=00011011$，$[-Y]_{补}=11110010$

	00011101	$[X]_{补}$
	+ 11110010	$[-Y]_{补}$
进位自然丢失	(1)00001111	$[X-Y]_{补}$

$\therefore \quad X-Y=[X-Y]_{补}=[X]_{补}+[-Y]_{补}=00001111$

补码运算是一种成熟的数字运算方法。在计算机中，利用补码只要将符号位连同数值位一起参与运算，就可以将减法运算转换为加法运算。

1.3.4　带符号数的溢出

如果计算机的机器字长是 n 位，n 位二进制数的最高位为符号位，其余的 $n-1$ 位为数值位，采用补码表示的话，可以表示的数的范围是

$$-2^{n-1} \leqslant X \leqslant 2^{n-1}-1$$

例如：如果机器字长为 8 位，那么可以表示的带符号数的范围是−128～+127；如果机器字长为 16 位，则可以表示的带符号数的范围是−32768～+32767。

当两个带符号数进行加减运算，运算的结果如果超出了该字长所能表示的带符号数的范围，那么结果一定会是错误的，这种错误被称为溢出。显然溢出问题只能发生在两个同号数相加或者两个异号数相减的时候。

对于加法，如果次高位向最高位产生进位，但是最高位没有向更高位产生进位；或者次高位没有向最高位产生进位，但是最高位向更高位产生了进位，这都会导致溢出。因为这两种情况的意义是：两个正数相加结果变成了负数或者两个负数相加结果变成了正数。这是因为当前的机器字长没有办法表示运算结果所致，所以结果是错误的，发生了溢出。

例：机器字长为 8 位，（+70）+（+97）

```
      01000110      +70
  +   01100001      +97
  ————————————
      10100111      -89
无进位↙  ↘有进位      └→溢出，结果出错
```

例：机器字长为 8 位，(−83)+(−80)

```
       10101101       −83
   +   10110000       −80
  ——————————————
    [1]01011101       +93
有进位↙  ↘无进位       └→溢出，结果出错
```

对于减法运算，如果次高位向最高位有借位，但是最高位没有向更高位借位；或者次高位没有向最高位借位，但是最高位向更高位产生了借位，也会发生溢出问题。因为这两种情况的意义是：正数减负数或者负数减正数，差超出了当前的机器字长的表示范围，出现了错误，发生了溢出。

在后面的学习中，我们将会知道，在 CPU 中，专门设置一个记录带符号数的运算是否溢出的标志，用来反映带符号数运算是否溢出。

1.4 编　　码

计算机除了能进行数据运算外，还可以对字符和其他信息进行处理。所以，对于字符和其他信息必须进行统一的编码，才能进行有效处理。

1.4.1 BCD 码

计算机中的数据都是用二进制数表示和运算的，但是日常生活中我们熟悉的是十进制数，为了适合人们的计数习惯，在计算机中还存在一种用二进制数表示的十进制数，这就是 BCD 码。

BCD 码（Binary Coded Decimal）是十进制数的一种编码表示法，即用 4 位二进制数表示一位十进制数。由于 4 位二进制数有十六种编码，而一位十进制数只有十种不同的值，任意取 4 位二进制数的十种编码表示十进制数符就是一种 BCD 码，所以 BCD 码的种类较多。常用的 BCD 码是 8421 码，即组成它的 4 位二进制数码的权为 8、4、2、1，与二进制计数方式相同，便于运算。

在计算机中，最常用的数据单位是字节，一个字节有 8 个二进制位，而一位 BCD 数只占用 4 个二进制位，所以 BCD 码有压缩和非压缩之分。压缩 BCD 码就是用一个字节的 8 个二进制位表示两位十进制数，其中十进制数的十位在该字节的高 4 位，而个位在低 4 位中。非压缩 BCD 码是指用 8 位的二进制数来表示一位十进制的数码，在这个字节（8 位的二进制数）中，低 4 位的值就是所表示的 BCD 数，而高 4 位没有意义，可以为任意值，一般用“0000”来表示。

显然，使用压缩 BCD 码可以少占用存储空间，节约内存的使用量。

例如：十进制数 97，用两种不同的方法表示：压缩 BCD 码的形式是 10010111；非压缩 BCD 码的形式是 00001001 00000111。

需要说明的是，两个 BCD 数也是可以运算的。但是由于计算机中只有二进制的运算器，所以 BCD 数运算也是按二进制运算法则运算的，这就导致 BCD 数运算后，结果可能不是 BCD 数。

例如 7 加 8，应该等于 15，但是按二进制运算，实际的结果为 0111+1000=1111，不是一个 BCD 数，这时候就需要调整，使得运算结果仍然是 BCD 码格式。

对 BCD 码的调整，要看是做什么运算，不同的运算其调整方法是不同的。

加法的调整方法：两个 BCD 数执行加法操作，得到二进制的加法结果，然后以 4 位为单位。如果该 4 位的值大于 1001，或者该 4 位在加法运算时向更高的位产生进位，则结果的这 4 位需要再加上二进制数 0110 做调整，得到正确的结果；否则结果正确，不需要调整。这是因为如果运算结果大于 1001，按十进制计数规则，应该产生进位了，但是由于 4 位二进制数加法只有结果大于 1111 时才进位，中间的差就是 0110；如果在加法运算时该 4 位向更高位产生了进位，则这个进位代表的是十进制数 16，即该 4 位 BCD 数中已经被进位带走了 6（0110），要得到正确的值，必须再将这个数值补回来。

例如：压缩 BCD 数 37 和 45 相加

```
  0011 0111    37
+ 0100 0101    45
-----------
  0111 1100    不是BCD数
+ 0000 0110
-----------
  1000 0010    82 结果正确
```

减法的调整方法：两个 BCD 数执行减法操作，得到二进制的减法结果，然后以 4 位为单位。如果该 4 位在减法运算时向更高的位产生借位，则结果的这 4 位需要再减二进制数 0110 做调整，得到正确的结果；如果该 4 位没有借位，则结果正确，不需要调整。这是因为按二进制计数规则，该 4 位向高位借位，借来的值是十进制数 16，但是按十进制运算规则，借位是当成十进制 10 的，结果中多了 6，故减掉它就正确了。

在计算机的指令系统中，有专门的十进制调整指令，完成上述 BCD 码运算的调整，使得 BCD 码运算后，结果仍然正确。

1.4.2　字符的表示（ASCII 码）

ASCII 码（American Standard Coded for Information Interchange）是美国标准信息交换代码的简称。ASCII 码诞生于 1963 年，是一种比较完整的字符编码，已成为国际通用的标准编码，现已广泛用于微型计算机中。

ASCII 码使用 7 位或 8 位二进制数组合来表示 128 或 256 种可能的字符。

使用 7 位二进制数码表示的 ASCII 码称为“标准 ASCII 码”，可以表示 128 个字符。这 128 个字符共分两类：一类是可显示字符，共 96 个；另一类是控制字符，共 32 个。96 个可显示字符包括十进制数字 10 个、大小写英文字母 52 个和其他字符 34 个；这类字符有特定形状，可以显示在显示器上和打印在纸上，其编码可以存储、传送和处理。32 个控制字符包括回车符、换行符、退格符、设备控制符和信息分隔符等等；这类字符没有特定形状，其编码虽然可以存储、传送，但是没有特定的形状显示，在使用中起控制作用。

标准 ASCII 码的一般形式是以一个字节来表示，它的低 7 位是 ASCII 值，最高有效位一般用来作为奇偶校验位，用以检测在字符的传送过程中是否发生了错误。

使用 8 位二进制数码表示的 ASCII 码称为“扩展 ASCII 码”，可以表示 256 个字符。在扩展 ASCII 码中，前面 128 个字符的编码与标准 ASCII 码相同，后面的 128 个编码称为扩展 ASCII 编码，目前许多基于 X86 的系统都支持使用扩展 ASCII。扩展 ASCII 码允许将每个字符的第 8 位用于确定附加的 128 个特殊符号字符、外来语字母和图形符号。

ASCII 码对照表，参见附录 3。

本章小结

本章主要介绍了 5 部分内容。第 1 部分内容为微型计算机的发展历程，可以了解微型计算机的历史以及各阶段计算机的特点和应用；第 2 部分内容为微型计算机的分类和应用，通过这部分内容，可以了解当前微机的发展及应用方向；第 3 部分内容为微型计算机的组成，主要是微处理器、微型计算机、微型计算机系统 3 个概念层次的不同；第 4 部分为数据在计算机中的表示和运算，主要介绍了补码以及补码的运算，溢出的概念和溢出判断；第 5 部分介绍了微型计算机中常用的两种编码 BCD 码和 ASCII。

第 2 章 计算机硬件组织的逻辑结构

微型计算机系统主要由硬件和软件组成，而计算机的硬件组织结构对于计算机系统的设计和学习尤其重要。8086 CPU 是美国 Intel 公司在 1978 年正式推出的一款 16 位的微处理器。Intel 公司正是基于 8086 CPU 特有的逻辑结构和特性，不断开发出 80X86 系列微处理器，在业界独领风骚。

2.1 8086 CPU 的逻辑结构

在 20 世纪 70 年代，随着大规模集成电路技术的发展，Intel 公司推出了全球第一个微处理器。微处理器所带来的计算机和互联网革命，改变了整个世界。将运算器和控制器等相关部件集成为一个芯片，称为中央处理器（Central Processing Unit，简称 CPU），是计算机系统的最重要的核心部件。

2.1.1 CPU 的基本功能

中央微处理器通常简称为 CPU，主要包括算术逻辑单元（Arithmetic Logic Unit，简称 ALU）、控制单元（Control Unit，简称 CU）和寄存器（Register）等。寄存器还可分为通用寄存器和专用寄存器，而专用寄存器又可分为段寄存器、标志寄存器和队列寄存器等。一个 CPU 基本功能至少应包括 6 个方面的内容，它们是：

（1）算术和逻辑运算；

（2）与存储器和外设进行数据交换；

（3）保存少量的数据；

（4）完成指令译码并执行指令；

（5）提供整个系统所需要的定时与控制信号；

（6）响应其他部件发来的各种请求。

2.1.2 8086 CPU 的逻辑结构

从逻辑结构角度来看，8086 CPU 可分为执行部件（Executable Unit，简称 EU）和总线接口部件（Bus Interface Unit，简称 BIU），如图 2.1 所示。

1. 执行部件

执行部件 EU 主要完成 CPU 的三种基本功能：

（1）算术和逻辑运算；

（2）指令译码和指令执行；

（3）暂存数据。

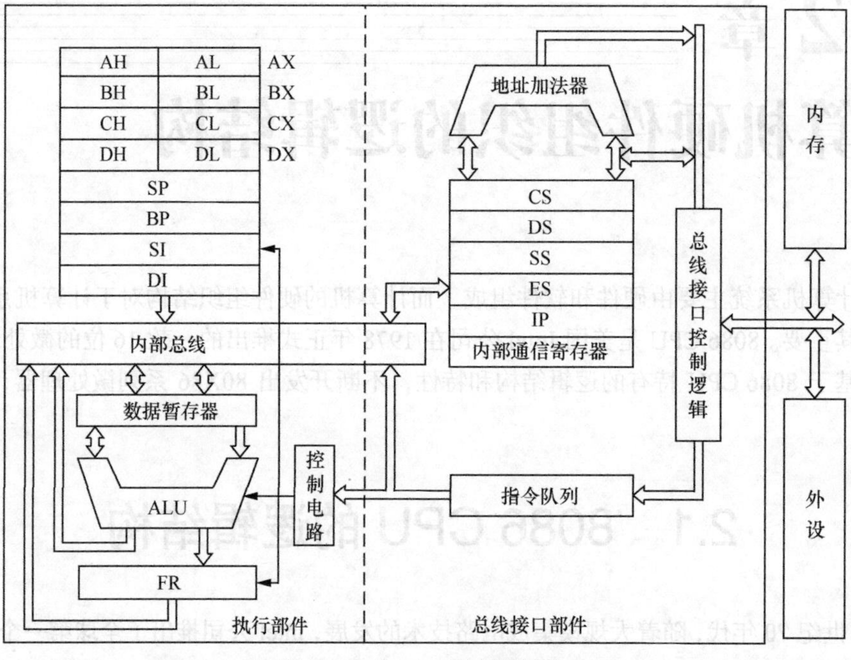

图 2.1　8086 CPU 的逻辑结构

执行部件 EU 主要包括：8 个通用寄存器、算术逻辑单元、数据暂存器以及 EU 的控制部件等。

（1）8 个通用寄存器 AX，BX，CX，DX，SP，BP，SI，DI，如图 2.2 所示。

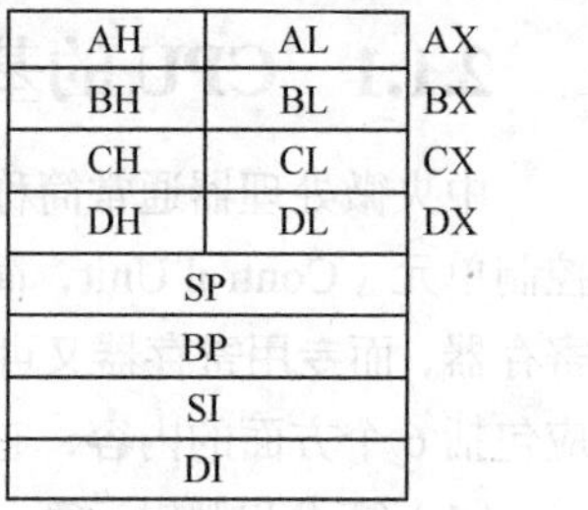

图 2.2　8086 CPU 中的通用寄存器组

上述的 8 个寄存器，不仅可作为通用寄存器使用，而且各自有其独特的用法。

AX：累加寄存器（Accumulator），是 16 位寄存器，可分为 AH 和 AL 两个 8 位的寄存器，并可单独使用。AX 是 CPU 进行算术和逻辑运算的主要寄存器，使用最多。

BX：基址寄存器（Base），也称为基址变址寄存器，是 16 位寄存器，可分为 BH 和 BL 两个 8 位的寄存器单独使用。通常用于访问连续的存储区域时，提供存储器地址。

CX：计数寄存器（Counter），是 16 位寄存器，可分为 CH 和 CL 两个 8 位的寄存器，并可分别使用。主要用于指令或程序段的执行次数控制，例如：循环和移位的次数控制。

DX：数据寄存器（Data），是 16 位寄存器，可分为 DH 和 DL 两个 8 位的寄存器，并可分别使用。常常和 AX 或 AL 或 AH 一起进行乘除法运算，也用于外设端口的访问时，提供外设端口地址。

SP：堆栈指针寄存器（Stack Pointer），是 16 位寄存器，一般用于存放堆栈的偏移地址。常与 BP 寄存器一起使用。

BP：基址指针寄存器（Base Pointer），是 16 位寄存器，一般用于存放堆栈的栈底地址。

SI：源变址寄存器（Source Index），是 16 位寄存器。SI 寄存器主要用于数据移动，常常和 DI 寄存器结合使用。

DI：目的变址寄存器（Destination Index），是 16 位寄存器。

说明：

堆栈（Stack），也称栈，是一种特殊的串行数据结构。它的特点是在这样的存储结构中，对存储数据的操作只能在该结构的存储区内进行，而且必须采用后进先出（LIFO，Last In First Out）的存储原则。堆栈的数据存储先从栈底开始存放，从栈顶（Top）开始取信息，如图 2.3 所示。

栈底：所定义的堆栈的最底部单元地址；

栈顶：最后进行信息存放的单元的地址。

在图 2.3 中，栈底的偏移地址为 D008H，而栈顶的偏移地址为 D004H，即 SP=D004H。

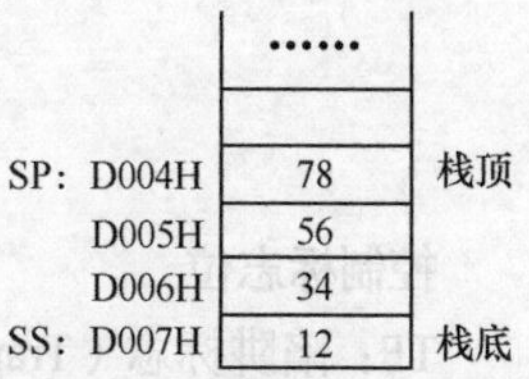

图 2.3　堆栈存储示意图

对堆栈的操作只有两种形式，即入栈（PUSH）和弹出（POP）。

入栈：将最新的字信息保存在堆栈之中，每次 SP 减 2，即 SP←SP−2。

弹出：按照 LIFO 的原则，将栈顶的字信息送出，每次 SP 加 2，即 SP←SP+2。

数据移动，也称数据搬家，即将存储器中规定的一段数据块（也称数据串），移动到指定的地址单元中。SI 用来存放源数据块的首字节（或末字节）的偏移地址，DI 用来存放数据块的目标单元的首字节或末字节的偏移地址。结合标志寄存器中 DF 标志一起使用。当 DF=0 时，每操作一次，SI 和 DI 依次增 1；当 DF=1 时，每操作一次，SI 和 DI 依次减 1。

（2）算术逻辑单元

算术逻辑单元（Arithmetic Logic Unit，简称 ALU）是执行部件的核心，完成 8 位或者 16 位二进制算术和逻辑运算。当 ALU 运算结束后，将对标志寄存器（Flag Register，简称 FR）中对应的标志位进行置位操作。

标志寄存器 FR 是一个 16 位的寄存器，使用了 9 位，其余 7 位没有使用，如图 2.4 所示。8086 CPU 的标志寄存器 FR 的标志位分为两类：一类为状态标志位，一类为控制位。状态标志位包括：CF、PF、AF、ZF、SF 和 OF 共 6 位。控制标志位包括 TF、IF 和 DF 共 3 位，如表 2.1 所示，下面进行详细介绍。

当 ALU 完成了算术或逻辑运算时，其结果将对 FR 进行置位。

状态标志位

CF：进借位标志（Carry Flag）。当加法运算有进位或有借位时，CF=1；否则 CF=0。当执行逻辑移位指令时，也会影响 CF。

PF：奇偶校验标志（Parity Flag）。对计算结果的低 8 位进行错误校验，防止数据在传输过程中产生误码。当低 8 位中“1”的个数为偶数时，PF=1；否则 PF=0。可见，PF 称为偶奇校验更加合适。

AF：半进借位标志（Auxiliary carry Flag），也称辅助进位标志。当运算中的 D_3 位（从最低位开始的第 4 位）有进位（或借位）时，AF=1；否则，AF=0。当采用类似 BCD 码参与运算时，由于本质是十进制运算，当 AF=1 时，运算结果将产生错误，需要对结果进行调整。

ZF：零标志（Zero Flag）。当运算结果为零时，ZF=1；否则，ZF=0。

SF：符号标志（Sign Flag）。当运算结果为负时，SF=1；否则，SF=0。

OF：溢出标志（Overflow Flag）。当运算结果超出该字长能表示的最大数时产生溢出，OF=1；否则，OF=0。

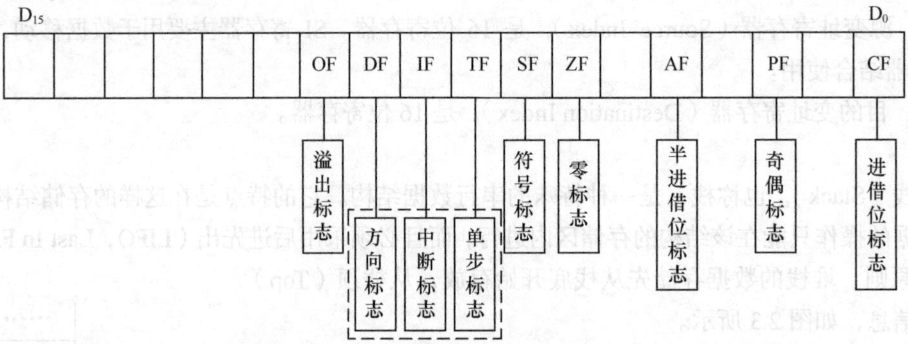

图 2.4 8086 CPU 的标志寄存器

控制标志位

TF：陷阱标志（Trap Flag）。当 TF 被设置为 1 时，CPU 进入单步模式。所谓单步模式就是 CPU 在每执行一条指令后都产生一个单步中断，主要用于程序的调试。8086/8088 中没有专门用来置位和清零 TF 的命令，需要用其他办法。

IF：中断标志（Interrupt Flag）。决定 CPU 是否响应外部可屏蔽中断请求。IF=1 时，CPU 允许响应外部的可屏蔽中断请求；IF=0 时，CPU 不响应可屏蔽中断申请。

DF：方向标志（Direction Flag）。决定串操作指令执行时有关指针寄存器调整方向。当 DF 为 1 时，串操作指令按递减方式改变有关存储器的指针值，每次操作后使 SI、DI 递减 1。反之，DF=0 时，每次操作后使 SI、DI 递增 1。

表 2.1 汇编语言程序调试中的标志位的表示说明

标志位	英文名称	等于 1		等于 0	
		英文标志	含义	英文标志	含义
CF	Carry Flag	CY/Carry	有进位	NC/No Carry	无进位
PF	Parity Flag	PE/Parity Even	偶数	PO/Parity Odd	奇
AF	Auxiliary Carry Flag	AC/Auxiliary Carry	有进位	NA/No Auxiliary Carry	无进位
ZF	Zero Flag	ZR/Zero	等于零	NZ/Not Zero	不等于零
SF	Sign Flag	NG/Negative	负	PL/Plus	正
TF	Trap Flag				
IF	Interrupt Flag	EI/Enable Interrupt	允许	DI/Disable Interrupt	禁止
DF	Direction Flag	DN/Down	减少	UP	增加
OF	Overflow	OV/Overflow	溢出	NV/Not Overflow	未溢出

控制标志位均是为程序控制或调试程序目的而设置的。

标志寄存器的所有标志位在采用 Debug 调试源程序时，可使用 RF 命令查看标志位的状态，具体如表 2.1 所示。

（3）执行部件的控制电路

从总线接口的指令队列取出指令操作码，通过译码电路分析，发出相应的控制命令，控制 ALU 数据流向。

2. 总线接口部件

总线接口部件 BIU 主要完成 CPU 的基本功能：

（1）与存储器和外设进行数据交换；

（2）提供整个系统的定时和控制信号；

（3）与 EU 共同响应外部的中断请求。

总线接口部件 BIU 主要包括：段寄存器、指令指针寄存器、指令队列缓冲器、地址加法器以及总线接口控制逻辑部件等。

（1）段寄存器

8086 CPU 内部有 4 个 16 位的段寄存器：CS、DS、ES、SS。

CS：代码段寄存器（Code Segment），保存代码段的段地址；

DS：数据段寄存器（Data Segment），保存数据段的段地址；

ES：附加段寄存器（Extra Segment），保存附加段的段地址；

SS：堆栈段寄存器（Stack Segment），保存堆栈段的段地址。

（2）指令指针寄存器 IP（Instruction Pointer）

也称 PC（Program Counter），保存计算机将要执行的下一条指令的地址。

（3）指令队列缓冲器

指令队列缓冲器在执行指令的同时，将取下一条指令，并放入指令队列缓冲器中。CPU 执行完一条指令后，可以预取下一条指令（流水线技术），提高 CPU 效率。8086 CPU 的指令队列缓冲器有 6 个字节，而 8088 CPU 只有 4 个字节。

（4）地址加法器

在 8086 CPU 内无论是段地址寄存器还是偏移量都是 16 位的，通过地址加法器产生 20 位地址。

8086/8088 CPU 执行程序的操作过程：

（1）形成 20 位物理地址，并将此地址送至程序存储器指定单元，从该单元取出指令字节，依次放入指令队列中。

（2）每当 8086 的指令队列中有 2 个空字节，8088 指令队列中有 1 个空字节时，总线接口部件就会自动取指令至队列中。

（3）执行部件从总线接口的指令队列队首取出指令码，执行该指令。

（4）当队列已满，执行部件又不使用总线时，总线接口部件进入空闲状态。

（5）执行转移指令、调用指令、返回指令时，先清空队列内容，再将要执行的指令放入队列。

3. EU 和 BIU 的功能

执行单元 EU 的功能：

EU 负责 8086 CPU 内部的指令的翻译和执行操作，同时，还可以暂存少量的数据，供指令执行使用。

总线接口部件 BIU 的功能：

（1）取指令，并送到指令队列；

（2）CPU 执行指令时，到指定的位置取操作数，并将其送至要求的存储单元中。

4. EU 与 BIU 的协调工作

BIU 部件将 CS 和 IP 寄存器中内容，通过地址加法器形成 20 位物理地址，并将此地址送至存储器指定单元，从该单元取出指令，按字节顺序，依次放入指令队列中。直到指令队列缓冲器满，BIU 停止取指令操作。

EU 部件从指令队列获取一条指令，加以执行，执行完后，再从指令队列获取下一条指令。

当 8086 的指令队列中多于 2（8088 为 1）个字节为空时，总线接口部件就会自动启动取指令操作，继续取指令至指令队列中。

当队列已满，执行部件又不使用总线时，总线接口部件进入空闲状态。而当执行部件在执行指令时，需要访问存储器或者 I/O 接口时，就会请求 BIU 进行数据传输操作。如果此时 BIU 空闲，则 BIU 部件立即响应 EU 请求，完成数据的传输；而如果此时 BIU 在进行取指令，则 EU 必须等待 BIU 完成取指令并将指令送入指令队列后，才能响应 EU 的请求。

当 EU 执行转移指令、调用指令、返回指令时，则 BIU 部件先清空指令队列内容，再将要执行的指令从存储器中取出放入队列。

2.2 8086 存储器的逻辑结构

2.2.1 信息存储

存储器是以字节为单位进行编址的，即一个存储单元就是一个字节。对每个单元分配一个编号，就形成了存储单元的物理地址。

8086/8088 的地址线为 20 根，它直接寻址的范围是：00000H～FFFFFH，如图 2.5 所示。

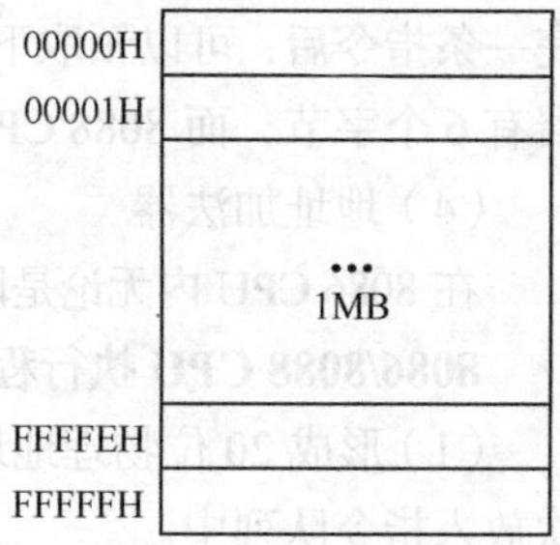

图 2.5 8086 的存储器

8086 CPU 是 16 位的微处理器，在组成存储系统时，总是采用 AD_0～AD_7 传送偶地址单元的数据，采用 AD_8～AD_{15} 传送奇地址单元的数据。所有的操作可按字节为单位，也可按字为单位来处理。但 8086 系统中的存储器是以字节为单位对数据进行处理的，因此每个字节必须采用唯一的地址码表示。

信息存储分为两种模式即小端模式和大端模式。它们的定义如下。

（1）小端模式（Little-Endian）就是低位字节排放在内存的低地址端，高位字节排放在内存的高地址端。

（2）大端模式（Big-Endian）就是高位字节排放在内存的低地址端，低位字节排放在内存的高地址端。

例如，在内存中，19346678H 的表示形式为：

（1）小端模式

高地址　　　　　　低地址

19 | 34 | 66 | 78

（2）大端模式

高地址　　　　　　低地址

78 | 66 | 34 | 19

将该数存放在内存地址为 8000H 开始的 4 个单元之中，如表 2.2 所示。

表 2.2 信息存储方式比较

内存地址	小端模式存放内容	大端模式存放内容
8000H	78	19
8001H	66	34
8002H	34	66
8003H	19	78

在常见 CPU 中，PowerPC、IBM、Sun 等采用大端模式，而 X86 和 DEC 均采用小端模式。ARM 既可以工作在大端模式，也可以工作在小端模式。显然，8086 CPU 采用小端模式，即存储一般规则为：

低位字节的信息存储在低地址存储单元中；高位字节的信息存储在高地址存储单元中。

例如：一个字 5678H 放在 1004H 单元中，实际占用了 2 个存储单元。(1004H)=5678H，在存储器中，78H 放在 1004H 单元中，56H 放在 1005H 单元中。

2.2.2　8086 存储器的分段结构

8086 的地址线为 20 位，所以，它的最大寻址空间为 2^{20}=1MB。8086 内部的寄存器都是 16 位，地址的运算也是采用 16 位，但是 16 位地址的最大寻址范围为 2^{16}=64KB。

为了实现能在 1MB 地址空间内进行寻址，即 CPU 能够访问 1MB 存储器的任何一个存储单元，把 lMB 存储器分成若干段（Segment），每一段最大为 64KB。在分段时，要求段的起始单元的物理地址是 16 的整数倍，用十六进制表示，最后一位应是 0，即 XXXX0H（X 为任一个十六进制数码，H 为十六进制后缀）。

一个 8086 程序可以同时使用 4 个段：代码段、数据段、堆栈段和附加段。代码段用来存放程序代码，数据段用来存放程序中用到的数据，堆栈段作为堆栈，附加段也用来存放数据。存放这些段的段地址的寄存器分别如下。

代码段寄存器：CS（Code Segment）。

数据段寄存器：DS（Data Segment）。

堆栈段寄存器：SS（Stack Segment）。

附加段寄存器：ES（Extra Segment）。

这 4 个段寄存器都是 16 位的。一个完整的程序一般均包括上述 4 个段。当然，不是每一个程序都要求包括 4 个段，可根据实际需要确定。例如，一个程序使用的数据不多，程序代码也不长，这时可以只建立代码段和堆栈段，在代码段中开辟一个区域作为数据区。此外，如果数据量很大，超过了一个段的最大容量（64KB），这时可以开辟几个数据段，程序中要用到某个数据段，只需将该数据段的段地址送到 DS 寄存器中。

2.2.3　逻辑地址和物理地址

8086 存储器中的每个存储单元都可以用两个形式的地址来表示为实际地址（或称物理地址）和逻辑地址。

实际地址也称物理地址，是用唯一的 20 位二进制数所表示的地址，规定了 1M 字节存储体中某个具体单元的地址。

逻辑地址在程序中使用，可表示为段地址：偏移地址。

逻辑地址由两部分组成：段基址和偏移地址。8086/8088 CPU 中有一个地址加法器，它将段寄存器提供的段地址自动乘以 10H 即左移 4 位，然后与 16 位的偏移地址相加，并锁存在物理地址锁存器中。

物理地址=段基址×16+偏移地址

段基址：CS、DS、ES、SS。

偏移地址：IP、DI、SI、BP、SP 等。

段寄存器和偏移地址寄存器的常用的组合关系，如图 2.6 所示。

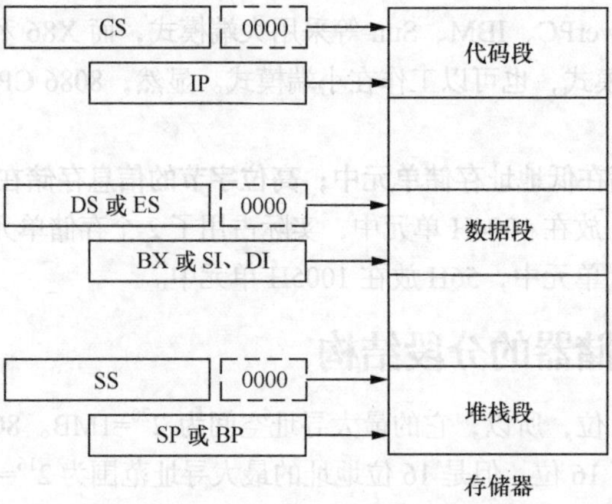

图 2.6　8086 存储器的段寄存器与偏移地址寄存器的对应关系

分段原则如下。

（1）每个段最长 64K 字节，段内地址是连续的，段与段之间可以是连续的，也可以是分开的或重叠的。

（2）段的首地址必须能被 16 整除。

段基值：段首地址的高 16 位（无符号数）。

段内偏移地址：逻辑段内任意一个地址单元相对于该段首地址的偏移量（无符号数）。

物理地址即实际地址。

逻辑地址表示为段地址：偏移地址。

在程序中，使用 16 位二进制地址来表示物理地址和逻辑地址。例如一个数据对应的存储单元的逻辑地址可表示为 6000H:4000H。其中数据段的地址为 6000H（DS=6000H），偏移地址为 4000H。

物理地址=段地址*16+段内偏移地址

所以，上面的逻辑地址对应的物理地址为：6000H×10H+4000H=64000H。

但要注意的是任意一个逻辑地址可以唯一对应一个物理地址，而任一个物理地址却不一定对应一个逻辑地址。

存储的信息一般按种类分段存放，程序信息放在代码段中；数据信息放在数据段或附加段中；堆栈信息放在堆栈段中。

CS：存放正在被访问的代码段的段基值；

DS：存放正在被访问的数据段的段基值；

SS：存放正在被访问的堆栈段的段基值；

ES：存放正在被访问的附加段的段基值。

2.2.4　8086 的存储体

1. 字对准存放

按字节组织（一个单元存放一个字节）字的存放。低 8 位在前，高 8 位在后，连续存放。低 8 位在偶地址的称为字对准存放；低 8 位在奇地址称为字不对准存放。

2. 8086 存储器分体

8086 的最大寻址空间为 1M，可分为 512K 两个存储体，一个为偶存储器（存放低位字节），另一个为奇存储器（存放高位字节），如图 2.7 所示。

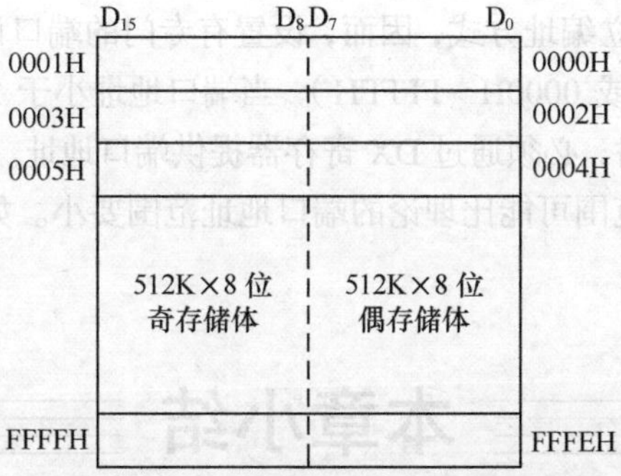

图 2.7 8086 存储器的奇偶分体

2.3 端口空间的逻辑结构

外部设备是不可以挂在系统总线上与 CPU 直接通信的，要通过一个接口完成沟通的作用。一个典型的接口包含三类端口：数据端口、控制端口和状态端口。所有的端口的集合就是一个端口空间。这个空间跟存储器的存储空间是一样的道理。对每个端口分配一个编号，就形成了端口空间的地址空间，即 I/O 地址空间。

I/O 端口的编址方式分为独立编址和统一编址两种，如图 2.8 所示。

独立编址是指存储器和 I/O 端口在两个独立的地址空间中。它的优点是：I/O 端口的地址码较短，译码电路简单，存储器同 I/O 端口的操作指令不同，程序比较清晰；存储器和 I/O 端口的控制结构相互独立，可以分别设计。

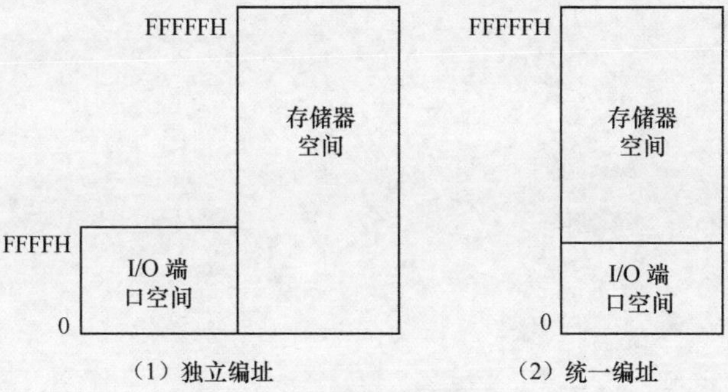

图 2.8 端口空间的两种编址方式

它的缺点：需要有专用的 I/O 指令，程序设计的灵活性较差。

统一编址，也称为存储器映像编址，是指存储器和 I/O 端口共用统一的地址空间，当一个地址空间分配给 I/O 端口以后，存储器就不能再占有这一部分的地址空间。它的优点是：不需要专用的 I/O 指令，任何对存储器数据进行操作的指令都可用于 I/O 端口的数据操作，程序设计比较灵活；由于 I/O 端口的地址空间是内存空间的一部分，这样，I/O 端口的地址空间可大可小，从而使外设的数量几乎不受限制。

统一编址的缺点是：I/O 端口占用了内存空间的一部分，影响了系统的内存容量；访问 I/O 端口与访问内存一样。由于内存地址较长，导致执行时间增加。

8086 的体系结构采用独立编址方式，因而，设置有专门的端口访问指令 IN 和 OUT。8086 的端口地址范围为 0～65535（或 0000H～FFFFH）。当端口地址小于 256 时，直接由指令给出端口地址；而端口地址大于 255 时，必须通过 DX 寄存器提供端口地址。由于系统开发和设计的不同，具体的 PC 机型的端口地址范围可能比理论的端口地址范围要小。如 IBM-PC 机的端口地址空间是 1KB。

本章小结

本章从逻辑的角度（也可以认为是从程序员的角度）论述了计算机的硬件组织：CPU、存储器和接口。需要注意的是，这里讲解 CPU 是从逻辑的角度讲的，而第 5 章是从设计的角度讲的，更加微观；这里的存储器也是只从程序员的角度来讲逻辑机构，至于如何设计存储系统，将在第 6 章讲解；这里的接口也主要是讲解端口地址空间，而对于什么是接口，为什么使用接口，接口的编程方法等内容将在第 7 章讲解。

第3章 8086 指令系统

计算机是通过 CPU 执行指令序列来解决问题，每种 CPU 都有一组指令集提供给用户使用，这组指令集就称为 CPU 的指令系统。

本章以 Intel 8086 指令系统为例进行讲解，主要说明各种指令的功能、指令在执行过程中如何取得需要进行操作的数据以及操作完成后的数据存放在什么地方。

计算机中的指令由操作码字段和操作数字段两部分组成。操作码字段说明计算机所要执行的操作，如数据传送还是加法运算、逻辑操作等，是一种助记符；操作数是描述该指令的操作对象，如给出参与操作的操作数的值是多少，或者指出操作数存放在何处、操作的结果应送往何处等信息。操作数可分为存储器操作数，寄存器操作数和立即数。

8086 指令的一般格式为：

操作码 [目的操作数][, 源操作数] [; 注释]

8086 指令的格式有无操作数指令、单操作数指令、双操作数指令三种。

无操作数指令只给出操作码部分，没有操作数。一种情况是指令无需任何操作数，如空操作指令、CPU 控制指令等。另一种情况是所有地址均隐含约定，如字符串指令中的源、目的操作数都是隐含默认的；堆栈指令中，所需操作数默认在堆栈中由 SP 隐含指出，对默认寄存器内容进行操作等。

单操作数指令包含操作码和一个操作数，操作数可能为目的操作数，也可能为源操作数。如 INC CX 指令，使得 CX 寄存器中的值递增 1，操作数既是源操作数，也是目的操作数；如 MUL BX 指令，AX 寄存器中的值与 BX 寄存器中的值相乘，乘积存放在 DX 与 AX 寄存器对中，那么该指令中 BX 作为源操作数。

双操作数指令包含操作码和两个操作数，第一个操作数为目的操作数，第二个操作数为源操作数。两操作数运算指令中，目的操作数原来的内容将被新的执行结果所替代，如 ADD AX, BX 指令将 AX 与 BX 寄存器中的值相加，和存放在 AX 寄存器中。

3.1 寻址方式

要编写出与处理器相关的高效程序，就必须熟悉每条汇编语言指令的寻址方式。寻址方式就是指令中用于说明操作数所在地址的方法，或者说是寻找操作数有效地址的方法。

本节主要以 MOV 指令为例来说明 8086 指令系统的寻址方式。MOV 指令用来传送字节或者字类型的数据，可以在寄存器与寄存器之间、寄存器和内存单元之间进行数据传送。

指令相关的寻址主要限定在 CPU 内部的寄存器、内存单元、外部接口单元的寄存器（端口）之间。数据寻址方式包括立即数寻址方式（immediate addressing）、寄存器寻址方式（register addreing）、直接寻址方式（direct addressing）、寄存器间接寻址方式（register indirect addressing）、寄存器相对寻址方式（register relative addressing）、基址变址寻址方式（base-plus-index addressing）、基址变址相对寻址方式（base relative-plus-index addressing）如表 3.1 所示。

3.1.1 立即数寻址方式

操作数直接存放在指令中，紧跟在操作码之后，它作为指令的一部分存放在代码段里，在指令译码执行时，可以立即得到，这种方式叫做立即数寻址方式。

立即数寻址方式主要用来给寄存器或存储单元赋初值。在指令中只有源操作数可以使用立即数寻址方式。立即数可以是 8 位的，也可以是 16 位的。若是 16 位的，则存储时低 8 位在前，高 8 位在后。

例 3.1

```
MOV AL, 22H    ; 将立即数 22H 复制到 AL 寄存器中
MOV AX, 3000H
```

指令执行情况如图 3.1 所示。

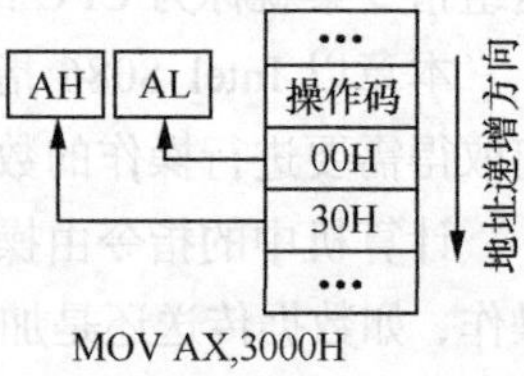

图 3.1　指令执行示意图

3.1.2 寄存器寻址方式

操作数存放在 CPU 内部寄存器中，指令中直接给出寄存器名称。对 8 位操作数，可以使用的寄存器有 AH、AL、BH、BL、CH、CL、DH 和 DL。对 16 位操作数，可以使用的寄存器有 AX、BX、CX、DX、SP、BP、SI 和 DI。在 MOV 指令、PUSH 指令和 POP 指令中，寄存器还可以是段寄存器 CS、DS、ES 和 SS；其中 CS 比较特殊，不能在 POP 指令中使用。

例 3.2

```
MOV AL,BL     ; 复制 BL 中的值到 AL 中，字节操作
MOV CH,CL     ; 复制 CL 中的值到 CH 中，字节操作
MOV AX,CX     ; 复制 CX 中的值到 AX 中，字操作
MOV SP,BP     ; 复制 BP 中的值到 SP 中，字操作
MOV DS,AX     ; 复制 AX 中的值到 DS 中，字操作
MOV SI,DI     ; 复制 DI 中的值到 SI 中，字操作
MOV BX,ES     ; 复制 ES 中的值到 BX 中，字操作
```

3.1.3 直接寻址方式

在大部分的程序中，许多指令都会使用直接寻址方式。直接寻址方式是指操作数地址的 16 位偏移量直接包含在指令中，它与操作码一起存放在代码段区域，操作数一般在数据段区域中，操作数所在存储单元的地址为数据段寄存器 DS 或者指定的段寄存器内容左移 4 位，然后加上指令中给定的这个 16 位地址偏移量。

如：MOV AX,DS:[2000H]（对 DS 来讲可以省略成 MOV AX,[2000H]，系统默认为数据段）。这种寻址方法是以数据段的地址为基础，可在多达 64KB 的范围内寻找操作数。8086 中允许段重设，即允许操作数在以代码段、堆栈段或附加段为基准的区域中。此时只要在指令中指明使用的段，则 16 位地址偏移量可以与 CS 或 SS 或 ES 相加，作为操作数的地址。

例 3.3　设 DS 寄存器中的值为 1000H。

```
MOV AX,[2000H]          ;操作数在数据段 DS，物理地址为：（DS）×16+2000H
MOV BX,ES:[3000H]       ;段重设，操作数在附加段 ES，物理地址为：（ES）×16+3000H
MOV AL,[1234H]
MOV AX,[1234H]
```

指令执行情况如图 3.2 所示。

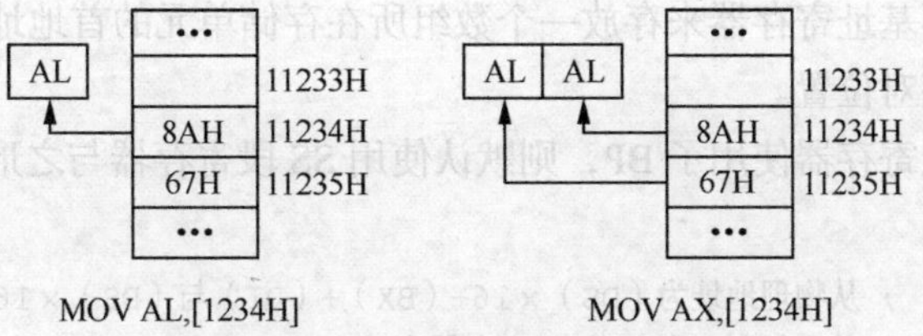

图 3.2　直接寻址方式指令执行示意图

3.1.4　寄存器间接寻址方式

操作数在存储单元中，将操作数所在存储单元地址的 16 位偏移量存放在寄存器中，寄存器可以是 BP、BX、DI 和 SI 中的一个。

操作数是在存储单元中，但是，操作数地址的偏移量可以分成以下两种情况。

- 以 SI、DI、BX 间接寻址，则通常操作数在现行数据段区域中，即数据段寄存器（DS）×16 加上 SI、DI 或 BX 中的 16 位偏移量，为操作数的物理地址，如：MOV AX,[SI]，操作数所在存储单元的物理地址是：（DS）×16+（SI）。
- 以寄存器 BP 间接寻址，则操作数在堆栈段区域中。即堆栈段寄存器（SS）×16+（BP）作为操作数的物理地址，如：MOV AX,[BP]，操作数所在存储单元的物理地址是：（SS）×16+（BP）。

若在指令中对段地址进行重设，则 BP 的内容也可以与其他段寄存器相加，形成操作数地址。如：MOV AX,DS:[BP]，操作数所在存储单元的物理地址是：（DS）×16+（BP）。

例 3.4

```
MOV CX,[BX]   ; 从物理地址为（DS）×16+（BX）与（DS）×16+（BX）+1 的存储单元中复制一个字到 CX
              ; 寄存器中
MOV [BP],DL   ; 将 DL 寄存器中的值复制到物理地址为（SS）×16+（BP）的存储单元
MOV [DI],BH   ; 将 BH 寄存器中的值复制到物理地址为（DS）×16+（DI）的存储单元
MOV AL,[SI]   ; 从物理地址为（DS）×16+（SI）的存储单元中复制一个字节到 AL 寄存器中
```

3.1.5　寄存器相对寻址方式

操作数在存储单元中，其有效地址是一个 8 位或 16 位的位移量（用 disp 表示）与一个寄存器（BP、BX、DI 和 SI 中的一个）中数值之和。与寄存器间接寻址方式相比，是在寄存器间接寻址的基础上增加了一个指定大小的偏移量，其他与寄存器间接寻址方式相同。

例 3.5

```
MOV AX,[DI+100H]         ; 从物理地址为（DS）×16+（DI）+100H 与（DS）×16+（DI）+101H 的存储
                         ; 单元复制一个字到 AX 寄存器中
MOV ARRAY[SI],BL         ; 将 BL 寄存器中的值复制到物理地址为（DS）×16+（DI）+ ARRAY 的存储单元中
MOV LIST[SI+2],CL        ; 将 CL 寄存器中的值复制到物理地址为（DS）×16+（SI）+ LIST+2 的存储单元中
```

```
MOV DI,SET_IT[BX]      ；从物理地址为（DS）×16+（BX）+SET_IT与（DS）×16+（BX）+SET_IT+1
                       ；的存储单元复制一个字到DI寄存器中
```

3.1.6 基址变址寻址方式

基址变址寻址方式与寄存器间接寻址方式非常相似，是由一个基址寄存器（BP 或 BX）与一个变址寄存器（SI 或 DI）两个寄存器中数值之和作为存储单元地址的偏移量来确定操作数所在存储单元的位置。一般用基址寄存器来存放一个数组所在存储单元的首地址，变址寄存器用来存放相对于数组首地址的相对位置。

需要注意，若基址寄存器使用了 BP，则默认使用 SS 段寄存器与之形成物理地址。

例 3.6

```
MOV CX,[BX+DI]     ；从物理地址为（DS）×16+（BX）+（DI）与（DS）×16+（BX）+（DI）+1的存储
                   ；单元复制一个字到CX寄存器中
MOV CH,[BP+SI]     ；从物理地址为（SS）×16+（BP）+（SI）的存储单元复制一个字节到CH寄存器中
MOV [BX+SI],SP     ；将SP寄存器中的值复制到物理地址为（DS）×16+（BX）+（SI）与（DS）×16+（BX）
                   ；+（SI）+1的存储单元中
MOV [BP+DI],AH     ；将AH寄存器中的值复制到物理地址为（SS）×16+（BP）+（DI）的存储单元中
```

3.1.7 基址变址相对寻址方式

操作数在存储单元中，其有效地址是一个 8 位或 16 位的偏移量 disp、一个基址寄存器中的值和一个变址寄存器中的值三部分之和。

例 3.7

```
MOV DH,[BX+DI+20H]        ；从物理地址为（DS）×16+（BX）+（DI）+20H的存储单元复制一个字节到
                          ；DH寄存器中
MOV AX,FILE[BX+DI]        ；从物理地址为（DS）×16+（BX）+（DI）+FILE与（DS）×16+（BX）+（DI）
                          ；+FILE+1的存储单元复制一个字到AX寄存器中
MOV LIST[BP+DI],CL        ；将CL寄存器中的值复制到物理地址为（SS）×16+（BP）+（DI）+ LIST的
                          ；存储单元中
MOV LIST[BP+SI+4],DH      ；将DH寄存器中的值复制到物理地址为（SS）×16+（BP）+（SI）+ 4+LIST的
                          ；存储单元中
```

3.1.8 隐含寻址方式

有些指令的指令码中不包含指明操作数地址的部分，而其操作码本身隐含地指明了操作数地址。字符串类指令就属于这种寻址方式。寻址方式如表 3.1 所示。

表 3.1　寻址方式示例简表

寻址方式	指　令	源操作数	地址计算方法	目的操作数
立即数寻址方式 immediate addressing	MOV CH,3AH	数据 3AH		寄存器 CH
寄存器寻址方式 register addreing	MOV AX,BX	寄存器 BX		寄存器 AX
直接寻址方式 direct addressing	MOV [1234H],AX	寄存器 AX	DS × 10H + DISP 10000H+1234H	内存单元地址 11234H

续表

寻址方式	指　　令	源操作数	地址计算方法	目的操作数
寄存器间接寻址方式 register indirect addressing	MOV [BX],CL	寄存器 CL	DS × 10H + BX 10000H+0300H	内存单元地址 10300H
基址变址寻址方式 base-plus-index addressing	MOV [BX+SI],BP	寄存器 BP	DS × 10H + BX+SI 10000H+0300H+0200H	内存单元地址 10500H
寄存器相对寻址方式 register relative addressing	MOV CL,[BX+4]	内存单元地址 10304H	DS × 10H + BX+4 10000H+0300H+4	寄存器 CL
基址变址相对寻址方式 base relative-plus-index addressing	MOV ARRAY[BX+SI],DX	寄存器 DX	DS × 10H + ARRAY+BX+SI 10000H+1000H+0300H+0200H	内存单元地址 11500H

3.2　指令系统

每条指令一般要完成的就是从哪里获取数据、对数据进行什么样的操作、操作完成后数据结果存放在什么地方。

在本节中采用以下简写说明操作数类型。

REG：AX，BX，CX，DX，AH，AL，BL，BH，CH，CL，DH，DL，DI，SI，BP，SP。

REG16：AX，BX，CX，DX，DI，SI，BP，SP。

SREG：DS，ES，SS，CS；CS 只能作为第二操作数，即源操作数。

memory：内存单元，类似[BX]、[BX+SI+7]、变量等，各种有关存储器操作数的寻址方式指定的内存单元。

immediate：5，-24，3Fh，10001101b 等各种表达方式表示的立即数。

采用以下简写表示标志寄存器各个标志位。

C：进位标志位 CF（Carry Flag）；

Z：零标志位 ZF（Zero Flag）；

S：符号标志位 SF（Sign Flag）；

O：溢出标志位 OF（Overflow Flag）；

P：奇偶标志位 PF（Parity Flag）；

A：辅助进位标志位 AF（Auxiliary Carry Flag）；

D：方向标志位 DF（Direcion Flag）；

I：中断标志位 IF（Interrupt Flag）；

T：程序跟踪标志位 TF（Trap Flag）。

采用以下简写表示标志位变化后的情况。

1—指令执行后该标志位设置为 1；

0—指令执行后该标志位设置为 0；

r—根据指令执行结果来确定该标志位取值；

?—指令执行后标志位的值不确定，可能为 0，也可能为 1；

U—不受影响—指令执行前后，标志位不发生变化。

3.2.1 数据传送指令

1. 通用传送指令 MOV

功能：拷贝源操作数至目的操作数。

MOV 的指令格式如表 3.2 所示。

MOV 指令不能进行以下操作：

- CS 寄存器不能作为目的操作数；
- 不能将一个段寄存器的值拷贝至另外一个段寄存器（应该先将段寄存器的值拷贝至通用寄存器，然后将通用寄存器中的值拷贝至另外一个段寄存器）；
- 不能将立即数拷贝至段寄存器。

表 3.2 MOV 指令格式

指　　令	操 作 数	标志位影响情况
MOV	REG, memory memory, REG REG, REG memory, immediate REG, immediate SREG, memory memory, SREG REG, SREG SREG, REG	C Z S O P A 不受影响

例 3.8

```
MOV AX, 0B800H          ; (AX) = B800H
MOV DS, AX              ; AX 中的值拷贝至 DS 寄存器中, (DS) = B800H
MOV CL, 'A'             ; (CL) = 41H（字符 A 的 ASCII 值）
MOV CH, 01011111b       ; CH = 5FH
MOV BX, 15EH            ; (BX) = 015EH
MOV [BX], CX            ; CX 寄存器中的值拷贝至[0B800H:015EH]、[0B800H:015FH]两个内存单元中,
                        ; CL 中的值拷贝至[0B800H:015EH]内存单元中, CH 中的值拷贝至[0B800H:015
                        ; FH]内存单元中
```

2. 堆栈操作指令

堆栈是内存中一段连续的存储区域，用来保存一些临时数据。堆栈通常用来保存 CALL 指令调用子程序时的返回地址，RET 指令从堆栈中获取返回地址。中断指令 INT 调用中断程序时，将标志寄存器值、代码段寄存器 CS 值、指令指针寄存器 IP 值保存在堆栈中，IRET 指令从堆栈中获取返回地址。

堆栈也可以用来保存其他数据。

堆栈操作由 PUSH、POP 两条指令来完成；另外和堆栈操作相关的指令还有 PUSHF 和 POPF。堆栈操作的操作数均为字类型（两个字节）进行操作。

（1）PUSH

功能：将 16 位值存入堆栈中。

堆栈操作指令格式如表 3.3 所示。

执行规则：

- SP = SP - 2
- SS:[SP]（堆栈顶部）= operand

入栈的操作数除不允许用立即数外，可以为通用寄存器，段寄存器（全部）和存储器。

表 3.3　　　　堆栈操作指令格式

指　令	操 作 数	标志位影响情况
PUSH	REG SREG memory	C Z S O P A 不受影响
POP	REG SREG memory	C Z S O P A 不受影响
PUSHF	无	C Z S O P A 不受影响
POPF	无	C Z S O P A 根据出栈值确定

（2）POP

功能：从堆栈中获取 16 位值。

- operand = SS:[SP]（堆栈顶部）
- SP = SP + 2

出栈操作数除不允许用立即数和 CS 段寄存器外，可以为通用寄存器，段寄存器和存储器。

执行 POP　SS 指令后，堆栈区在存储区的位置要改变；执行 POP　SP 指令后，栈顶的位置要改变。

例 3.9

```
MOV AX, 1234H
PUSH AX
POP  DX      ; DX = 1234H
```

（3）PUSHF

功能：将标志寄存器的值存入堆栈。

执行规则：

- SP = SP - 2
- SS:[SP]（堆栈顶部）= Flag

（4）POPF

功能：从堆栈中获取 16 位值存入标志寄存器。

执行规则：

- Flag = SS:[SP]（堆栈顶部）
- SP = SP + 2

3. 标志位传送指令

（1）LAHF

功能：将标志寄存器低 8 位值复制至 AH 寄存器。

LAHF 指令格式如表 3.4 所示。

表3.4 LAHF 指令格式

指　令	操作数	标志位影响情况
LAHF	无	C Z S O P A 不受影响

位对应关系：

AH 位： 7 6 5 4 3 2 1 0

[SF] [ZF] [0] [AF] [0] [PF] [0] [CF]

位1，3，5为保留位，值为0或者1均无实际意义。

（2）SAHF

功能：将AH寄存器中的值复制至标志寄存器低8位中。

SAHF 指令格式如表3.5所示。

表3.5 SAHF 指令格式

<table>
<tr><th rowspan="2">指　令</th><th rowspan="2">操作数</th><th colspan="6">标志位影响情况</th></tr>
<tr><th>C</th><th>Z</th><th>S</th><th>O</th><th>P</th><th>A</th></tr>
<tr><td>SAHF</td><td>无</td><td>r</td><td>r</td><td>r</td><td>r</td><td>r</td><td>r</td></tr>
</table>

位对应关系：

AH 位： 7 6 5 4 3 2 1 0

[SF] [ZF] [0] [AF] [0] [PF] [0] [CF]

位1，3，5为保留位，值为0或者1均无实际意义。

4．数据交换指令

（1）XCHG

功能：将源操作数与目的操作数进行互换。

XCHG 指令格式如表3.6所示。

表3.6 XCHG 指令格式

指　令	操作数	标志位影响情况
XCHG	REG, memory memory, REG REG, REG	C Z S O P A 不受影响

例3.10

```
MOV AL, 5
MOV AH, 2
XCHG AL, AH   ; AL = 2, AH = 5
XCHG AL, AH   ; AL = 5, AH = 2
```

（2）XLAT

功能：从表中提取字节内容。将地址为DS:[BX + unsigned AL]的内存单元中的值复制一个字节到AL寄存器中。

XLAT 指令格式如表3.7所示。

操作规则：

```
AL = DS:[BX + unsigned AL]
```

表 3.7　XLAT 指令格式

指　令	操 作 数	标志位影响情况					
		C	Z	S	O	P	A
XLAT	无	不受影响					

例 3.11

假设某段内存单元中的值为：11H，22H，33H，44H，55H，该段内存单元的段地址存放在了 DS 寄存器中，相对于段地址的偏移地址存放在了 BX 寄存器中。

```
MOV AL, 2
XLAT     ; AL = 33H
```

5. 地址传送指令

（1）LEA

功能：加载有效地址。

LEA 指令格式如表 3.8 所示。

寄存器 = 内存单元偏移地址。寄存器必须为 16 位长度。

表 3.8　LEA 指令格式

指　令	操 作 数	标志位影响情况					
		C	Z	S	O	P	A
LEA	REG16, memory	不受影响					

例 3.12

```
LEA  BX, [2000H]        ;指令执行后，BX 寄存器的内容为 2000H
LEA  AX, [BX+SI]        ;指令执行后，AX 寄存器的内容为原来 BX、SI 寄存器内容之和
```

（2）LDS

功能：将源操作数指定内存单元中第一个字的值存入指定的寄存器，将第二个字中的值存入 DS 段寄存器。

LDS 指令格式如表 3.9 所示。

表 3.9　LDS 指令格式

指　令	操 作 数	标志位影响情况					
		C	Z	S	O	P	A
LDS	REG16, memory	不受影响					

例 3.13

假设某段内存单元中存放了 1234H，5678H 两个字的值，而且该段内存单元的首地址存放在了 BX 寄存器中。

```
LDS AX, [BX]  ; (AX) = 1234H, (DS) = 5678H
```

（3）LES

功能：将源操作数指定内存单元中第一个字的值存入指定的寄存器，将第二个字中的值存入 ES 段寄存器。

LES 指令格式如表 3.10 所示。

表 3.10　　LES 指令格式

指　令	操 作 数	标志位影响情况					
		C	Z	S	O	P	A
LES	REG16, memory	不受影响					

例 3.14

假设某段内存单元中存放了 1234H，5678H 两个字的值，而且该段内存单元的首地址存放在了 BX 寄存器中。

```
LES AX, [BX]  ; (AX) = 1234H, (ES) = 5678H
```

6. 输入输出指令

（1）IN

功能：将端口中的值取到 AL 或者 AX 寄存器中；

IN 指令格式如表 3.11 所示。

表 3.11　　IN 指令格式

指　令	操 作 数	标志位影响情况					
		C	Z	S	O	P	A
IN	AL, im.byte AL, DX AX, im.byte AX, DX	不受影响					

源操作数为端口地址。如果端口地址大于 255，需要将端口地址先存放在 DX 寄存器中。

例 3.15

```
IN AX, 4
IN AL, 7
MOV DX, 2030H
IN AX, DX
MOV DX, 1010H
IN AL, DX
```

（2）OUT

功能：将 AL 或者 AX 寄存器中的值送到指定端口中。

OUT 指令格式如表 3.12 所示。

表 3.12　　OUT 指令格式

指　令	操 作 数	标志位影响情况					
		C	Z	S	O	P	A
OUT	im.byte, AL im.byte, AX DX, AL DX, AX	不受影响					

目的操作数为端口地址。如果端口地址大于 255，需要将端口地址先存放在 DX 寄存器中。

例 3.16

```
MOV AX, 0FFFH
OUT 4, AX
MOV AL, 100B
OUT 7, AL
MOV DX, 2030H
```

```
OUT DX, AX
MOV DX, 1010H
OUT DX, AL
```

3.2.2　标志位设置/处理器控制指令

1. 标志位设置指令

标志位设置指令用来设置标志位的值为 0 或者 1，一般在需要事先确定标志位的值的指令前，来设置标志位的值，提供了对 CF、DF、IF 标志位进行设置的指令，具体如表 3.13 所示。如果需要设定其他标志位的值，可以使用 LAHF、SAHF、MOV 指令配合完成。

表 3.13　　标志位设置指令格式

指　　令	操 作 数	标志位影响情况
CLC	无	CF = 0
STC	无	CF = 1
CMC	无	CF = !CF
CLD	无	DF = 0
STD	无	DF = 1
CLI	无	IF = 0
STI	无	IF = 1

2. 处理器控制指令

（1）无操作指令 NOP

此指令不执行任何操作，其机器码占一个字节单元。

（2）停机指令 HLT

使机器暂停工作，使处理器 CPU 处于停止状态，以等待一次外部中断到来。中断结束后，程序继续执行，CPU 继续工作。

（3）交权指令 ESC

将 CPU 的控制权交给协处理器。

（4）等待指令 WAIT

在 CPU 的测试引脚为高电平时，使 CPU 处于等待状态，不做任何操作，直到测试引脚变低，CPU 脱离等待状态，继续执行 WAIT 指令后面的指令。

（5）封锁指令 LOCK

可以作为其他指令的前缀联合使用，当将 LOCK 指令加在任一指令前，CPU 执行到该指令时可以使总线封锁，自己独占总线，直到该指令执行完，才解除对总线的封锁。

3.2.3　算术运算指令

1. 加法运算指令

（1）不带进位加法指令 ADD

功能：源操作数与目的操作数的值相加，结果存放于目的操作数中。

ADD 指令格式如表 3.14 所示。

表 3.14　　　　ADD 指令格式

指　令	操 作 数	标志位影响情况
ADD	REG, memory memory, REG REG, REG memory, immediate REG, immediate	C Z S O P A r r r r r r

影响标志位的规则如下。

CF：根据最高有效位是否有进（借）位设置，有进（借）位时 CF=1，无进（借）位时 CF=0。

OF：根据操作数的符号及其变化来设置，若两个操作数的符号相同，而结果的符号与之相反时 OF=1，否则为 0。

ZF：根据结果来设置，结果不等于 0 时 ZF=0，结果等于 0 时 ZF=1。

SF：根据结果的最高位来设置，最高位为 0，则 SF=0；最高位为 1，则 SF=1。

AF：根据相加时 D3 是否向 D4 进（借）位来设置，有进（借）位时 AF=1，无进（借）位时 AF=0。

PF：根据结果的 1 的个数是否为奇数来设置，1 的个数为奇数时 PF=0，为偶数时 PF=1。

例 3.17

```
MOV AL, 5     ; AL = 5
ADD AL, -3    ; AL = 2
```

（2）带进位加法指令 ADC

功能：源操作数与目的操作数的值以及 CF 标志位的值相加，结果存放于目的操作数中。

ADC 指令格式如表 3.15 所示。

表 3.15　　　　ADC 指令格式

指　令	操 作 数	标志位影响情况
ADC	REG, memory memory, REG REG, REG memory, immediate REG, immediate	C Z S O P A r r r r r r

例 3.18

```
STC           ; 设置 CF = 1
MOV AL, 5     ; AL = 5
ADC AL, 1     ; AL = 7
```

（3）加 1 指令 INC

功能：操作数加 1。

指令 INC 格式如表 3.16 所示。

表 3.16　　　　INC 指令格式

指　令	操 作 数	标志位影响情况
INC	REG memory	C Z S O P A U r r r r r

例 3.19

```
MOV AL, 4
INC AL       ; AL = 5
```

例 3.20 完成多字节数据加法运算。加数为 67552312H，被加数为 17665432H。

```
ORG 100H
JMP START
VEC1 DB 12H, 23H, 55H, 67H
VEC2 DB 32H, 54H, 66H, 17H
VEC3 DB ?, ?, ?, ?
START:
LEA SI, VEC1
LEA BX, VEC2
LEA DI, VEC3
MOV CX, 4
CLC
SUM:
    MOV AL, [SI]
    ADC AL, [BX]
    MOV [DI], AL
    INC SI
    INC BX
    INC DI
    DEC CX
    LOOP SUM
RET
```

2. 减法运算指令

（1）不带借位的减法指令 SUB

功能：目的操作数的值减去源操作数的值，结果存放在目的操作数中。

SUB 指令格式如表 3.17 所示。

表 3.17　　SUB 指令格式

指　令	操 作 数	标志位影响情况					
		C	Z	S	O	P	A
SUB	REG, memory memory, REG REG, REG memory, immediate REG, immediate	r	r	r	r	r	r

影响标志位规则参见 ADD。

例 3.21

```
MOV AL, 5
SUB AL, 1  ; AL = 4
```

（2）带借位减法指令 SBB

功能：目的操作数的值减去源操作数的值及 CF 标志位的值，结果存放在目的操作数中。

SBB 指令格式如表 3.18 所示。

表 3.18　　SBB 指令格式

指　令	操 作 数	标志位影响情况					
		C	Z	S	O	P	A
SBB	REG, memory memory, REG REG, REG memory, immediate REG, immediate	r	r	r	r	r	r

例 3.22

```
STC
MOV AL, 5
SBB AL, 3    ; AL = 5 - 3 - 1 = 1
```

（3）减 1 指令 DEC

功能：操作数减 1。

DEC 指令格式如表 3.19 所示。

表 3.19 DEC 指令格式

指　令	操 作 数	标志位影响情况					
		C	Z	S	O	P	A
DEC	REG memory	U	r	r	r	r	r

例 3.23

```
MOV AL, 255  ; AL = 0FFh（255 或 -1）
DEC AL       ; AL = 0FEh （254 或 -2）
```

（4）求补指令 NEG

功能：计算补码。

NEG 指令格式如表 3.20 所示。

操作规则：将操作数按位求反后末位加 1。

表 3.20 NEG 指令格式

指　令	操 作 数	标志位影响情况					
		C	Z	S	O	P	A
NEG	REG memory	r	r	r	r	r	r

对一个正数 a 执行求补指令后，结果为该负数–a 的补码；对一个补码表示的负数执行求补指令后，结果为该负数的绝对值。

例 3.24

```
MOV AL, 5    ; AL = 05h
NEG AL       ; AL = 0FBh (-5)
NEG AL       ; AL = 05h (5)
```

（5）比较指令 CMP

功能：目的操作数减去源操作数，根据运算过程和结果影响标志位，不保留计算结果。

CMP 指令格式如表 3.21 所示。

表 3.21 CMP 指令格式

指　令	操 作 数	标志位影响情况					
		C	Z	S	O	P	A
CMP	REG, memory memory, REG REG, REG memory, immediate REG, immediate	r	r	r	r	r	r

比较指令用来比较目的操作数与源操作数的大小。判断的依据是指令执行后标志位的状态；

根据参与运算的数据是无符号数还是有符号数，有不同的判定标准。具体判定标准见表 3.22。

表 3.22　　CMP A, B 指令执行后 A、B 大小判断标准

比较情况	无符号数	有符号数
A=B	ZF=1	ZF=1
A>B	CF=0 && ZF=0	SF^OF=0 && ZF=0
A<B	CF=1 && ZF=0	SF^OF=1 && ZF=0
A>=B	CF=0 || ZF=1	SF^OF=0 || ZF=1
A<=B	CF=1 || ZF=1	SF^OF=1 || ZF=1

3. 乘法运算指令

（1）无符号数乘法指令 MUL

功能：指定字节操作数与 AL 中的值按照无符号数相乘，乘积放在 AX 中；或者指定字操作数与 AX 中的值按照无符号数相乘，乘积放在（DX AX）中。

MUL 指令格式如表 3.23 所示。

表 3.23　　MUL 指令格式

指　令	操 作 数	标志位影响情况					
		C	Z	S	O	P	A
MUL	REG memory	r	?	?	r	?	?

指令中只给出源操作数，字节运算时目的操作数用 AL，乘积放在 AX 中，字运算时目的操作数用 AX，DX 存放乘积的高位字，AX 放乘积的低位字。目的操作数必须是累加器 AX 或 AL，指令中不需写出；源操作数可以是通用寄存器和各种寻址方式的存储器操作数，而绝对不允许是立即数或段寄存器。

存储器操作数必须指明数据类型，在操作数前加类型说明符：BYTE PTR 或 WORD PTR。

例 3.25

```
MOV AL, 200        ; AL = 0C8H
MOV BL, 4
MUL BL             ; AX = 0320H (800)
```

（2）有符号数乘法指令 IMUL（sIgned MULtiple）

功能：指定字节操作数与 AL 中的值按照有符号数相乘，乘积放在 AX 中；或者指定字操作数与 AX 中的值按照有符号数相乘，乘积放在（DX AX）中。

IMUL 指令格式如表 3.24 所示。

表 3.24　　IMUL 指令格式

指　令	操 作 数	标志位影响情况					
		C	Z	S	O	P	A
IMUL	REG memory	r	?	?	r	?	?

其他与 MUL 指令要求相同。

例 3.26

```
MOV AL, -2
MOV BL, -4
```

```
IMUL BL       ; AX = 8
```

4. 除法运算指令

（1）无符号数除法指令 DIV

功能：AX 中的值按照无符号数除以指定字节操作数，结果的商在 AL 中，余数在 AH 中；或者（DX AX）中的值按照无符号数除以指定字操作数，结果的商在 AX 中，余数在 DX 中。

DIV 指令格式如表 3.25 所示。

表 3.25　　DIV 指令格式

指　令	操 作 数	标志位影响情况					
		C	Z	S	O	P	A
DIV	REG memory	?	?	?	?	?	?

例 3.27

```
MOV AX, 203         ; AX = 00CBH
MOV BL, 4
DIV BL              ; AL = 50 (32h), AH = 3
```

（2）有符号数除法指令 IDIV

功能：AX 中的值按照有符号数除以指定字节操作数，结果的商在 AL 中，余数在 AH 中；或者（DX AX）中的值按照有符号数除以指定字操作数，结果的商在 AX 中，余数在 DX 中。

IDIV 指令格式如表 3.26 所示。

表 3.26　　IDIV 指令格式

指　令	操 作 数	标志位影响情况					
		C	Z	S	O	P	A
IDIV	REG memory	?	?	?	?	?	?

其他与 DIV 指令相同，但必须是有符号数。

例 3.28

```
MOV AX, -203 ; AX = 0FF35H
MOV BL, 4
IDIV BL      ; AL = -50 (0CEH), AH = -3 (0FDH)
```

5. 转换指令

（1）字节转换为字指令 CBW

功能：AL 中的符号位（D7）扩展到 8 位 AH 中。

操作规则：若 AL 中的 D7=0，则 AH=00H，若 AL 中的 D7=1，则 AH=FFH。

CBW 指令格式如表 3.27 所示。

表 3.27　　CBW/CWD 指令格式

指　令	操 作 数	标志位影响情况					
		C	Z	S	O	P	A
CBW	无	不受影响					
		C	Z	S	O	P	A
CWD	无	不受影响					

例 3.29

```
MOV AX, 0           ; AH = 0, AL = 0
MOV AL, -5          ; AX = 00FBH (251)
CBW                 ; AX = 0FFFBH (-5)
```

（2）字转换为双字指令 CWD

功能：AX 中的符号位（D15）扩展到 16 位 DX 中。

操作规则：若 AX 中的 D15=0，则 DX=0000H；若 AX 中的 D15=1，则 DX=0FFFFH。

CWD 指令格式如表 3.27 所示。

例 3.30

```
MOV DX, 0   ; DX = 0
MOV AX, 0   ; AX = 0
MOV AX, -5  ; DX AX = 0000h:0FFFBH
CWD        ; DX AX = 0FFFFh:0FFFBH
```

6. 十进制调整指令

当计算机进行计算时，必须先把十进制数转换为二进制数，再进行二进制数运算，最后将结果又转换为十进制数输出。在计算机中，可用 4 位二进制数表示 1 位十进制数，这种代码称为 BCD（Binary Coded Decimal）。

BCD 码又称 8421 码，在 PC 机中 BCD 码可用压缩的 BCD 码和非压缩的 BCD 码两种格式表示。压缩的 BCD 码用 4 位二进制数表示一个十制数，整个十进数形式为一个顺序的以 4 位为一组的数串。非压缩的 BCD 码以 8 位为一组表示一个十进制数，8 位中的低 4 位表示 8421 的 BCD 码，而高 4 位则没有意义。

压缩的 BCD 码调整指令有加法的十进制调整指令 DAA、减法的十进制调整指令 DAS。非压缩的 BCD 码调整指令有加法的 ASCII 调整指令 AAA、减法的 ASCII 调整指令 AAS。另外还有乘法 ASCII 码调整指令 AAM、除法前 ASCII 码调整指令 AAD。

（1）加法的十进制调整指令 DAA（Decimal Adjust for Addition）

功能：将两个压缩 BCD 码经过加法运算后的结果调整为正确的压缩 BCD 码。

DAA 指令格式如表 3.28 所示。

操作规则：

如果 AL 低 4 位值大于 9 或者 AF = 1

　　AL = AL + 6

　　AF = 1

如果 AL 中的值大于 9FH 或者 CF = 1

　　AL = AL + 60H

　　CF = 1

表 3.28　　DAA 指令格式

指　令	操 作 数	标志位影响情况					
		C	Z	S	O	P	A
DAA	无	r	r	r	r	r	r

执行之前必须先执行 ADD 或 ADC 指令，加法指令必须把两个压缩的 BCD 码相加，并把结果存在 AL 寄存器中。调整后的结果为 BCD 码表示的十进制数。

例 3.31

```
MOV AL, 7      ; AL = 7
ADD AL, 8      ; AL = 8
DAA            ; AL = 15h
```

（2）减法的十进制调整指令 DAS（Decimal Adjust for Subtraction）

功能：将两个压缩 BCD 码经过减法运算后的结果调整为正确的压缩 BCD 码。

DAS 指令格式如表 3.29 所示。

操作规则：

如果 AL 低 4 位值大于 9 或者 AF = 1

AL = AL － 6

AF = 1

如果 AL 中的值大于 9FH 或者 CF = 1

AL = AL － 60H

CF = 1

表 3.29　　DAS 指令格式

指　令	操 作 数	标志位影响情况					
		C	Z	S	O	P	A
DAS	无	r	r	r	r	r	r

执行之前必须先执行 SUB 或 SBB 指令，减法指令必须把两个压缩的 BCD 码相减，并将结果存放在 AL 寄存器中。调整后的结果为 BCD 码表示的十进制数。

例 3.32

```
MOV AL, 0FFh        ; AL = 0FFh (-1)
DAS                 ; AL = 99h, CF = 1
```

（3）加法的 ASCII 调整指令 AAA（ASCII Adjust for Addition）

功能：将两个非压缩 BCD 码经过加法运算后的结果调整为正确的非压缩 BCD 码。

AAA 指令格式如表 3.30 所示。

操作规则：

如果 AL 低 4 位值大于 9 或者 AF = 1

AL = AL + 6

AH = AH + 1

AF = 1

CF = 1

否则 AL 中的值大于 9FH 或者 CF = 1

AF = 0

CF = 0

然后将 AL 高四位清零。

表 3.30　　AAA 指令格式

指　令	操 作 数	标志位影响情况					
		C	Z	S	O	P	A
AAA	无	r	?	?	?	?	r

执行之前必须先执行 ADD 或 ADC 指令，减法指令必须把两个压缩的 BCD 码相减，并将结果存放在 AX 寄存器中。调整后的结果为 BCD 码表示的十进制数。

例 3.33

```
MOV AX, 15   ; AH = 00, AL = 0Fh
AAA          ; AH = 01, AL = 05
```

（4）减法的 ASCII 调整指令 AAS（ASCII Adjust for Subtraction）

功能：将两个非压缩 BCD 码经过减法运算后的结果调整为正确的非压缩 BCD 码。

AAS 指令格式如表 3.31 所示。

操作规则：

如果 AL 低 4 位值大于 9 或者 AF = 1

AL = AL − 6

AH = AH − 1

AF = 1

CF = 1

否则 AL 中的值大于 9FH 或者 CF = 1

AF = 0

CF = 0

然后将 AL 高四位清零。

表 3.31　AAS 指令格式

指　令	操 作 数	标志位影响情况					
		C	Z	S	O	P	A
AAS	无	r	?	?	?	?	r

执行之前必须先执行 SUB 或 SBB 指令，减法指令必须把两个压缩的 BCD 码相减，并将结果存放在 AX 寄存器中。调整后的结果为 BCD 码表示的十进制数。

例 3.34

```
MOV AX, 02FFH    ; AH = 02, AL = 0FFH
AAS              ; AH = 01, AL = 09
```

（5）乘法的 ASCII 调整指令 AAM（ASCII Adjust for Multiplication）

功能：将非压缩 BCD 码乘法结果（在 AL 中）转换成两个非压缩 BCD 码（AH、AL 中）。

AAM 指令格式如表 3.32 所示。

操作规则：

AH = AL/10 的商

AL = AL/10 的余数

例 3.35

```
MOV AL, 15       ; AL = 0Fh
AAM              ; AH = 01, AL = 05
```

表 3.32　AAM 指令格式

指　令	操 作 数	标志位影响情况					
		C	Z	S	O	P	A
AAM	无	?	r	r	?	r	?

（6）除法前的 ASCII 调整指令 AAD（ASCII Adjust for Division）

功能：指令常用于 DIV 指令前，将 AX 中的两位非压缩 BCD 码变为二进制数。

AAD 指令格式如表 3.33 所示。

操作规则：

AL = (AH * 10) + AL

AH = 0

例 3.36

```
MOV AX, 0105h      ; AH = 01, AL = 05
AAD                ; AH = 00, AL = 0Fh (15)
```

表 3.33　AAD 指令格式

指　令	操作数	标志位影响情况					
		C	Z	S	O	P	A
AAD	无	?	r	r	?	r	?

3.2.4　串操作指令

1. 串传送指令 MOVS

功能：从 DS:[SI]内存区域复制字节（MOVSB）或者字（MOVSW）数据至 ES:[DI]内存区域，然后根据 DF 标志位的值自动更新 SI 和 DI 寄存器的值。

MOVSB/MOVSW 指令格式如表 3.34 所示。

MOVSB 操作规则：

ES:[DI] = DS:[SI]（复制一个字节）

如果 DF = 0

SI = SI + 1

DI = DI + 1

否则

SI = SI – 1

DI = DI – 1

MOVSW 操作规则：

ES:[DI] = DS:[SI]　（复制一个字）

如果 DF = 0

SI = SI + 2

DI = DI + 2

否则

SI = SI – 2

DI = DI – 2

表 3.34　MOVSB/MOVSW 指令格式

指　令	操作数	标志位影响情况					
		C	Z	S	O	P	A
MOVSB/MOVSW	无	不受影响					

在执行该指令之前，必须预置 SI 和 DI 的初值，用 STD 或 CLD 设置 DF 值。

目的串必须在附加段中，即必须是 ES:[DI]；源串允许使用段跨越前缀来修饰，但偏移地址必须是[SI]。

例 3.37

```
ORG 100H
CLD
LEA SI, a1
LEA DI, a2
MOV CX, 5
REP MOVSB
RET
a1 DB 1,2,3,4,5
a2 DB 5 DUP(0)
```

例 3.38

```
ORG 100H
CLD
LEA SI, a1
LEA DI, a2
MOV CX, 5
REP MOVSW
RET
a1 DW 1,2,3,4,5
a2 DW 5 DUP(0)
```

2. 存入串指令 STOS（STOre into String）

功能：把 AL（STOSB）或 AX（STOSW）中的内容存放在由 ES:[DI]指定的内存字节单元或字单元中，并根据 DF 值自动更新 DI 寄存器的值。

STOSB/STOSW 指令格式如表 3.35 所示。

STOSB 操作规则：

ES:[DI] = AL（复制一个字节）

如果 DF = 0

DI = DI + 1

否则

DI = DI − 1

STOSW 操作规则：

ES:[DI] = AX （复制一个字）

如果 DF = 0

DI = DI + 2

否则

DI = DI − 2

表 3.35　　STOSB/STOSW 指令格式

指　令	操 作 数	标志位影响情况					
		C	Z	S	O	P	A
STOSB/STOSW	无	不受影响					

在执行该指令之前，必须把要存入的数据预先存入 AX 或 AL 中，必须预置 DI 的初值；DI 所指向的存储单元只能在附加段中，即必须是 ES:[DI]。

例 3.39

```
ORG 100H
LEA DI, a1
MOV AL, 12H
MOV CX, 5
REP STOSB
RET
a1 DB 5 dup(0)
```

例 3.40

```
ORG 100H
LEA DI, a1
MOV AX, 1234H
MOV CX, 5
REP STOSW
RET
a1 DW 5 dup(0)
```

3. 加载串指令 LODS（LOaD from String）

功能：将 DS:[SI]指定的内存字节单元或字单元中存放的数据取到 AL（LODSB）或 AX（LODSW）中，并根据 DF 值自动更新 SI 寄存器的值。

LODSB/LODSW 指令格式如表 3.36 所示。

LODSB 操作规则：

AL = DS:[SI]（复制一个字节）
如果 DF = 0
SI = SI + 1
否则
SI = SI − 1

LODSW 操作规则：

AX = ES:[DI]（复制一个字）
如果 DF = 0
SI = SI + 2
否则
SI = SI− 2

表 3.36 LODSB/LODSW 指令格式

指　令	操 作 数	标志位影响情况					
		C	Z	S	O	P	A
LODSB/LODSW	无	不受影响					

在执行该指令之前，要取的数据必须在存储器中预先定义（用 DB 或 DW），必须预置 SI 的初值；源串允许使用段超越前缀来改变数据存储的段区。

例 3.41

```
ORG 100H
LEA SI, a1
```

```
MOV CX, 5
MOV AH, 0EH
m: LODSB
INT 10H
LOOP m
RET
a1 DB 'H', 'e', 'l', 'l', 'o'
```

4. 串扫描指令 SCAS（SCAn String）

功能：（SCASB）把 AL 中的值与内存单元 ES:[DI]中的一个字节相减，（SCASW）或者 AX 中的值与内存单元 ES:[DI]中的一个字相减，不保留结果，根据结果设置标志位。

SCASB/SCASW 指令格式如表 3.37 所示。

SCASB 操作规则：

ES:[DI] – AL（字节相减）

根据计数结果设置标志位：OF、SF、ZF、AF、PF、CF

如果 DF = 0

DI = DI + 1

否则

DI = DI – 1

SCASW 操作规则：

ES:[DI] – AX（字相减）

根据计数结果设置标志位：OF、SF、ZF、AF、PF、CF

如果 DF = 0

DI = DI + 2

否则

DI = DI – 2

表 3.37　　SCASB/SCASW 指令格式

指　令	操 作 数	标志位影响情况					
		C	Z	S	O	P	A
SCASB/SCASW	无	r	r	r	r	r	r

例 3.42　查找符号。

```
str1 DB 'aaabbbxddd'
s_found DB '"yes" - found!', 13, 10, '$'
s_not   DB '"no"- not found!', 13, 10, '$'
find_what EQU 'x'

ORG 100H
CLD                 ; 设置查找方向
MOV CX, 10          ; 设置字符串长度
MOV AX, CS
MOV ES, AX
LEA DI, str1
MOV AL, find_what
REPNE scasb
JZ found
```

```
not_found:
    MOV DX, OFFSET s_not
    MOV AH, 9
    INT 21H
    jmp exit_here
found:
    MOV DX, OFFSET s_found
    MOV AH, 9
    INT 21H
    DEC DI
;  等待任意键按下
    MOV AH,0
    INT 16H
exit_here:
    RET
```

5. 串比较指令 CMPS（CoMPare String）

功能：把由 DS:[SI]指向的数据段中的一个字节（CMPSB）或字（CMPSW）与由 ES:[DI]指向的附加段中的一个字节或字相减，不保留结果，只根据结果置标志位。

CMPSB/CMPSW 指令格式如表 3.38 所示。

CMPSB 操作规则：

DS:[SI] – ES:[DI]（字节相减）

根据计数结果设置标志位：OF、SF、ZF、AF、PF、CF

如果 DF = 0

SI = SI + 1，DI = DI + 1

否则

SI = SI – 1，DI = DI – 1

CMPSW 操作规则：

DS:[SI] – ES:[DI]（字相减）

根据计数结果设置标志位：OF、SF、ZF、AF、PF、CF

如果 DF = 0

SI = SI + 2，DI = DI + 2

否则

SI = SI – 2，DI = DI – 2

表 3.38　CMPSB/CMPSW 指令格式

指　令	操 作 数	标志位影响情况					
		C	Z	S	O	P	A
CMPSB/CMPSW	无	r	r	r	r	r	r

例 3.43　字符串比较。

```
ORG 100H
CLD
MOV AX, CS
MOV DS, AX
MOV ES, AX
LEA SI, str1
LEA DI, str2
```

```
MOV CX, size
REPE cmpsb
JNZ not_equal
    MOV AL, 'y'
    MOV AH, 0EH
    INT 10H
JMP exit_here
not_equal:
    MOV AL, 'n'
    MOV AH, 0EH
    INT 10H
exit_here:
    MOV AH, 0
    INT 16H
RET
x1:
str1 DB  'test string'
str2 DB  'test string'
size = ($ - x1) / 2
END
```

6. 重复操作前缀

重复前缀指令格式如表 3.39 所示。

（1）REP

功能：以 CX 寄存器中的值为循环次数，重复执行 MOVSB、MOVSW、LODSB、LODSW、STOSB、STOSW 指令。

操作规则：

S:检查 CX 寄存器中的值
如果 CX 中的值不为 0
　　重复执行指令
　　CX = CX － 1
　　返回 S 处继续
否则：
　　退出 REP 循环

（2）REPE

功能：以 CX 寄存器中的值为最大循环次数，并且 ZF 标志位为 1 时，重复执行 CMPSB、CMPSW、SCASB、SCASW 指令。

操作规则：

S:检查 CX 寄存器中的值
如果 CX 中的值不为 0
　　重复执行指令
　　CX = CX － 1
　　如果 ZF = 1
　　　　返回 S 处继续
　　否则
　　　　退出 REPE 循环

否则：

退出 REPE 循环

（3）REPNE

功能：以 CX 寄存器中的值为最大循环次数，并且 ZF 标志位为 0 时，重复执行 CMPSB、CMPSW、SCASB、SCASW 指令。指令格式如表 3.39 所示。

操作规则：

S:检查 CX 寄存器中的值

如果 CX 中的值不为 0

　　重复执行指令

　　CX = CX － 1

　　如果 ZF = 0

　　　　返回 S 处继续

　　否则

　　　　退出 REPNE 循环

否则：

　　退出 REPNE 循环

表 3.39　　重复前缀指令格式

指　令	操 作 数	标志位影响情况
REP	MOVSB/MOVSW/LODSB/ LODSW/STOSB/STOSW	Z r
REPE/REPNE	CMPSB/CMPSW/SCASB/ SCASW	Z r

3.2.5　逻辑运算指令

1. 与运算指令 AND

功能：源操作数与目的操作数按位进行逻辑“与”操作，结果存放在目的操作数中。AND 指令可用于屏蔽某些位，即使某些位为 0。AND 指令格式如表 3.40 所示。

表 3.40　　AND 指令格式

指　令	操 作 数	标志位影响情况
AND	REG, memory memory, REG REG, REG memory, immediate REG, immediate	C Z S O P 0 r r 0 r

例 3.44　将 AL 中的组合 BCD 码转变为 ASCII 码。

```
MOV AL, 48H
MOV AH, AL
AND AL, 0FH
ADD AL, 30H
MOV [DI], AL
MOV CL, 4
```

```
SHR AH, CL
ADD AH, 30H
INC DI
MOV [DI],AH
```

2. 或运算指令 OR

功能：源操作数与目的操作数按位进行逻辑“或”操作，结果存放在目的操作数中。

OR 指令格式如表 3.41 所示。

表 3.41　OR 指令格式

指　令	操 作 数	标志位影响情况
OR	REG, memory memory, REG REG, REG memory, immediate REG, immediate	C Z S O P 0 r r 0 r

例 3.45

```
OR AH, BL
OR SI, DX
OR DH, 0A3H
OR SP 990DH
OR DX, [BX]
OR DATES[DI+2], AL
```

3. 非运算指令 NOT

功能：操作数按位取反；单操作数，操作数既是源操作数也是目的操作数。

NOT 指令格式如表 3.42 所示。

例 3.46

```
NOT CH
NOT BYTE PTR[BX]
```

表 3.42　NOT 指令格式

指　令	操 作 数	标志位影响情况
NOT	REG memory	C Z S O P A 不受影响

4. 异或运算指令 XOR

功能：源操作数与目的操作数按位进行逻辑“异或”操作，结果存放在目的操作数中。

XOR 指令格式如表 3.43 所示。

表 3.43　XOR 指令格式

指　令	操 作 数	标志位影响情况
XOR	REG, memory memory, REG REG, REG memory, immediate REG, immediate	C Z S O P A 0 r r 0 r ?

XOR 指令常用于使某个操作数清零，同时使 CF=0，清除进位标志；使某些位维持不变则与

0 异或，若要使某些位取反则与 1 异或。还可用于测试某一个操作数是否与另一确定操作数相等，比如 XOR AX , 042EH，如果 AX 寄存器中的值等于 042EH，则异或结果为 0，使得 ZF 标识位为 1，否则 ZF 标志位为 0。

例 3.47

```
XOR CH, DL
XOR SI, BX
XOR AH, 0FE
XOR DI, 0DDH
XOR DX, [SI]
XOR DATES[DI+2], AL
```

例 3.48 将 AL 的高 4 位维持不变，低 4 位取反。

```
MOV AL,B8H    ; AL=1011 1000B[B8H]
XOR AL,0FH    ; AL= 1011 1000B[B8H] ^ 0000 1111[0FH]=1011 0111B[B7H]
```

5. 测试指令 TEST

功能：源操作数与目的操作数按位进行逻辑“与”操作，根据结果设置标志位，不保留计算结果。

TEST 指令格式如表 3.44 所示。

表 3.44　TEST 指令格式

指　令	操 作 数	标志位影响情况
TEST	REG, memory memory, REG REG, REG memory, immediate REG, immediate	C Z S O P 0 r r 0 r

TEST 指令常用于在不改变原有的操作数的情况下，检测某一位或某几位的条件是否满足：只要令用来测试的操作数对应检测位为 1,其余位为 0,相与后判断零标志 ZF 值。如 TEST AL , 0000 0001B，测试 AL 最低位是否为 1；TEST AL , 1000 0001B，测试 AL 的最高位和最低位是否同时为 0。

例 3.49

```
TEST DL, DH
TEST CX, BX
TEST AH, 4
```

3.2.6 移位指令

移位指令分为非循环移位指令和循环移位指令。移位指令是对存储器单元或者寄存器进行位操作，最为常用的是程序从底层控制 I/O 端口的输出来控制外部设备。

1. 非循环移位指令

8086 指令系统有 4 条非循环移位指令，逻辑左移指令 SHL（Shift Logic Left）、逻辑右移指令（Shift Logic Right）、算术左移指令 SAL（Shift Arithmetic Left）、算术右移指令（Shift Arithmetic Right）。通过这些指令，可以对寄存器或者存储器单元中的 8 位或者 16 位操作数进行移位。

逻辑移位指令执行时，把操作数看成无符号数进行移位；算术移位指令执行时，则将操作数看成有符号数来进行移位。逻辑左移指令 SHL 和算术左移指令 SAL 在功能上完全相同，每移位一次，相当于操作数乘以 2，最高位移入 CF 标志位，其他位顺序左移，最低位补 0；逻辑右移指令 SHR 相当于操作数按照无符号数除以 2，最低位移入 CF 标志位，其他位顺序右移，最高位补 0；算术右移指令 SAR 相当于操作数按照有符号数除以 2，最低位移入 CF 标志位，其他位顺序右移，最高位保持不变。非循环移位指令执行过程如图 3.3 所示，非循环移位指令格式如表 3.45 所示。

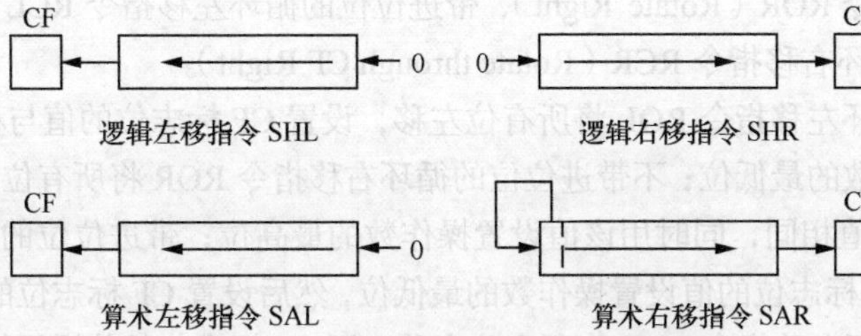

图 3.3 非循环移位指令执行示意图

非循环移位指令格式中，目的操作数为需要进行数据移位的寄存器或者存储器单元，源操作数指明进行移位的次数。指令中的目的操作数寻址方式可以是除立即数外的各种寻址方式，但不能是段寄存器；如果需要移位次数为 1 次，源操作数可以使用立即数，也可以设置 CL 寄存器值为 1，使用 CL 作为源操作数；如果需要移位次数大于 1 次，源操作数只能使用 CL 寄存器，CL 寄存器中事先存入需要移位的次数（实际的移位次数为 CL 寄存器中的值与 32 整除后的余数，如 CL 寄存器中的值为 33，实际的移位次数为 33/32 的余数，即为 1）。

表 3.45 非循环移位指令格式

指　　令	操 作 数	标志位影响情况				
		C	Z	S	O	P
SHL/SHR/SAL/SAR	memory, immediate REG, immediate memory, CL REG, CL	r	r	r	r	r

所有的非循环移位指令都影响标志位 CF、OF、PF、SF 和 ZF，AF 无定义。

例 3.50

```
SHL AX,1
SHR BX,CL
SAL DATA1,CL
SAR SI,1
```

例 3.51

```
;(AX)*10
SHL AX,1
MOV BX,AX
MOV CL,2
SHL AX,CL
ADD AX,BX
;(AX)*18
SHL AX,1
MOV BX,AX
MOV CL,3
SHL AX,CL
ADD AX,BX
;(AX)*5
MOV BX,AX
```

```
SHL AX,1
SHL AX,1
ADD AX,BX
```

2. 循环移位指令

8086 指令系统有 4 条循环移位指令，不带进位位的循环左移指令 ROL（Rotate Left）、不带进位位的循环右移指令 ROR（Rotate Right）、带进位位的循环左移指令 RCL（Rotate through CF Left）、带进位位的循环右移指令 RCR（Rotate through CF Right）。

不带进位位的循环左移指令 ROL 将所有位左移，设置 CF 标志位的值与移出的一位值相同，同时用该值设置操作数的最低位；不带进位位的循环右移指令 ROR 将所有位右移，设置 CF 标志位的值与移出的一位值相同，同时用该值设置操作数的最高位；带进位位的循环左移指令 RCL 将所有位左移，用 CF 标志位的值设置操作数的最低位，然后设置 CF 标志位的值与移出的一位值相同；带进位位的循环右移指令 RCR 将所有位右移，用 CF 标志位的值设置操作数的最高位，然后设置 CF 标志位的值与移出的一位值相同。循环移位指令执行过程如图 3.4 所示，循环移位指令格式如表 3.46 所示。

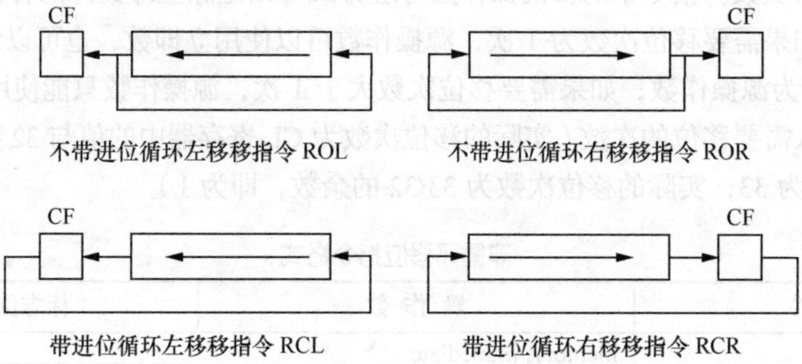

图 3.4　循环移位指令执行示意图

表 3.46　循环移位指令格式

指　令	操 作 数	标志位影响情况
ROL/ROR/RCL/RCR	memory, immediate REG, immediate memory, CL REG, CL	C Z S O P r r r r r

例 3.52

```
ROL SI, 1
RCR AH, CL
ROR WORD PTR[BP], 2
```

3.2.7　控制转移指令

1. 转移指令和调用指令的寻址

前面讲述了 CPU 执行指令的过程，指令是按照顺序存放在存储器中的。8086 由于采用存储器分段的方法把寻址范围扩大为 1MB，因而程序的执行顺序是由代码段寄存器 CS 和指令指针寄存器 IP 的内容决定的。正常情况下，每当 BIU 完成一条取指周期之后，就自动改变指令指针 IP 的内容，使之指向下一条指令。这样，就使程序按预先安排的顺序依次执行。但当程序执行到某一特定位置时，根据程序设计的要求，需要脱离程序的正常执行顺序，而把它转移到指定的指令地址。这种转移是在程序转移指令的控制下实现的。程序转移指令通过改变 IP 和 CS 的内容，就可以改变程序的正常执行顺序。转移地址的寻址方式有以下 4 种。

（1）段内直接寻址

指令码中包括一个位移量 disp，转移到有效地址为（IP）+disp。因为位移量是相对于当前 IP 的内容来计算的，所以又称为相对寻址。disp 可以是 16 位，也可以是 8 位。如果 disp 为 8 位，称为段内短转移。无论是 8 位还是 16 位，disp 在指令码中都是用补码表示的有正负符号段数。

段内直接转移方式既可以用在条件指令中，也可用在无条件转移指令中，同样也可用在调用指令中。

（2）段内间接寻址

在同一代码段内，要转移到的地址的 16 位段内偏移地址（即有效地址）在一个 16 位寄存器中或者在存储器相邻的两个单元中。这个寄存器或相邻两个存储单元的第一个单元地址，是在指令码中以上面讨论的数据寻址方式给出的。只不过寻址方式决定的地址里存放的不是一般操作数而是转移地址。

需要指出的是段内间接转移寻址方式只适用于无条件转移指令。

（3）段间直接寻址

指令中直接给出 16 位的段地址和 16 位的偏移量。产生转移时，将段码装入 CS 中，将偏移量装入 IP 中。用这种寻址方式，可提供一种使程序从一个代码段转移到另一个代码段的方法。

（4）段间间接寻址

段间间接寻址和段内间接寻址相似，但不可能有寄存器间接寻址，因为要得到的转移地址为 32 位（16 位段地址和 16 位有效地址）。指令中一定给出某种访问内存单元的寻址方式。用这种寻址方式计算出的存储单元地址开始的连续 4 个单元的内容就是要转移的地址，其中前两个单元的 16 位值为有效地址，后两个单元的 16 位值为段地址。

属于转移类指令的有调用转移程序指令 CALL,无条件转移指令 JMP 和多种条件转移指令等。并不是每种指令都具有上述 4 种寻址方式。

2. 子程序调用指令 CALL 和返回指令 RET

（1）子程序调用指令 CALL

功能：调用子程序，即转移执行子程序。

CALL 指令格式如表 3.47 所示。

操作规则：将返回地址（即调用指令的下一条指令的地址）压入堆栈，并转向子程序的入口。调用指令可分为段内调用和段间调用两种。段内调用时，由于主程序与子程序在同一段内，因此调用前后段寄存器 CS 的内容不会发生变化。因而，返回地址只需保存偏移地址，即指令指针寄存器 IP 的内容压入堆栈。段间调用时，主程序与子程序不在同一段内，此时，调用指令执行后，CS 和 IP 的内容均发生变化，因此保存的返回地址也必须包括段地址和偏移量，即先将 CS 寄存器的值压入堆栈，然后将 IP 寄存器的值压入堆栈。

表 3.47　　CALL 指令格式

指　令	操 作 数	标志位影响情况
CALL	子程序名称 标号 4 字节转移地址	C Z S O P A 不受影响

例 3.53

```
CALL 1000H                ; 段内直接调用，调用地址在指令中给出
CALL AX                   ; 段内间接调用，调用地址由 AX 给出
CALL 2500H:3400H          ; 段间直接调用，调用的段地址和偏移量在指令中直接给出
CALL DWORD PTR[DI]        ; 段间间接调用，调用地址在 DI 所指地址开始的 4 个存储单元
CALL FAR P1
CALL P2
```

例 3.54

```
ORG 100H
CALL p1
ADD AX, 1
RET

p1 PROC
   MOV AX, 1234h
   RET
p1 ENDP
```

（2）调用返回指令 RET

功能：从被调用的子程序中返回 CALL 指令的下一条指令。

RET 指令格式如表 3.48 所示。

表 3.48　RET 指令格式

指　令	操 作 数	标志位影响情况					
		C	Z	S	O	P	A
RET	无操作数 或者为偶数的立即数	不受影响					

从栈顶弹出返回地址送入 IP 或 IP 和 CS，以保证从子程序正确返回到主程序。

返回指令也有段内返回（或称近返回）与段间返回（或称远返回），不论是段内还是段间返回指令都是 RET，它们的差别在于段内返回指令 RET 对应的代码为 C3H，段间返回指令对应的代码为 CBH。

在一个汇编语言子程序编写完成后，被汇编成机器代码时，对于 RET 指令，到底是产生段内返回指令还是产生段间返回指令，是在对源程序进行汇编时自动产生的。

对含有为偶数的立即数作为操作数的 RET 指令，如 RET 4，指令执行时先从栈顶弹出返回地址，然后使得 SP 的值加上 4。

3. 中断指令和中断返回指令

中断是输入输出程序设计中常用的控制方式。当程序正在运行突然遇到意外情况时，处理器立即停止当前程序的运行，转去执行中断处理程序。当中断处理程序结束后，返回原程序继续执行。

中断和过程调用类似，都是将返回地址压入堆栈，然后转去执行某个程序。区别是：过程调用转向称为过程的子程序，中断指令转向中断服务子程序；过程调用可以为 NEAR 或 FAR 类型，可以是直接调用或者间接调用，中断调用通常是段间间接调用；过程调用只保护返回地址，中断指令还要保护状态标志寄存器。

（1）中断指令 INT

功能：用于产生软件中断，以调用中断类型号为 n 的中断服务程序。n 为一个 8 位立即数，取值范围 0～255。

INT 指令格式如表 3.49 所示。

操作规则：

- 标志寄存器压入堆栈；
- CS 寄存器压入堆栈；
- IP 寄存器压入堆栈；
- IF 标志位清零；
- 转中断服务子程序。

表 3.49 INT 指令格式

指　令	操 作 数	标志位影响情况						
		C	Z	S	O	P	A	I
INT	字节类型立即数	不受影响						0

（2）溢出中断指令 INTO

用来判断带符号数加减运算是否产生溢出。一般把 INTO 指令安排在带符号数加、减运算指令后面，一旦 OF=1，则转到溢出中断处理子程序。INTO 指令是 n=4 的 INT 指令。

（3）中断返回指令 IRET

功能：中断子程序运行结束，返回断点处继续执行原程序。

IRET 指令格式如表 3.50 所示。

操作规则：

- 堆栈中弹出值赋 IP；
- 堆栈中弹出值赋 CS；
- 堆栈中弹出值赋标志寄存器。

表 3.50 IRET 指令格式

指　令	操 作 数	标志位影响情况
IRET	无	与堆栈中弹出的值相同

4. 无条件转移指令 JMP

功能：将程序无条件地转移到目标程序去执行。

JMP 指令格式如表 3.51 所示。

无条件转移指令可以转移到内存中任何程序段。转移地址可在程序中给出，也可在寄存器中给出，或在存储器中给出。

无条件转移指令主要可以分为三种类型，短跳转（short jump）、近跳转（near jump）和远跳转（far jump）。短跳转指令为 2 字节长度指令，可以从当前指令向−128～+127 范围内进行跳转，实质是指令指针寄存器 IP 加一个 8 位的偏移量；近跳转指令为 3 字节长度指令，可以以当前代码段为中心，在 ± 32K 字节范围跳转，实质是指令指针寄存器加一个 16 位的偏移量；远跳转指令为 5 字节长度指令，可以跳转到内存中任何程序段。

表3.51　　JMP指令格式

指　令	操作数	标志位影响情况
JMP	标号 4字节地址	C Z S O P A 不受影响

例3.55

```
JMP SHORT NEXT
JMP SHORT NEXT+0AH
JMP NEXT
JMP NEAR PTR START
JMP FAR PTR START
JMP 1000H
JMP BX
JMP TADR[DI]
JMP WORD PTR [BX]
JMP DWORD PTR [SI]
```

5. 条件转移指令

8086条件转移指令比较多，条件转移指令以某一个标志位的值或者某几个标志位的值作为判断依据决定是否进行转移，如果满足指令中所要求的条件，则产生转移，否则顺序执行程序。

条件转移指令格式如表3.52、表3.53所示。

表3.52　　条件转移指令格式

指　令	操作数	标志位影响情况
JZ	标号	C Z S O P A 不受影响

表3.53　　条件转移指令格式

指　令	转移条件	标志位影响情况
JZ/JE	ZF = 1	结果为零
JNZ/JNE	ZF = 0	结果不为零
JS	SF = 1	结果为负
JNS	SF = 0	结果为正
JP/JPE	PF = 1	结果低8位中1的个数为偶数
JNP/JPO	PF = 0	结果低8位中1的个数为奇数
JO	OF = 1	结果溢出
JNO	OF = 0	结果无溢出
JB/JNAE，JC	CF = 1	结果低于/结果不高于或不等于（无符号）
JNB/JAE，JNC	CF = 0	结果不低于/大于或等于（无符号）
JBE/JNA	CF = 1 或 ZF = 1	结果低于或等于/不高于（无符号）
JNBE/JA	CF = 0 且 ZF = 0	结果不低于或不等于/高于（无符号）
JL/JNGE	SF ≠ OF	小于/不大于或不等于（有符号）
JNL /JGE	SF = OF	不小于/大于或等于（有符号）

续表

指　　令	转移条件	标志位影响情况
JLE/JNG	ZF = 1 或 SF ≠ OF	小于或等于/不大于（有符号）
JNLE/JG	ZF = 0 或 SF = OF	不小于等于/大于（有符号）
JCXZ	CX = 0	CX 等于 0 则转移

6. 循环控制指令

LOOP

功能：将 CX 寄存器中的值减去 1 后，如果 CX 寄存器中的值不为 0，则转移到 LOOP 指令指定的位置；否则，执行 LOOP 指令的下一条指令。

LOOPE/LOOPZ

功能：将 CX 寄存器中的值减去 1 后，如果 CX 寄存器中的值不为 0 并且 ZF=1，则转移到 LOOPE 指令指定的位置；否则，执行 LOOPE 指令的下一条指令。

LOOPNE/LOOPNZ

功能：将 CX 寄存器中的值减去 1 后，如果 CX 寄存器中的值不为 0 并且 ZF=0，则转移到 LOOPNE 指令指定的位置；否则，执行 LOOPNE 指令的下一条指令。

循环控制指令格式如表 3.54 所示。

表 3.54　　循环控制指令格式

指　　令	操 作 数	标志位影响情况					
		C	Z	S	O	P	A
LOOP/LOOPE/LOOPNE/ LOOPZ/LOOPNZ	标号	不受影响					

例 3.56　在内存的数据段中存放了若干个 8 位带符号数，数据块的长度为 COUNT（不超过 255），首地址为 TABLE，统计其中正数、负数、零的个数，并分别将个数存入 PLUS、MINUS 和 ZERO 单元。

```
    XOR AL, AL           ; AL 清零
    MOV PLUS, AL         ; 清 PLUS 单元
    MOV MINUS,AL         ; 清 MINUS 单元
    MOV ZERO,AL          ; 清 ZERO 单元
    LEA SI, TABLE        ; 取数据块首地址到 SI 中
    MOV CX, COUNT        ; 取数据块长度到 CX 中
    CLD                  ; 清方向标志位 DF
CHECK:
    LODSB                ; 取一个数据到 AL
    OR AL, AL            ; 影响标志位
    JS L1                ; 如为负转 L1
    JZ L2                ; 如为零转 L2
    INC PLUS             ; 否则为正，PLUS 单元加 1
    JMP NEXT
L1:INC MINUS             ; MINUS 单元加 1
    JMP NEXT
L2:INC ZERO              ; ZERO 单元加 1
```

```
NEXT:
    LOOP CHECK          ;CX 减 1，如果不为 0，则转 CHECK
    …
```

本章小结

本章详细介绍了指令系统。指令是构成汇编语言程序的基本要素，也是CPU可以执行的一个一个分解动作。本章提供了丰富的例子，可以帮助读者深刻理解各个指令。需要建议的是，最好的学习指令的方式是在实践中学习。只有多写程序，多调试程序，才可以很好地掌握各个指令。

第 4 章 汇编语言程序设计

在上一章，已经介绍了寻址方式和指令系统，本章介绍汇编语言的基本结构、运行环境、操作符、伪操作、功能调用方法、结构化程序设计方法、子程序以及宏等相关知识。有了这些知识，就可以开始汇编语言的程序设计了。

4.1 程序设计语言与汇编语言

程序设计语言是专门为计算机编程所配置的语言。它们按照形式与功能的不同可分为 3 种，即：机器语言、汇编语言和高级语言。通过表 4.1、表 4.2 和表 4.3 所示，可以了解到不同语言的特点以及 C 语言与汇编语言、汇编语言与二进制机器码之间的对应关系。

表 4.1 3 种不同层次的语言

机器语言	用机器码表示，例如 B8H、C3H （天书）
汇编语言	用指令助记符表示机器码（难学） 例：机器码 8BH、C3H 的助记符为 MOV AX，BX 注：CPU 不同，机器码不同，助记符不同
高级语言	语言规范，可用于不同的 CPU （通用） 例如：C 语言、C++、JAVA 等

表 4.2 C 语言与汇编语言对应关系

C 程序（与机型无关）	汇编语言（与机型有关）
char a;	A DB ?
a=5;	MOV A, 5
a=a+8;	ADD A, 8
注：a 是变量	注：A 是寄存器 AL

表 4.3 汇编语言与二进制机器码对应关系

指令内容（机器码）	助记符内容（汇编语言）
1011 0000 0000 0101	MOV A, 5
0000 0100 0000 1000	ADD A, 8
……	……

另外，计算机只能识别 0 或 1，所以不管何种类型的语言最终都将转化为机器码，才能加以运行，如图 4.1 所示。

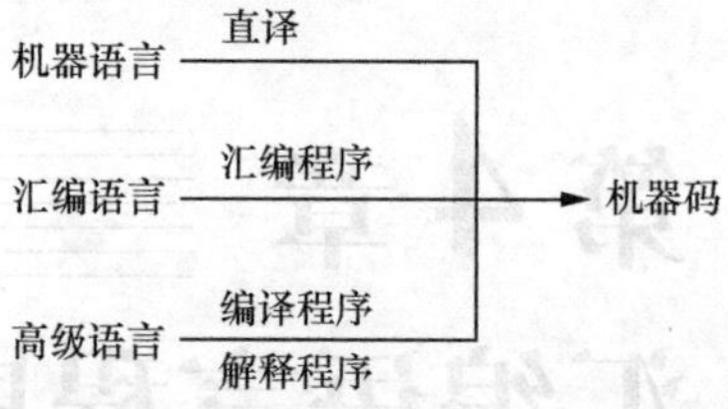

图 4.1　各类型语言转换为机器码的示意图

汇编语言是一种采用助记符表示的程序设计语言，即用助记符来表示指令的操作码和操作数，用标号或符号代表地址、常量或变量。助记符一般都是英语单词的缩写，因而方便人们书写、阅读和检查。一般情况下，一个助记符表示一类机器指令,所以汇编语言也是面向机器的语言。实际上，由汇编语言编写的汇编语言源程序就是机器语言程序的符号表示,汇编语言源程序与经过汇编所产生的目标代码程序之间有明显的一一对应关系。

用汇编语言编写程序能够直接利用硬件系统的特性（如寄存器、标志、中断系统等）直接对位、字节、字寄存器、存储单元、I/O 端口进行处理，同时也能直接使用 CPU 指令系统和指令系统提供的各种寻址方式，编制出高质量的程序，这样的程序不但占用内存空间少，而且执行速度快。当然，由于汇编语言不能独立于具体的机器，只有对微处理器指令系统熟练掌握以后，才能用汇编语言进行程序设计，编程的难度及工作量相当大，也增加了程序设计过程中出错的可能性。

4.2　汇编语言源程序

4.2.1　汇编语言源程序结构

下面通过一个完整的汇编语言源程序来讨论汇编语言程序的结构，该程序的功能是实现 C=A+B，其中 A、B、C 均为字节数据。

例 4.1

```
DATA    SEGMENT                          ;定义段 DATA，用来存放要操作的数据
    A  DB 12H                            ;定义变量 A，其值为 12H
    B  DB 34H                            ;定义变量 B，其值为 34H
    C  DB ?                              ;定义变量 C，但没有赋值
DATA    ENDS                             ;DATA 段定义结束
CODE    SEGMENT                          ;定义段 CODE，存放程序代码
    ASSUME  CS:CODE,DS:DATA              ;设定 DATA、CODE 分别为数据段和代码段
    START:MOV  AX,DATA                   ;标号 START 代表本指令的地址
    MOV  DS,AX                           ;给数据段寄存器 DS 赋值
    MOV  AL,A                            ;将变量 A 的值送入寄存器 AL
    ADD  AL,B                            ;将 AL 的值与变量 B 的值相加，并将其和存入 AL
    MOV  C,AL                            ;将 AL 的值送给变量 C
    MOV  AH,4CH                          ;调用 DOS 中断，退出程序并返回 DOS 状态
    INT   21H
CODE ENDS                                ;CODE 段定义结束
END  START                               ;整个源程序结束，同时指明程序执行的起始点为 START
```

从例 4.1 中可以看出汇编语言源程序具有以下特点。

（1）汇编语言源程序由若干个段组成（数据段、代码段、附加段、堆栈段，其中代码段是不

可缺少的)，每个段以 SEGMENT 语句开始，以 ENDS 语句结束，整个源程序以 END 结束。

（2）段由若干语句组成，一条语句一般写在一行上，书写时语句的各部分应尽量对齐。

（3）在代码段中通过 ASSUME 伪指令设定段寄存器与段的对应关系，用以说明所定义的逻辑段属于何种类型的逻辑段。

（4）为增加程序的可读性，可添加注释，注释的前面要求加上分号（;）。注释可以跟在语句后面，也可作为一个独立的行。

（5）为保证在执行过程中数据段地址的正确性，在源程序中需要对 DS 寄存器进行初始化（因为数据段段地址值取自数据段段寄存器 DS）。

（6）为了在程序结束时返回 DOS，一般通过调用 DOS 中断的 4CH 子功能来实现。

4.2.2　汇编语言程序设计过程

用汇编语言编写的程序称为汇编语言源程序（简称源程序），把汇编语言源程序翻译成能在机器上执行的机器语言程序（目标程序）的过程叫作汇编，完成汇编过程的系统程序称为汇编程序。它们之间的关系可以如图 4.2 所示。

图 4.2　源程序经汇编程序汇编

汇编程序是最早也是最成熟的一种系统软件。它除了能够将汇编语言源程序翻译成机器语言程序外，还能够根据用户的要求自动分配存储区域（包括程序区、数据区、暂存区等），自动地把各种进制数转换成二进制数，把字符转换成 ASCII 码，计算表达式的值，自动对源程序进行检查，给出错误信息（如非法格式，未定义的助记符、标号，漏掉操作数等）。具有这些功能的汇编程序又称为基本汇编（或小汇编 ASM）。在基本汇编的基础上，进一步允许在源程序中，把一个指令序列定义为一条宏的汇编程序，就叫作宏汇编（MASM）。

对于编程者，需要先在编辑器（比如 EDIT）中输入一段完整的源程序，并保存为以“.ASM”为扩展名的文件。之后通过汇编程序汇编为“.OBJ”文件，再通过链接程序生成“.EXE”可执行文件。最后可直接输入可执行文件的名称加以运行，也可使用 DEBUG 调试运行。整个过程如图 4.3 所示。

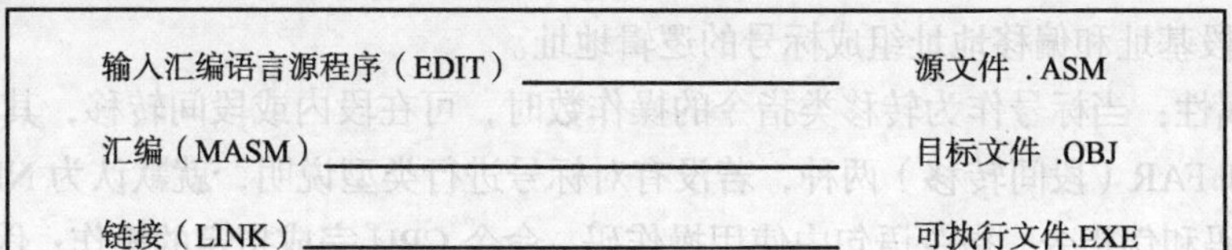

图 4.3　汇编程序的执行过程

4.2.3　汇编语言中的语句

1．汇编语句的种类

汇编语言源程序由语句序列构成，其语句序列可分为指令语句、伪指令语句、宏语句 3 种类型。

（1）指令语句：是一种执行性语句（即第 3 章中介绍的处理器指令系统），它在汇编时，汇编程序将为之产生对应的机器目标代码；在执行程序时，CPU 根据这些代码进行相应的操作。

格式：[标号：]　[前缀]　操作码　[操作数][，操作数][　；注释]

例如：

```
START：MOV AX，DATA ；把变量 DATA 的值传送给 AX 寄存器，标号 START 代表本指令的地址
```

（2）伪指令语句：是一种说明性语句，它不产生目标代码，仅仅在汇编过程中告诉汇编程序应如何汇编指令序列，利用它定义和说明常量和变量的属性及存储器单元的分配等，伪指令只在汇编时由汇编程序解释执行。

格式：[名字]　伪指令　操作数 [，操作数，…] [　；　注释]

例如：

```
A  DB  10H    ；定义变量 A，初值为 10H
```

（3）宏调用语句：宏是以一个宏名定义的一段指令序列，在汇编过程中凡是出现宏调用语句的地方，都会插入相应宏的指令语句序列替换该宏。

格式：[标号：]　<宏名>　[实参表][；注释]

2. 汇编语句使用说明

（1）标号和名字称为标识符，汇编语言中标识符的组成规则如下。

- 标识符由字母、数字及规定的特殊符号（如_、$、？、@）组成。
- 标识符必须以字母或下划线打头。
- 标识符长度不得超过 31 个字符。
- 默认情况下，汇编程序不区别标识符中字母的大小写。
- 用户定义标识符必须是唯一的，且不能与汇编语言中专用的保留字重名。

标号用来指向一条指令或宏调用语句，其后须加冒号，表示后面的指令存放的内存地址。标号常作为转移指令的操作数，确定程序转移的目标地址；名字用来指向一条伪指令，其后不加冒号，通常表示变量名、段名和过程名等，用作变量名时，表示变量存放在内存中首字节的地址。

标号具有以下 3 种属性。

- 段属性：定义标号的程序段的段基值，当程序中引用一个标号时，该标号的段基值应在 CS 寄存器中。
- 偏移属性：表示标号所在的段内偏移地址，它代表从段的起始地址到定义标号的位置之间的字节数，段基址和偏移地址组成标号的逻辑地址。
- 类型属性：当标号作为转移类指令的操作数时，可在段内或段间转移，其属性有 NEAR（段内转移）和 FAR（段间转移）两种，若没有对标号进行类型说明，就默认为 NEAR 属性。

（2）操作码和伪指令，指令语句中使用操作码，命令 CPU 完成指定的操作；伪指令语句中使用伪指令，它指示汇编程序要完成的操作，例如定义变量、分配存储区、定义段以及定义过程等，将在下一节中详细介绍。

（3）操作数，无论是指令的操作数还是伪指令的操作数都可以归结为以下几类：寄存器、存储单元、常量、变量、标号、表达式。记得前一章介绍过，指令的操作数可以是立即数、寄存器和存储单元，为什么又多了几种呢？实际上经过汇编程序汇编之后，常量、标号、名字和数值表达式变为一个具体的值，相当于立即数，而变量和包含变量的表达式经汇编之后相当于存储器操作数。

（4）分号“；”后的部分为注释内容，用以增加源程序的可读性，汇编程序在翻译源程序时

将跳过该部分，对它们不做任何处理。如果注释内容较多，超过一行，则换行以后前面还要加上分号。

3. 汇编语言中的常量与变量

（1）常量：汇编中允许的常量有整数常量和字符串常量两种。

① 整数常量：整数常量可以采用 4 种表示方法。

- 二进制常量：由数字 0、1 组成的序列，且以字母 B 结尾，如 10101010B。
- 十进制常量：由数字 0～9 组成的序列，结尾可以加上字母 D，如 9876D 或 6575D。
- 八进制常量：由数字 0～7 组成的序列，且以字母 Q（或字母 O）结尾，如 255Q、377O。
- 十六进制常量：由数字 0～9、字母 A～F 组成的序列，且以字母 H 结尾，如 3456H、0AB19H（为了避免与标识符相混淆，十六进制数在语句中必须以数字打头，凡是以字母 A～F 开始的十六进制数，必须在前面加上数字 0）。

② 字符串常量：字符串常量是由单引号或双引号括起来的单个字符或多个字符构成的，汇编程序把引号中的字符翻译成它的 ASCII 码值，如'A'（等于 41H）、'BC'（等于 4243H）、"HELLO"等。

（2）变量：变量是存储器数据区某内存单元的名字，由于内存单元的内容是可以改变的，因此，变量的值也是可以改变的。变量在指令中可以作为存储器操作数引用。

变量也有三种属性：段、偏移量和类型。

- 变量的段属性是变量所代表的数据区域所在段的段基值，由于数据区一般在存储器的数据段，因此，变量的段基值通常在 DS 和 ES 中。
- 变量的偏移量属性是该变量所在段的起始地址与变量的地址之间的字节数。
- 变量的类型属性有 BYTE（字节）、WORD（字）、DWORD（双字）、QWORD（4 个字）、TBYTE（10 个字节）等，表示数据区中存取操作对象的大小。

4. 汇编语言中的运算符与表达式

表达式是一种有值的语法结构，每个表达式都有一个值。数值表达式是一个数值结果，只有大小，没有属性。地址表达式的结果不是一个单纯的数值，而是一个表示存储器地址的变量或标号，它有三种属性：段、偏移量和类型。

表达式中常用的运算符分为六大类：算术运算符、移位运算符、逻辑运算符、关系运算符、分析运算符、合成运算符。

（1）算术运算符。

常用的运算符有：+加，－减，×乘，/除和 MOD 取余等。以上算术运算符可用于数值表达式，运算结果是一个数值。在地址表达式中通常只使用＋和－两种运算符。例如：

```
MOV AL,1+2            ; 等价于 MOV AL,3
```

（2）逻辑运算符。

逻辑运算符有：AND 逻辑与、OR 逻辑或、XOR 逻辑异或、NOT 逻辑非。逻辑运算符只用于数值表达式中对数值进行按位逻辑运算，并得到一个数值结果。例如：

```
MOV AL,0ADH AND 0CCH        ; 等价于 MOV AL,8CH
```

（3）关系运算符。

关系运算符有：EQ 等于、NE 不等、LT 小于、GT 大于、LE 小于或等于、GE 大于或等于。参与关系运算的必须是两个数值，运算结果是两个特定的数值之一，即当关系不成立（假）时，结果为 0（全 0）；当关系成立（真）时，结果为 0FFFFH（全 1）。例如：

```
MOV AX, 4 EQ 3 ; 关系不成立，故（AX）←0
```

```
MOV AX，4 NE 3 ；关系成立，故（AX）←0FFFFH
```

（4）分析运算符。

分析运算符可以把存储器操作数分解为它的组成部分，如它的段值、段内偏移量和类型，或取得它所定义的存储空间的大小。分析运算符有 SEG、OFFSET、TYPE、SIZE 和 LENGTH 等。

① SEG 运算符。

利用SEG运算符可以得到标号或变量的段基值。例如，将ARRAY变量的段基值送DS寄存器。

```
MOV AX, SEG ARRAY
MOV DS, AX
```

② OFFSET 运算符。

利用 OFFSET 运算符可以得到标号或变量的偏移量。例：

```
MOV DI, OFFSET DATA1
```

③ TYPE 运算符。

运算符 TYPE 的运算结果是个数值，这个数值与存储器操作数类型属性的对应关系如表 4.4 所示。

表4.4　TYPE 返回值与类型的关系

TYPE 返回值	存储器操作数的类型
1	BYTE
2	WORD
4	DWORD
-1	NEAR
-2	FAR

下面是使用 TYPE 运算符的语句例子：

```
VAR      DW ?                ；变量VAR 的类型为字
ARRAY    DD 10DUP(?)         ；变量ARRAY 的类型为双字
STR      DB "THIS IS TEST"   ；变量STR 的类型为字节
…
MOV AL,TYPE VAR        ;(AX)←2
MOV BL,TYPE ARRAY      ;(BX)←4
MOV CL,TYPE STR        ;(CX)←1
```

程序中的 DW、DD、DB 等为下节内容中的数据定义伪指令。

④ LENGTH 运算符。

如果一个变量已用重复操作符 DUP 说明变量的个数，则可用 LENGTH 运算符得到变量的个数。如果一个变量未用重复操作符 DUP 说明，则得到的结果总是 1。如上面的例子中 ARRAY DD 10DUP(?)，则 LENGTH ARRAY 的结果为 10。

⑤ SIZE 运算符。

如果一个变量已用重复操作符 DUP 说明，则利用 SIZE 运算符可得到分配给该变量的字节总数。如果一个变量未用重复操作符 DUP 说明，则利用 SIZE 运算符可得到 TYPE 运算的结果。ARRAY DD 10DUP(?)，SIZE ARRAY＝10×4＝40。由此可知，SIZE 的运算结果等于 LENGTH 的运算结果乘以 TYPE 的运算结果。

```
SIZE ARRAY=(LENGTH ARRAY)×(TYPE ARRAY)
```

（5）合成运算符。

合成运算符可以用来建立或临时改变变量或标号的类型，以及存储器操作数的存储单元类型。合成运算符有 PTR、THIS、SHORT 等。

① PTR 运算符。

运算符 PTR 可以指定或修改存储器操作数的类型，例如：

```
INC BYTE PTR [BX][DI]
```

指令中利用 PTR 运算符明确规定了存储器操作数的类型是 BYTE（字节），因此，本指令将一个存储单元（8 位）的内容加 1。

利用 PTR 运算符可以建立一个新的存储器操作数，这个操作数与原来的同名操作数具有相同的段和偏移量，但可以有不同的类型。不过这个新类型只在当前语句中有效。例如：

```
STUFF DD ? ；定义 STUFF 为双字类型变量
MOV BX, WORD PTR STUFF ；从 STUFF 中取一个字到 BX
```

② THIS 运算符。

运算符 THIS 也可指定存储器操作数的类型。使用 THIS 运算符可以使标号或变量具有灵活性。例如要求对同一个数据区，既可以字节为单位，又可以字为单位进行存取，则可用以下语句：

```
AREAW EQU THIS WORD
AREAB DB 100 DUP(?)
```

上面 AREAW 和 AREAB 实际代表同一个数据区，共有 100 个字节，但 AREAW 的类型为字，AREAB 的类型为字节。

③ SHORT 运算符。

运算符 SHORT 指定一个标号的类型为 SHORT（短标号），即标号到引用该标号的字节距离在−128～+127 范围内。短标号可以用于转移指令中。使用短标号的指令比使用缺省的近程标号的指令少一个字节。

（6）其他运算符。

① 段超越运算符“:”

运算符“:”紧跟在段寄存器名（DS、CS、SS、ES）之后，表示段超越，用来给存储器操作数指定一个段的属性，而不管原来隐含在什么段。

MOV AX，ES：[SI]

② 字节分离运算符。

运算符 LOW 和 HIGH 分别得到一个数值或地址表达式的低位和高位字节。

```
STUFF EQU 0ABCDH
MOV AH, HIGH STUFF ; (AH)←0ABH
MOV AL, LOW STUFF ; (AL)←0CDH
```

以上介绍了表达式中使用的各种运算符，如果一个表达式同时具有多个运算符，则按以下规则运算。

① 优先级高的先运算，优先级低的后运算。

② 优先级相同时，按表达式从左到右的顺序运算。

③ 括号可以提高运算的优先级，括号内的运算总是在相邻的运算之前进行。

各种运算符的优先级顺序如表 4.5 所示。表中同一行的运算符具有相等的优先级。

表 4.5　运算符的优先级

优先级	运算符
1	LENGTH、SIZE、WIDTH、MASK、()、[]、〈〉
2	.（结构变量名后面的运算符）
3	:（段超越运算符）
4	PTR、OFFSET、SEG、TYPE、THIS
5	HIGH、LOW
6	+、-（单目运算，表示取正、取负）
7	*、/、MOD、SHL、SHR
8	+、-（双目运算，表示加、减）
9	EQ、NE、LT、LE、GT、GE
10	NOT
11	AND
12	OR、XOR
13	SHORT

需要说明的是，表达式求值的计算工作是由汇编程序来完成的。表达式作为指令的一个操作数而存在，是一个有确定值的操作数，即在执行这条指令之前，表达式的值已经在汇编的时候由汇编程序计算出来了如表 4.6 所示。

表 4.6　汇编程序汇编前后对比

源程序汇编前	汇编后，执行前
DATA SEGMENT	
A DB 1	
B DB 2	
DATA ENDS	
CODE SEGMENT	
START:	
MOV AX,DATA；段名相当于数据段的起始地址	MOV AX,0710H
MOV DS,AX	MOV DS,AX
MOV AL,1+2	MOV AL,03H
MOV AL,0ADH AND 0CCH	MOV AL,8CH
MOV Al,4 NE 3	MOV AL,0FFH
MOV AL,A；A 是变量，相当于存储器操作数	MOV AL,[0000H]
MOV AL,A+1；A+1 表示变量 A 在内存中的地址加 1，此时实际上相当于变量 B	MOV AL,[0001H]
MOV AH, 4CH	MOV AH,4CH
INT 21H	INT 21H
CODE ENDS	
END START	

4.2.4 返回 DOS

当汇编程序执行完毕后，要把 CPU 的占用交还给 DOS 操作系统，即返回 DOS。要想正常返回到 DOS 操作系统，必须了解汇编程序的加载和运行机制。

当用连接程序对其进行连接和定位时，操作系统为每一个用户程序建立了一程序段前缀区

PSP，其长度为 256 个字节，主要用于存放所要执行程序的有关信息，同时也提供了程序和操作系统的接口。操作系统在程序段前缀的开始处（偏移地址 0000H）安排了一条 INT 20H 软中断指令。执行该服务程序后，控制就转移到 DOS，即返回到 DOS 管理的状态。因此，用户在组织程序时，必须使程序执行完后，能去执行存放于 PSP 开始处的 INT 20H 指令，这样便返回到 DOS。

PC-DOS 在建立了程序段前缀 PSP 之后，就将要执行的程序从磁盘装入内存并设置相应寄存器的值。其中有一项会设置段寄存器 DS 和 ES 的值，使它们指向 PSP 的开始处，即 INT 20H 的存放地址。

为了保证用户程序执行完后，能回到 DOS，可使用如下两种方法。

1. 标准方法

首先将用户程序的主程序定义成一个 FAR 过程，其最后一条指令为 RET，然后在代码段的主程序（即 FAR 过程）的开始部分，用 3 条指令将 PSP 中 INT 20H 指令的段基值及偏移地址压入堆栈，相应程序段如下：

```
CODE SEGMENT
    MAIN  PROC  FAR
        ASSUME  CS:CODE, DS:DATA
        START:   PUSH  DS
            XOR  AX, AX
            PUSH  AX
            MOV  AX, DATA
            MOV  DS, AX
            ……
            RET
    MAIN  ENDP
CODE  ENDS
```

这样，当程序执行到过程的最后一条指令 RET 时，由于该过程具有 FAR 属性，故存在堆栈内的两个字就分别弹出到 CS 和 IP，便执行 INT 20H 指令，使控制返回到 DOS 状态。

此外，由于开始执行用户程序时，DS 并不设置在用户的数据段的起始处，ES 也同样不设置在用户的附加段起始处，因而在主程序开始处，继上述 3 条指令之后，应该重新装填 DS 和 ES 的值。

2. 非标准方法

也可在用户的程序中不定义过程段，只在代码段结束之前（即 CODE ENDS 之前），增加两条语句：

```
MOV AH, 4CH
INT 21H
```

则程序执行完后，也会自动返回 DOS 状态。

4.3 伪指令

汇编语言中有丰富的伪指令。依其功能可将其分为数据定义伪指令、符号定义伪指令、段定义伪指令、段分配伪指令、过程定义伪指令、模块定义伪指令、结构定义伪指令和记录定义伪指令等。

1. 数据定义伪指令

数据定义伪指令用来为变量申请固定长度的存储空间，并可同时将相应的存储单元初始化。

格式：[变量名]　伪指令助记符　操作数[，操作数…]

（1）变量名为用户自定义标识符，表示初值表中首个元素的逻辑地址，可以通过变量名来访问它所指示的存储单元，有时也可以省略变量名。

（2）变量定义伪指令有 5 种形式：

- DB 定义字节变量，即其后的每个操作数均占 1 个字节。
- DW 定义字变量，即其后的每个操作数均占 2 个字节。
- DD 定义双字变量，即其后的每个操作数均占 4 个字节。
- DQ 定义 4 字变量，即其后的每个操作数均占 8 个字节。
- DT 定义 10 字节变量，即其后的每个操作数均占 10 个字节。

注意：存放多字节数据时，数据高字节存放在高地址单元，低字节存放在低地址单元。

（3）操作数部分给出变量的初始化值，有多个值时用逗号分隔，初始化值可以是数值常数，也可以是表达式或字符串，还可以由？、$、重复操作符 DUP 组成。其中：

- ？：表示未赋初值，用于预留存储空间。
- $：表示将要分配的内存单元的偏移地址。
- DUP：表示重复初值，其格式为：

重复次数　DUP　（重复参数）　　；重复参数可以是多个，之间用逗号间隔

例如：2 DUP（1，2）　　；等价于 1，2，1，2

注意：初始化值不应超过所定义的数据类型的范围，例如，DB 伪指令定义数据的类型为字节，则初始化值的范围为 0～255（无符号数）或-128～+127（有符号数）。字符和字符串都必须放在单引号中。超过两个字符的字符串只能使用 DB 伪指令。

与高级语言不同的是，这里在定义一个变量的数据定义伪指令中可以有多个操作数，即多个初值。理解这个问题的关键是要理解汇编语言中的变量，数据定义伪指令首先是为变量申请内存空间，申请多少内存空间由初值表的个数决定；其次申请的到内存空间的首地址由变量名代表。通俗一点来说（假如是 DB 类型），变量名代表申请到的第一个内存单元，变量名加 1 代表申请到的第二个内存单元，以此类推……如例 4.2 所示。

例 4.2　画图表示下列变量在内存中的存放形式，如图 4.4 所示。

```
VAR1    DB   20H, 30H
VAR2    DW   2030H, 12H
VAR3    DB   11H, 'HELLO!'
VAR4    DB   2 DUP(56H,78H)
```

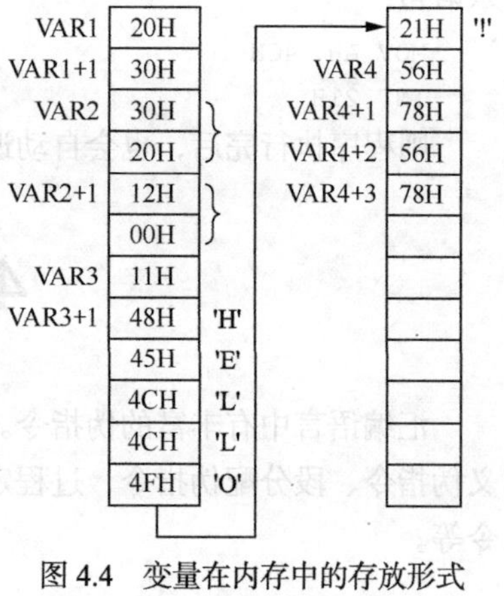

图 4.4　变量在内存中的存放形式

2. 符号定义伪指令

符号定义伪指令用来定义符号常量，系统不会给符号常量分配内存空间。其指令有 EQU、=。

指令格式：符号 EQU 表达式

　　　或：符号=表达式

操作：将表达式的值赋给一个名字，以后可以用这个名字来代替表达式。格式中的表达式可以是一个常数、符号、数值表达式或地址表达式。

两者的区别是：用“=”定义的符号常量可以被重新定义，而用 EQU 定义的符号常量不能被重新定义，如例 4.3 所示。

例 4.3

```
VAR1 EQU 10H
MOV  AL,VAR1            ;等价于 MOV AL,10H
VAR2 EQU Z
MOV  AX,VAR2            ;等价于 MOV AX,Z
VAR3 EQU VAR1*3+10
MOV  AL,VAR3            ;等价于 MOV AL,3AH
VAR4 EQU [BX+SI+100]
MOV  AL,VAR4            ;等价于 MOV AL,[BX+SI+100]
VAR5 EQU ADD
VAR5 AX,BX              ;等价于 ADD AX,BX
VAR6 EQU 01H
VAR6 EQU 02H            ;（×）前面已经定义了符号常量 VAR6，不能再重复定义 VAR6
MAX=100
MAX=MAX+ 100            ;（√）前面符号常量 MAX 的值为 100，现在其值被修改为 200
```

3. 段定义伪指令

汇编语言源程序由若干个逻辑段组成，段定义伪指令（SEGMENT/ENDS）用来定义一个段，要求给出段名，由 SEGMENT 指定段的开始，ENDS 指定段的结束。后面的任选项（定位类型、组合类型、类别）规定该逻辑段的其他特性，其格式为：

```
段名  SEGMENT [定位类型] [组合类型] ['类别']
      …… ; 语句序列
段名 ENDS
```

说明：

（1）SEGMENT 和 ENDS 必须成对出现。

（2）段名由用户自己命名，必须符合标识符命名规则，前后段名必须保持一致。每个段的段名即为该段的段基址。

（3）定位类型用来说明对段起始地址的要求，可以省略。定位类型有以下 4 种：

- BYTE：段的起始地址可在任意字节边界上，即段起始地址是任意的。
- WORD：要求段的起始地址在任意字边界上，即段起始地址最低位为 0，亦即段起始地址必须为偶地址。
- PARA：要求段的起始地址在节（16 字节）的边界上，即段起始地址低 4 位全部为 0，如 XXXX0H。缺省定位类型时，默认为 PARA 类型。
- PAGE：要求段的起始地址在页（256 字节）边界上，即段起始地址低 8 位全部为 0，如 XXX00H。

（4）组合类型用来说明同类别段名的连接方式，可以省略。定位类型有以下 6 种：

- NONE：不与其他段连接。缺省组合类型时，默认为 NONE 类型。
- PUBLIC：将不同程序模块中同名同类型的段按顺序连接成一个共同的段装入内存。
- STACK：指定该段为堆栈段，并将不同程序模块中的堆栈段按顺序连接成一个堆栈段，即所有程序模块共用一个堆栈段。
- COMMON：将不同程序模块中同名同类型的段都从同一个地址开始装入，即以覆盖方式连接，各个逻辑段将发生重叠，段长度为最大段的长度。

- AT 表达式：按照表达式的值指定的段基址将段装入内存。
- MEMORY：多个逻辑段连接时，连接程序将把本段连接在其他所有段之上。若多个段均为MEMORY类型时,则将第一个MEMORY段置于所有段之上,其他MEMORY段当成COMMON类型来处理。

（5）类别名必须用“'”引起来，用来说明该段类别名，在连接时将同类别名的段按照组合类型进行组合。类别名由用户自定义，长度不超过 40 个字符，如例 4.4 所示。

例 4.4

```
CODE   SEGMENT 'CODE'
CODE ENDS ；定义一个段，段名为 CODE，类别名为 CODE
STACKSEG   SEGMENT STACK
STACKSEG ENDS；定义一个堆栈段，段名为 STACKSEG，组合类型为 STACK
DATAI   SEGMENT WORD PUBLIC 'CONST'
DATAI ENDS；定义一个段，段名为 DATAI，定位类型为 WORD，组合类型为 PUBLIC，类别名为 CONST
CODESEG   SEGMENT PARA PUBLIC 'CODE'
CODESEG ENDS；定义一个段，段名为 CODESEG，定位类型为 PARA，组合类型为 PUBLIC，类别名为 CODE
```

4. 段分配伪指令

段分配伪指令用来告诉汇编程序当前哪些逻辑段为代码段、哪些为数据段、哪些为堆栈段、哪些为附加段，即明确指出源程序中的逻辑段与物理段之间的关系。其格式为：

```
ASSUME 段寄存器：段名[，段寄存器：段名，…]
```

说明：

（1）ASSUME 伪指令只能设置在代码段内，放在段定义语句之后。

（2）ASSUME 伪指令只是建立了逻辑段与段寄存器之间的关系，并没有为段寄存器赋值。对于代码段和堆栈段，由连接程序来设置 CS、IP、SS、SP 的值；而数据段和附加段则需要由用户在程序中对 DS、ES 赋值。

（3）每个段的段名即为该段的段基址，它是一个 16 位的立即数，因此不能直接将它送给段寄存器。通常先将段名送给一个通用寄存器，然后将该通用寄存器的值再送给段寄存器，来对 DS、ES 赋值，如例 4.5 所示。

例 4.5

```
DATAI   SEGMENT              ；定义一个段，段名为 DATAI
   X DB 100
DATAI  ENDS
EXTRA  SEGMENT               ；定义一个段，段名为 EXTRA
   STR DW 10 DUP(?)
EXTRA ENDS
STACKSEG SEGMENT STACK       ；定义一个堆栈段，段名为 STACKSEG
   BUF DW 50 DUP(?)
STACKSEG ENDS
CODE SEGMENT                 ；定义一个段，段名为 CODE
   ASSUME CS: CODE,DS: DATAI,ES: EXTRA,SS: STACKSEG ；指明 CODE 为代码段，DATAI 为数据段，
                             ；EXTRA 为附加段，STACKSEG 为堆栈段
   START: MOV AX, DATAI
      MOV DS, AX             ；将数据段段基址送入 DS
      MOV AX, EXTRA
```

```
    MOV ES, AX    ; 将附加段段基址送入ES
CODE ENDS
END START
```

5. 过程定义伪指令

格式为：

```
过程名 PROC [NEAR]/FAR
  …
  RET
过程名 ENDP
```

其中 PROC 伪指令定义一个过程，赋予过程一个名字并指出该过程的属性为 NEAR 或 FAR。如果没有特别指明类型，则认为过程的属性为 NEAR。NEAR 属性的过程只能被本代码段内的其他程序调用；FAR 属性的过程既可以被本代码段内的程序调用，又可以被其他代码段内的程序调用。伪指令 ENDP 标志过程结束。PROC/ENDP 伪指令前的过程名必须一致。

当一个程序段被定义为过程后，程序中其他地方就可以用 CALL 指令来调用这个过程。调用的格式为：

```
CALL 过程名
```

过程名实质上是过程入口的符号地址，它和标号一样，也有三种属性：段、偏移量和类型。过程的类型属性可以是 NEAR 或 FAR。

一般来说，被定义为过程的程序段中应该有返回指令 RET，以便返回调用它的程序。但不一定是最后一条指令，也可以有不止一条 RET 指令。

过程的定义和调用均可嵌套。例如：

```
NA1 PROC FAR
  …
  CALL NA2
  RET
  NA2 PROC NEAR
    …
    RET
  NA2 ENDP
NA1 ENDP
```

上面过程 NA1 的定义中包含着另一个过程 NA2 的定义。NA1 本身是一个可以被调用的过程，而它也可以再调用其他的过程。

4.4　DOS 系统功能调用和 BIOS 功能调用

4.4.1　概述

在书写汇编语言程序时，可以直接调用 ROM-BIOS 和 DOS 系统中已经实现的一些功能子程序来实现相应的操作，比如接收键盘输入和字符显示输出等。这样，用户就没必要亲自再写段程序来实现这个功能了，直接通过软中断调用即可。

（1）ROM-BIOS（基本 I/O 系统）是固化在 ROM 中的一组 I/O 设备驱动程序，它为系统各主要部件提供设备级的控制，还为汇编语言程序设计者提供了字符 I/O 操作。程序员在使用

ROM-BIOS 的功能模块时，可以不关心硬件 I/O 接口的特性，仅使用指令系统的软中断指令（INT n）即可，这称为中断调用。

例如，将一个 ASCII 字符显示在屏幕的当前所在位置，可使用 ROM-BIOS 的中断类型号 10H，功能号为 0EH。程序段如下：

```
MOV AL,"?"        ; 要显示的字符送入 AL
MOV AH,0EH        ; 功能号送入 AH
INT 10H           ; 调用 10H 软中断
```

BIOS 功能调用详细说明请参考本书的附录 2。

（2）系统功能调用是调用微机的操作系统 DOS 为用户提供的一组功能子程序，因而又称为 DOS 系统功能调用。这些子程序按功能可分为以下几个方面。

① 磁盘的读/写及控制管理。

② 内存管理。

③ 基本输入/输出管理（如键盘、打印机、显示器、磁带管理等），另外还有时间、日期等子程序。

4.4.2 系统功能调用方法

为了使用方便，系统已将所有子程序顺序编号。例如，基本输入/输出管理中的功能调用 1 号（键盘输入）、2 号（显示字符）、5 号（打印字符）、9 号（显示字符串）及 0A 号（接收键盘输入的字符串）。对于所有的功能调用，使用时一般需要经过以下三个步骤。

（1）入口参数送相应的寄存器。

（2）功能号送 AH。

（3）发出中断请求：INT 21H（系统功能调用指令）。

例如，显示一个字符串："Goodmorning！"

```
JK DB 'Goodmorning!$ '
…
MOV DX,OFFSET JK
MOV AH,9
INT 21H
```

有的系统功能调用不需要入口参数，此时（1）可以略去，例如：

```
MOV AH, 4CH
INT 21H
```

系统功能调用结束后，一般都有出口参数，这些出口参数通常会写入到指定的寄存器中。

4.4.3 常用 DOS 功能调用

1. 带显示键盘输入（1 号调用）

1 号系统功能调用等待从标准输入设备输入一个字符，并送入寄存器 AL，不需入口参数。例如，得到键盘输入，并根据输入字符做不同的处理。

```
GET_KEY:MOV  AH,1
    INT  21H
    CMP  AL,'Y'
    JZ   YES
    CMP  AL, 'N'
    JZ   NO
```

```
    JNZ      GET_KEY
YES:
    …
NO  :
    …
```

2. 单字符显示输出（2 号调用）

调用时，把待显示的字符（ASCⅡ码）先送入到 DL 寄存器中，然后 02 号功能调用，例如，在屏幕上打印输出字符'A'。

```
MOV DL, 41H
MOV AH, 02
INT 21H
```

3. 字符串输出（9 号调用）

调用时，要求 DS：DX 必须指向内存中一个以"$"作为结束标志的字符串。字符串中每一个字符（不包括结束标志）都输出打印。相应程序段如下：

```
DATA SEGMENT
    BUF DB 'HOW DO YOU DO ? $'
DATA ENDS
CODE SEGMENT
    …
    MOV AX, DATA
    MOV DS, AX
    …
    MOV DX, OFFSET BUF
    MOV AH, 9
    INT 21H
    …
CODE ENDS
```

4. 字符串输入（0AH 号调用）

接收从键盘输入的字符串到内存输入缓冲区，缓冲区需要由用户来定义。缓冲区内第一个字节指出允许输入的最大字符个数，即能容纳字符的个数。第二个字节为实际键入的字符数，初始值一般设为？，调用结束后会依据实际键入的字符数来填充此值。从第三个字节开始存放从键盘输入的字符串。如果实际输入的字符少于定义的字符数，缓冲区将空余的字节填零。如图 4.5 所示。

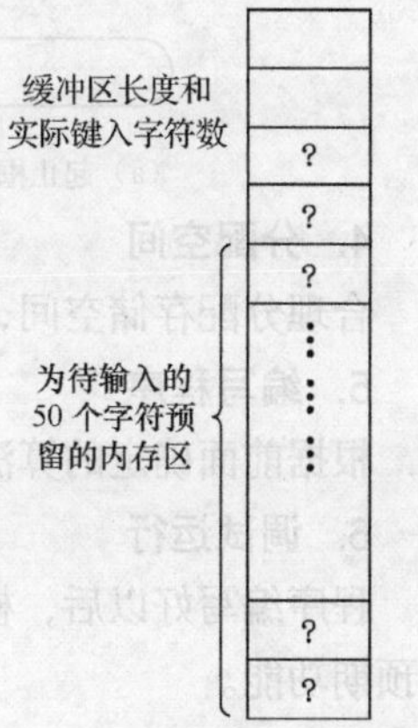

图 4.5　定义的字符串输入缓冲区

如果实际输入的字符多于定义的字符数，则将多余字符丢掉，且响铃。调用时，应让 DS：DX 指向定义的缓冲区。相应程序段如下：

```
DATA SEGMENT
    BUF DB 50 ; 缓冲区长度
    DB ?  ; 保留为填入实际输入的字符个数
    DB 50 DUP(? ) ; 定义 50 个字节存储空间
DATA ENDS
CODE SEGMENT
    …
    MOV   AX,DATA
    MOV   DS,AX
```

```
    …
    MOV   DX,OFFSET BUF
    MOV   AH,10 ; 即 0AH 送 AH
    INT   21H
CODE ENDS
```

4.5 结构化汇编语言程序设计方法

4.5.1 程序设计的基本步骤

1. 分析问题

对题目给出的已知条件和要完成的任务进行详细的了解和分析，将实际问题转化为计算机可以处理的问题。

2. 确定算法

算法，即利用计算机解决问题的方法和步骤。计算机一般只能进行最基本的算术运算和逻辑运算，要完成较为复杂的运算和控制操作，就必须选择合适的算法。

3. 设计流程

将算法以流程图的方式画出来。画流程图是指用各种图形、符号、指向线等来说明程序设计的过程。国际通用的图形和符号说明如下：

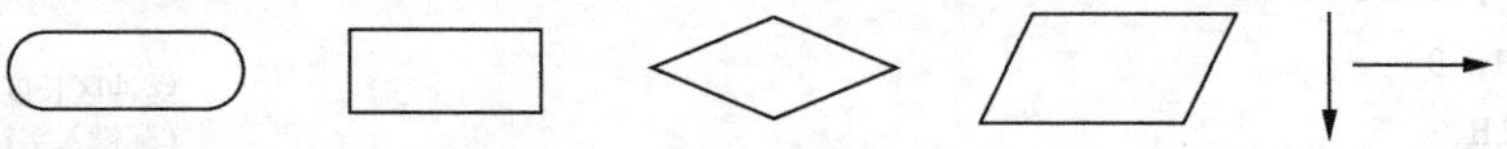

（a）起止框　（b）处理框　（c）判断框　（d）输入输出框　（e）流程线

4. 分配空间

合理分配存储空间，即分段和数据定义，合理地使用寄存器。

5. 编写程序

根据前面确定的算法流程图，采用汇编程序设计语言编写程序。

6. 调试运行

程序编写好以后，检查语法错误，上机汇编、连接、调试运行，检验程序是否正确，能否实现预期功能。

4.5.2 顺序、分支与循环程序结构

利用计算机解决实际问题时，其操作控制执行步骤有时是按顺序执行的，有时需要根据实际情况选择某一个分支的操作执行，有时需要对某一些操作步骤反复执行，与之相对应，有 3 种程序结构：顺序结构、分支结构、循环结构。

1. 顺序结构

顺序结构程序完全按指令书写的前后顺序，从头至尾逐条执行，是最常用、最基本的程序结构。常用于处理查表程序、计算表达式程序如图 4.6 所示。

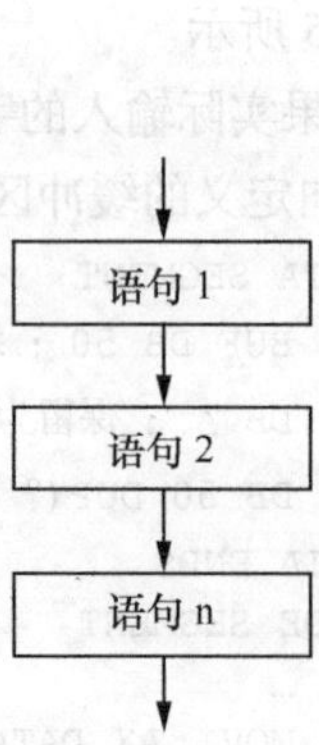

图 4.6　顺序结构程序执行流程图

例 4.6　在内存中自 tab 开始的 16 个单元连续存放着 0～15

的平方值（平方表），任给一个数 x（0≤x≤15）在 x 单元中，查表求 x 的平方值，结果存放在 y 单元中。

根据给出的平方表，分析表的存放规律，可知表的起始地址与数 x 之和，正是 x 的平方值所在单元的地址，由此编制程序如下：

```
DATA SEGMENT
    tab DB 0,1,4,9,16,25,36,49,64,81,100,121,144,169,196,225
    x DB 13
    y DB ?
DATA ENDS
CODE SEGMENT
    ASSUME CS:CODE,DS:DATA
    START:MOV AX,DATA
        MOV   DS,AX
        LEA   BX,tab
        MOV   AH,0
        MOV   AL,x
        ADD   BX,AX
        MOV   AL,[BX]
        MOV   y,AL
        MOV   AH,4CH
        INT   21H
CODE ENDS
END START
```

2. 分支结构

在程序运行过程中，根据不同的条件执行不同的程序段，这种程序结构称为分支程序结构。其组织形式是先通过 CMP、TEST 等指令的执行对标志位产生影响，再通过条件转移指令 JXX 对标志位进行判断，来实现通过条件判断控制程序转向某个分支执行；或通过 JMP 实现无条件转移。

根据分支转向的不同结构，可将分支结构分为3种：单分支结构、双分支结构和多分支结构。

（1）单分支程序：满足条件时跳过分支语句体程序段执行，否则顺序执行（即执行分支语句体）。流程图如图 4.7（a）所示。

（2）双分支程序：条件成立转向分支语句体 2 执行，否则顺序执行分支语句体 1，并且执行完分支语句体 1 后要用 JMP 无条件跳转到分支语句体 2 后执行。流程图如图 4.7（b）所示。

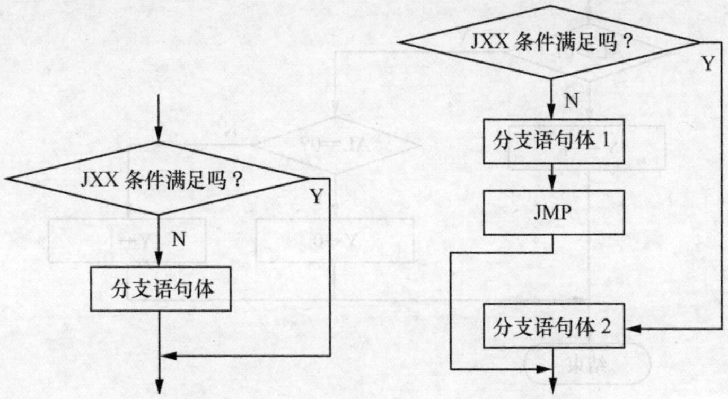

（a）单分支结构　　（b）双分支结构

图 4.7　单、双分支结构程序流程图

（3）多分支程序：需要对多个条件进行判断，每个条件都对应一个分支，满足某个条件时就进入相对应的分支执行。流程图如图 4.8 所示。

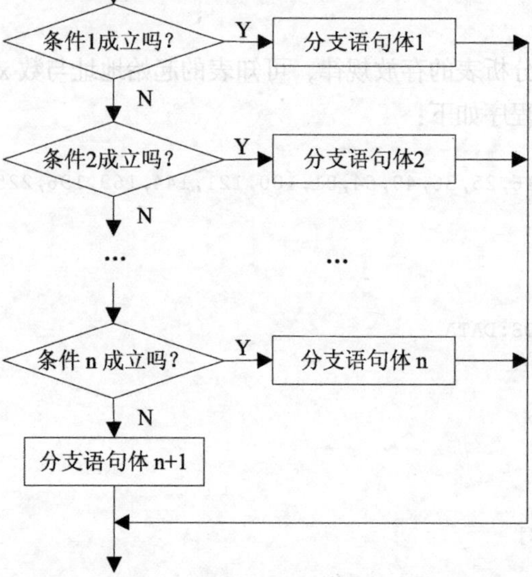

图 4.8　多分支结构程序流程图

例 4.7　给定以下符号函数：

$$y=\begin{cases}1 & (x>0)\\ 0 & (x=0)\\ -1 & (x<0)\end{cases}$$

这是一个简单的分支结构，任意给定 x 值，假定为-25，且存放在 x 单元，根据 x 确定 y，函数值 y 存放在 y 单元。流程图及程序实现如图 4.9 所示：

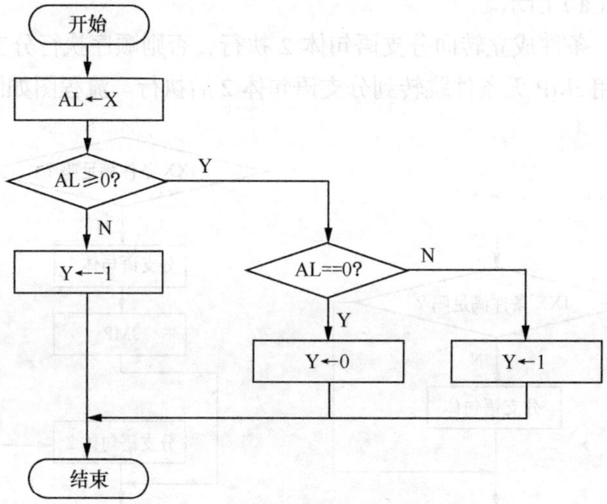

图 4.9　实现符号函数程序的流程图

```
DATA SEGMENT
    X DB -25
    y DB ?
DATA ENDS
CODE SEGMENT
```

```
    MAIN PROC FAR
      ASSUME CS:CODE,DS:DATA
      START:PUSH DS
        MOV AX, 0
        PUSH AX
        MOV AX,DATA
        MOV DS,AX
        MOV AL,x
        CMP AL,0
        JGE LP1
        MOV AL,0FFH
        MOV y,AL
        RET
      LP1:JE LP2
        MOV AL,1
        MOV y,AL
        RET
      LP2:MOV AL,0
        MOV y,AL
        RET
    MAIN ENDP
  CODE ENDS
  END START
```

3. 循环结构

在程序运行过程中根据某一条件是否成立，控制某个语句组是否需要重复执行，这种程序结构称为循环结构。根据循环条件所在的位置，可将循环结构分为以下两种，如图 4.10 所示。

- “先判断、后循环”：先判断循环条件，再决定是否执行循环体。
- “先循环、后判断”：先执行循环体（至少一次），再判断循环条件。

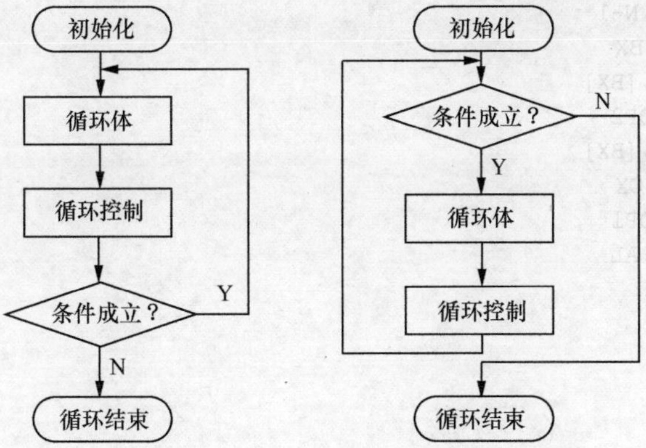

（a）后判断循环条件　　（b）先判断循环条件

图 4.10　循环程序的基本结构

不论哪一种结构形式，循环程序都将包含如下部分。

（1）初始化：设置循环的初始状态，如循环次数等。

（2）循环体：循环工作的主体，它由循环的工作部分及修改部分组成，循环的工作部分是为完成程序功能而设计的主要程序段，循环的修改部分则是为保证每一次重复（循环）时，参加执行的信息能发生有规律的变化而建立的程序段。

（3）循环控制：完成对循环条件的值进行修改，每个循环程序必须选择一个循环控制部分来控制循环的运行和结束，否则将会成为死循环。

例 4.8 从 xx 单元开始的 30 个连续单元中存放有 30 个 8 位无符号数，从中找出最大者送入 yy 单元。

根据题意，把第一个数先送入 AL，将 AL 中的数与后面的 29 个数逐个比较。如果 AL 中的数较小，则 AL 被赋值为相比较的数；如果 AL 中的数大于或等于相比较的数，则不做任何操作，在整个过程中，AL 始终保持较大的数，共比较 29 次，最后把 AL 中的数送入 yy 单元。流程图如图 4.11 所示。

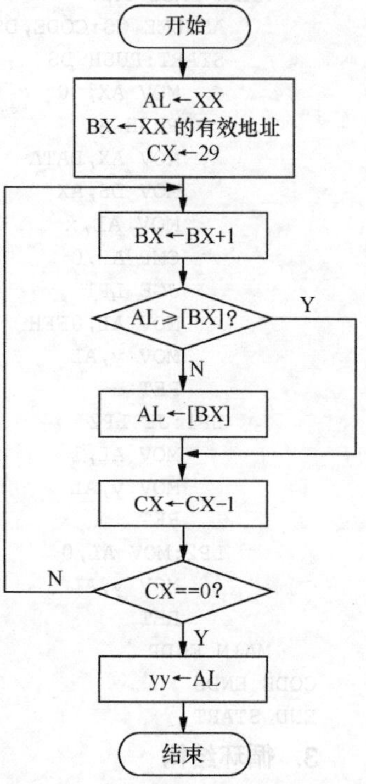

图 4.11 从一批数中求最大者流程图

程序编写如下：

```
DATA SEGMENT
   xx DB 73,59,61,45,81,107,37,25,14
      DB 64,3,17,9,23,55,97,115,78,121
      DB 67 ,215,137,99,241,36,58,87
      DB 100,74,62
   N   EQU $-xx
   yy  DB ?
DATA ENDS
CODE SEGMENT
   MAIN PROC FAR
      ASSUME CS:CODE,DS:DATA
      START:PUSH DS
         MOV AX,0
         PUSH AX
         MOV AX,DATA
         MOV DS,AX
         MOV AL,xx
         MOV BX,OFFSET xx
         MOV CX,N-1
      LOOP1:INC BX
         CMP AL,[BX]
         JAE LOOP2
         MOV AL,[BX]
      LOOP2:DEC CX
         JNZ LOOP1
         MOV yy,AL
         RET
   MAIN ENDP
CODE ENDS
END START
```

4.6 子程序结构及参数传递方法

子程序就是一个功能上相对独立的程序段，可以被多次重复调用，类似于高级语言中的过程和函数。一个完整的程序中可以包含多个子程序，通过调用各个子程序来实现程序的整个功能，子程序能被别的程序所调用，也可以调用其他子程序，子程序也称过程。

1. 子程序结构

在子程序主体中，一般需要包含以下几个部分：

- 保护现场　　；将需要保护的内容压入堆栈
- 子程序体　　；完成一定功能的指令序列
- 恢复现场　　；将需要恢复的内容弹出堆栈
- 子程序返回　；使用 RET 指令返回

如果调用程序在调用子程序之前，某些寄存器或存储单元的内容在从子程序返回到调用程序后还要使用，而子程序又恰好使用了这些寄存器或存储单元，则这些寄存器或存储单元的原有内容遭到了破坏，那就会使程序运行出错。为防止这种错误的发生，在进入子程序之前或之后，应该把子程序所使用的寄存器或存储单元的内容保存在堆栈中，而退出子程序之前再恢复原有的内容，这就是保护和恢复现场。

另外，为了便于他人阅读程序，对子程序要加以说明，子程序说明包含以下内容。

- 功能描述：子程序的名称，功能及性能。
- 子程序中用到的寄存器和存储单元。
- 子程序的入口参数、出口参数。
- 子程序中调用其他子程序的名称。

例 4.9　子程序说明与实现

子程序说明	子程序实现
名称：BCD2BIN 功能：把一个字节的压缩 BCD 码转换成二进制数 所用寄存器：CX，（子程序实现过程中，借助了 CX 寄存器，改变了 CX 的值，而 CX 可能在主程序中还有用，所以要进行保护和恢复） 入口参数：AL 中存放 BCD 数 出口参数：AL 中存放二进制数 调用其他子程序：无	BCD2BIN　PROC PUSH　CX　；保护现场 MOV　CH,AL AND　CH,0FH MOV　CL,4 SHR　AL,CL MOV　CL,10 MUL　CL ADD　AL,CH　（MOV CH,AL 至 ADD AL,CH：子程序体） POP　CX　；恢复现场 RET　；子程序返回 BCD2BIN　ENDP

2. 调用程序与子程序之间的参数传递

调用子程序时，子程序与主程序之间往往存在着数据的交流，称主程序传递给子程序的数据为入口参数，称子程序返回给主程序的结果数据为出口参数。

常采用的参数传递方法有：通过寄存器传递、通过共享变量传递、通过堆栈传递。

（1）通过寄存器传递参数。

把入口参数、出口参数存放于约定的寄存器中，这是最常用的参数传递方式。通过寄存器传递参数时，需要视具体情况来选择是否需要对入口参数、出口参数进行保护和恢复。由于通用寄存器个数有限，通过寄存器传递参数的方法只适合参数个数较少的场合。

例 4.10　编写一个子程序，在数据块中查找某个指定数据，若找到则把该数据在数据块中的序号返回，若找不到则返回-1。

```
DATA  SEGMENT
    ARRAY DB       10,58,23,94, 85,32,70,5,42,62
    N          EQU $-ARRAY     ;N 为数组长度
DATA  ENDS
CODE SEGMENT
    ASSUME CS:CODE,DS:DATA
```

```
    START:MOV  AX,DATA
    MOV   DS,AX
    LEA   SI,ARRAY
    MOV   CX,N
    MOV   DL,94
    CALL  LOOKUP          ;调用子程序
    MOV   AH,4CH          ;返回 DOS
    INT   21H
;子程序名：LOOKUP
;功能：RAM 中的数据检索
;入口参数：SI 存放数据块首地址，CX 存放数据块长度，DL 存放要查找的数
;出口参数：若找到，则将数据的序号存入 DI，否则存-1 到 DI
    LOOKUP          PROC
          PUSH      CX
          PUSH      SI
          MOV       DI,SI
     LO:  CMP       DL,[DI]
          JZ        L1
          INC       DI
          LOOP      LO
          MOV       DI,-1
          JMP       L2
     L1:  SUB       DI,SI
     L2:  POP       SI
          POP       CX
          RET
    LOOKUP     ENDP
CODE ENDS
END  START
```

（2）通过共享变量传递参数。把入口参数、出口参数存放于约定的内存共享变量中。若子程序和调用程序在同一程序模块中，则子程序可直接访问模块中的变量，进行参数传递；若子程序和调用程序在两个不同的程序模块中，需要利用 PUBLIC、EXTREN 对共享变量进行声明才能访问共享变量。

若调用程序还要引用共享变量原来的值，则需要对共享变量进行保护和恢复。通过共享变量传递参数的方法适合于传递参数较多的情况，以及在多个程序段间传递参数的情况。但是采用这种参数传递方式的子程序的通用性比较差。

例 4.11 编写一个子程序，从键盘输入若干字符，以"$"结束，并将输入的字符存入数组 STRING 中。要求：若输入的字符为大写，则需要将其改为小写后存入数组。

```
DATA SEGMENT
    STRING DB  100 DUP(?)
DATA ENDS
CODE SEGMENT
ASSUME CS:CODE,DS:DATA
START:MOV AX,DATA
          MOV      DS,AX
          MOV      SI,OFFSET STRING
          CALL     STOSTR   ;调用子程序
          MOV      AH,4CH   ;返回 DOS
          INT      21H
;子程序名：STOSTR
```

```
;功能：输入字符串，并将其中的大写字母改为小写字母，然后存入数组 STRING
;入口参数：SI 存放数组 STRING 的首址
;出口参数：数组 STRING（主程序中定义的内存单元）
    STOSTR    PROC
              PUSH AX
              MOV AH,1
       AGAIN: INT       21H
              CMP       AL,'$'
              JZ        OVER  ;结束
              CMP       AL,'A'
              JL        NEXT  ;不是大写
              CMP       AL,'Z'
              JG        NEXT  ;不是大写
              ADD       AL,32  ;是大写
       NEXT:  MOV [SI],AL  ;存入，直接使用数据段定义的内存单元
              INC       SI
              JMP       AGAIN
       OVER:  POP AX
              RET
    STOSTR    ENDP
CODE  ENDS
END   START
```

（3）通过堆栈传递参数。把入口参数、出口参数存放于堆栈当中。在调用子程序前，主程序将入口参数压入堆栈，子程序从堆栈中取出入口参数；在子程序返回前，子程序将出口参数压入堆栈，主程序从堆栈中取到出口参数。

采用堆栈传递参数方法是高级语言参数传递以及汇编语言与高级语言混合编程时的常规方法。通过堆栈传递参数的方法适合于传递参数较多的情况，采用堆栈传递参数时要保证子程序中堆栈操作的正确性，对堆栈的压入和弹出操作要成对使用，保持堆栈的平衡，避免因堆栈操作而造成子程序不能正确返回的错误。

例 4.12 编写程序，求数据块 BUF 中存放的若干字节数据的校验和。

```
DATA SEGMENT
    BUF           DB        10,58,23,94,85,32,70,5,28,62
    N             EQU  $-BUF
    RESULT    DB        ?
DATA ENDS
CODE SEGMENT
    ASSUME CS:CODE,DS:DATA
    START:MOV  AX,DATA
        MOV    DS,AX
        MOV    AX,OFFSET BUF
        PUSH   AX                        ;压入数据块的偏移地址
        MOV    AX,N
        PUSH   AX                        ;压入数据个数
        CALL   CHKSUM
        MOV    RESULT,AL
        MOV    AH,4CH
        INT    21H
;子程序名：CHKSUM
;功能：求数据块中若干数据的平均值
```

```
;入口参数：数据块的首地址和数据个数，压入堆栈
;出口参数：AL=校验和
    CHKSUM PROC
              PUSH      BP
              MOV       BP,SP          ;BP 指向当前栈顶，用于取出入口参数
              PUSH      CX
              PUSH      BX             ;保护要使用的 BX 和 CX 寄存器
              MOV       CX,[BP+4]      ;使用 BP 访问堆栈，取数据个数
              MOV       BX,[BP+6]      ;使用 BP 访问堆栈，取数据块的偏移地址
              XOR       AL,AL
      SUMC :ADD         AL,[BX]
              INC       BX
              LOOP      SUMC
              POP       BX             ;恢复寄存器
              POP       CX
              POP       BP
              RET
    CHKSUM ENDP
CODE ENDS
END START
```

程序说明：通过堆栈传递参数，主程序将数组的偏移地址和元素个数压入堆栈，然后调用子程序；子程序中设置基址指针 BP 等于当前堆栈指针 SP，这样利用 BP 相对寻址从堆栈相应位置取出参数，求和后用 AL 返回结果。本例利用堆栈传递入口参数，但出口参数仍采用第一种方式，即寄存器传递。另外，主程序中压入了 2 个参数，使用了堆栈区的 4 个字节；为了保持堆栈的平衡，主程序在调用 CALL 指令后用一条“ADD SP,4”指令平衡堆栈。平衡堆栈也可以利用子程序实现，此时返回指令采用“ret 4”，使 SP 加 4。

3. 子程序的嵌套

一个子程序可以作为调用程序再去调用别的子程序，这种结构称为子程序的嵌套。只要有足够的堆栈空间，嵌套的层次是不限的。如图 4.12 所示。

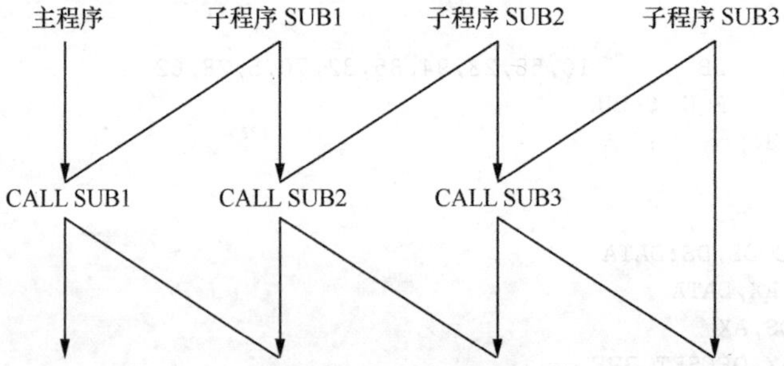

图 4.12 子程序嵌套

4.7 宏 汇 编

前面讲到，对于程序中需要重复多次用到的具有独立功能的语句组，可将它定义成一个子过

程，通过 CALL 来调用执行。实际上，也可以把它们定义成一个宏，在程序中反复调用，以达到简化主程序、提高编程效率的目的。

1. 宏与子程序的区别

（1）宏与子程序的相同点：用一条指令来代替一段程序，子程序和宏定义完成之后都可以被多次调用，可以起到简化源程序的作用。

（2）宏与子程序的不同点如下。

① 从代码开销的角度来讲，子程序优于宏。编译宏时，需要将每一个宏调用指令展开，有多少次调用，就要在目标程序中插入多少次宏体程序段，因而调用次数越多，占用内存空间就越大；编译子程序时只占用一个程序段（即使是调用多次），因而汇编后产生的目标程序占用内存空间少。

② 从时间开销的角度来讲，宏优于子程序。每次调用子程序时都要保护/恢复现场和断点，额外增加了时间开销；而宏在执行时不存在保护/恢复现场和断点的问题，执行的时间短，速度快。

2. 宏定义

格式：

```
宏名  MACRO   [形式参数 1][，形式参数 2……]
      宏体    ；语句序列
ENDM
```

说明：

（1）宏名由用户自己命名，但必须符合标识符命名规则。

（2）MACRO 指定宏定义的开始，ENDM 指定宏定义的结束，它们必须成对出现。

（3）宏体为实现宏功能的语句序列。

（4）形式参数列表用来给出宏定义中所用到的参数，形式参数可有一个或多个，也可以没有，有多个形式参数时，参数之间以逗号隔开。

（5）宏定义不必在任何逻辑段中，通常写在源程序的开头。

例 4.13

```
ADDCAB MACRO      ;定义宏 ADDCAB（没有参数），功能：CX=AX+BX
   ADD AX,BX
   MOV CX,AX
ENDM
PUTCHAR MACRO CHAR
;定义宏 PUTCHAR，参数为 CHAR，功能：输出参数 CHAR 对应的字符
     PUSH AX        ;保护寄存器 AX 和 DX 的值
     PUSH DX
     MOV DL,CHAR
     MOV AH,2
     INT 21H
     POP DX         ;恢复寄存器 AX 和 DX 的值
     POP AX
ENDM
```

3. 宏调用

格式：宏名　[实际参数 1][，实际参数 2…]

在程序中使用已经定义过的宏，称为宏调用。如果宏有形式参数，在宏调用时，必须在宏名后面写上实际参数，并与形式参数一一对应，有多个实际参数时，参数之间以逗号隔开。

具有宏调用的源程序被汇编时，汇编程序将用宏定义时设计的宏体去代替宏名，并且用实际

参数一一代替形式参数，称为宏展开。汇编程序在所展开的指令前加上“1”号以示区别。

例 4.14 调用宏 PUTCHAR

宏调用：

```
PUTCHAR 41H
```

经宏展开后：

```
1    PUSH AX
1    PUSH DX
1  MOV DL,41H
1  MOV AH,2
1    INT 21H
1    POP DX
1    POP AX
```

补充说明：

（1）宏定义中的参数还可以是操作码，例如：

宏定义：

```
OP  MACRO  OPR1,OPR2,OPR3
   MOV  AX, OPR1
   OPR2  AX, OPR3
ENDM
```

宏调用：

```
OP  X,ADD,Y   ;假设 X、Y 为已经在数据段定义好的两个字变量
```

宏展开：

```
1  MOV AX,X
1  ADD AX,Y
```

（2）在宏定义中还可以使用分隔符&，展开时把&前后的两个符号连接起来，形成操作码、操作数或字符串。

宏定义：

```
SHIFT MARCO  OPR1,OPR2,OPR3
;定义宏 SHIFT，用来将 OPR1 逻辑移位 OPR2 次，OPR3 指定是左移还是右移
   MOV  CL,OPR2
   SH&OPR3  OPR1,CL
ENDM
```

宏调用：

```
SHIFT AL,4,L
```

宏展开：

```
1  MOV  CL,4
1  SHL  AL,CL
```

（3）在宏定义中可以调用之前已经定义过的宏。

例 4.15 定义一个宏求两个数相除。第一个操作数为被除数，第二个操作数为除数，并将商存入第三个操作数，余数存入第四个操作数。

```
PUSHDA    MACRO    ;定义宏 PUSHDA
    PUSH DX
    PUSH AX
ENDM
POPDA   MACRO ;定义宏 POPDA
    POP  AX
    POP  DX
```

```
ENDM
M_DIVIDE  MACRO  OPR1,OPR2,OPR3,OPR4 ;定义宏 DIVIDE
    PUSHDA          ;调用宏 PUSHDA
    MOV  AX, OPR1
    CWD
    DIV  OPR2
    MOV OPR3,AX
    MOV OPR4,DX
    POPDA           ;调用宏 POPDA
ENDM
```

宏调用：

```
M DIVIDE A1, A2, A3, A4    ;假设 A1、A2、A3、A4 为已经在数据段定义好的字变量
```

宏展开：

```
1  PUSH  DX
1  PUSH  AX
1  MOV  AX, A1
1  CWD
1  DIV    A2
1  MOV   A3, AX
1  MOV   A4,DX
1  POP    AX
1  POP    DX
```

本章小结

本章第 1 部分介绍汇编语言的基本语法，着重叙述汇编语言源程序的结构、汇编语言语句及构成、运算符和表达式、返回 DOS 的两种方法、各种伪指令的格式及用法；第 2 部分简单地介绍了 DOS、BIOS 系统功能调用；第 3 部分介绍汇编语言程序设计的方法、步骤，着重叙述汇编语言程序的三大结构，并编程举例；第 4 部分介绍子程序结构及设计方法，着重叙述子程序调用/返回、子程序入/出口参数传递方法，并结合实例说明子程序设计方法。第 4 部分介绍了宏汇编的定义和使用。

第 2 篇
16 位微机原理部分

第 5 章 8086 CPU

8086 是 16 位的 CPU，有 16 位数据总线和 20 位地址总线，最大寻址空间为 1MB，主频为 5MHz。8086 具有最大和最小两种工作模式。在第 2 章中，我们已经学习了 CPU 的编程结构即逻辑结构，所以，本章重点介绍其外部特性和工作模式。

5.1 8086 CPU 的外部特性

8086 CPU 是美国 Intel 公司在 20 世纪 70 年代设计的个人计算机微处理器。8086 CPU 采用 40 引脚的 DIP 封装，约有 4 万个晶体管。CPU 采用 5V 供电，管脚分配如图 5.1 所示。8086 CPU 的引脚可以根据功能分为 3 类：地址引脚、数据引脚及控制引脚。也可以认为 CPU 的引脚的总和就是处理器级系统总线。当给 CPU 配置一些外围电路，形成特定的工作模式后，会向外发出真正的系统总线。如果对这些总线做特定的处理和封装，会得到各种标准的总线如 ISA 总线、IDE 总线、PCI 总线等。从学习微机原理的角度来看，我们关心的是系统总线，而不是面向应用的特定标准的工业总线。受当时 IC 器件封装技术限制，16 位的数据总线与 20 位的地址总线的低 16 位采用分时复用技术。

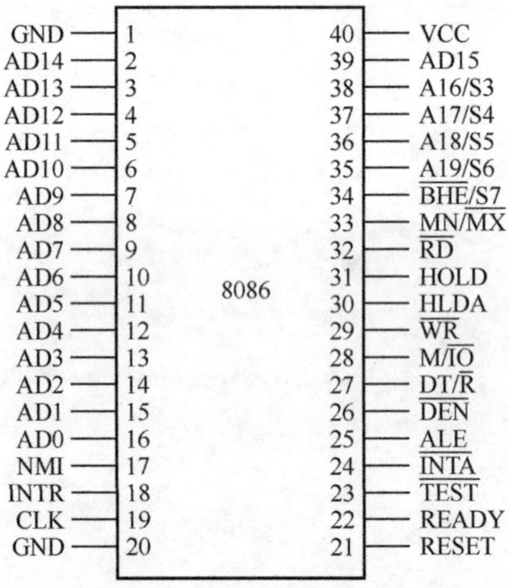

图 5.1 8086 引脚定义

各个引脚详细说明如表 5.1 所示。

表 5.1 8086 引脚功能

	引脚定义	数据特征	功　能
数据/地址	AD0-AD15	地址/数据分时复用，双向，三态	数据/地址总线的低 16 位（时钟 T1 周期为地址，T2-T3 周期为数据）。CPU 响应中断或系统总线处理保持响应状态时，这些引脚为高阻态
	A16-A19	输出，三态	分时复用，T1 周期为地址总线的高 4 位，T2-T3 周期用作 S3-S6 状态输出
读写控制	ALE	输出，高电平有效	地址锁存
	M / $\overline{IO}$	输出，三态	存储器与 I/O 控制
	$\overline{RD}$	输出，三态，低电平有效	读信号
	$\overline{WR}$	输出，三态，低电平有效	写信号
	$\overline{DEN}$	输出，三态	数据使能
	DT / $\overline{R}$	输出，三态	数据发送/接收
	READY	输入，高电平有效	存储器、I/O 端口就绪，由被访问的外部设备发出
	$\overline{SSO}$	输出，低电平有效	最小工作模式下的状态输出
中断控制	INTR	输入，高电平有效	可屏蔽中断请求
	$\overline{INTA}$	输出，低电平有效	可屏蔽中断响应
	NMI	输入，上升沿触发	非屏蔽中断请求
总线控制	HOLD	输入，高电平有效	总线保持
	HLDA	输出，高电平有效	总线保持响应
其他	RESET	输入，高电平有效	CPU 系统复位
	CLK	输入	由 8284A 时钟专用芯片提供时钟信号
	$\overline{TEST}$	等待测试用，输入	与 WAIT 指令结合，CPU 执行 WAIT 指令时，每 5 个 T 对该信号进行一次检测，=1 则等待。用于多 CPU 系统中，实现 8086 与协处理器之间的同步协调
	BHE / S7	输出，三态	总线高字节有效。在 T1 状态时，输出高电平表示 D15-D8 高 8 位数据有效。*S7* 在 8086CPU 中未定义
	Vcc		+5V 电源
	GND		系统地

对于这些引脚，有如下需要重点说明的地方。

1. 关于分时复用。

复用是指一个引脚有多种功能。复用分为分时复用和分频复用两种。分频复用是指将不同的信号调制到不同的频率上，公用一条线来传输，比如我们的有线电视的信号线就是分频复用。分时复用是指在一个时间片里面传输一种信号而在另外一个时间片里面传输另外的一种信号。8086 CPU 的复用引脚都采用分时复用的方式。8086 发出的所有信号要在一个总线周期的时间内协调工作，完成特定操作，这就要求在第一个时间片发出去的信号需要被锁存起来，以确保在第二个时间片里面复用该引脚并发出另外一个信号。

2. 关于三态。

三态是指高电平、低电平和高阻态。以 TTL 电平为例，高电平是指+5V；低电平是指 0V；

而高阻态，可以理解为在逻辑上断路了。

3. 关于中断控制。

当外部设备或者接口对 CPU 有中断请求的时候，会向 CPU 发请求信号，如果 CPU 允许，会回执一个信号。这一对信号完成的这一握手应答，就是可屏蔽中断的请求和响应机理。

4. 关于总线控制。

CPU 引脚形成的系统总线，一般情况下是由 CPU 控制的，但是特定的情况下，可以被其他的一些设备控制，这就需要 CPU 让出总线。待设备使用完总线，必须及时将总线还给 CPU。这一过程就是由 HOLD 和 HLDA 互动完成的。

5. 关于复位。

RESET 引脚保持至少 4 个时钟的高电平就可以引起 CPU 进入复位状态，CPU 复位后的寄存器值如表 5.2 所示。

表 5.2　　8086 CPU 复位后的内部寄存器值

寄存器	复位后
指令队列	清除
CS	FFFFH
IP/DS/ES/SS	0000H
标志寄存器	0000H

可见，复位之后，CPU 会从 FFFF0H 处开始执行指令。FFFF0H 放有一条无条件转移指令，使得 CPU 转向系统程序的入口，开始执行系统程序（BIOS 程序）。系统程序完成对计算机的一些检测之后，会将操作系统装入内存，而后跳转到操作系统的入口，执行操作系统，从而启动操作系统。这其实就是计算机启动的基本原理。

5.2 8086 CPU 的工作模式及其配置

为了满足各种应用的需求，8086 CPU 设计有两种工作模式：最小模式和最大模式。工作模式由 8086 芯片工作模式控制引脚 $MN/\overline{MX}$ 的电平来决定。

5.2.1 8086 CPU 最小工作模式下的典型配置

最小模式：系统中只有一个 CPU，CPU 负责产生所有的总线控制信号。这种模式下，系统需要的外部总线控制器件最少。$MN/\overline{MX}$ 引脚接+5V。图 5.2 所示为最小工作模式下的典型配置图。

8284A 为系统时钟电路发生器，可以产生 CPU 工作时所必须的三种信号：主时钟 CLK、CPU 复位信号 RESET 及就绪控制信号 READY。外部设备就绪后需要向 CPU 发出 READY 信号。图 5.3 所示为 8284A 引脚图。主时钟 CLK 频率为外接石英晶体频率值的 1/3，信号占空比也是 1/3。时钟源方面，除了使用石英晶体外，也可以通过 EFI 端口输入外部时钟信号。

8284A 内部主要包括如下 4 个功能模块：

（1）石英晶体振荡器：外接石英晶体，产生基础时钟；

（2）时钟发生器：产生出 8086 所需要的主时钟信号；

（3）复位信号发生器：产生 8086 的复位信号；

（4）READY 同步接口：同步外部设备。

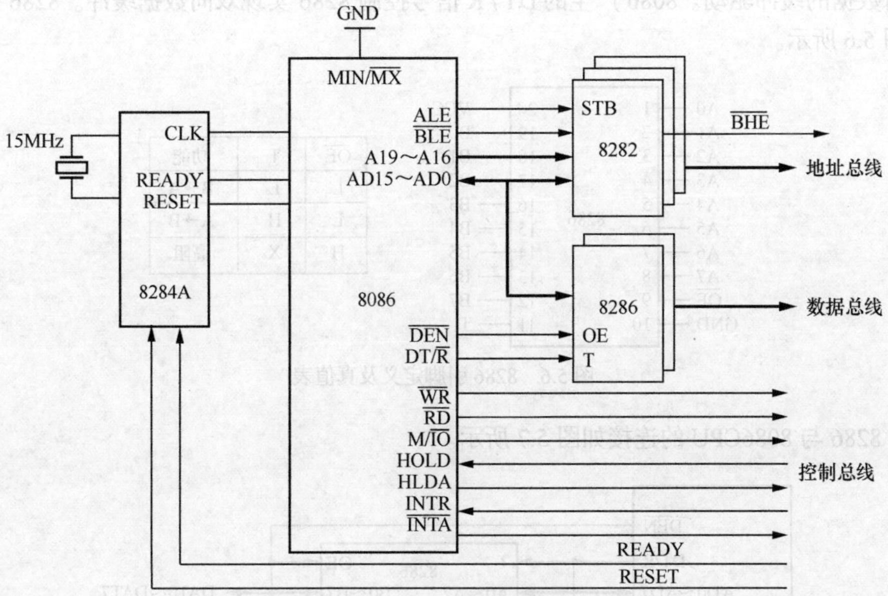

图 5.2 8086 最小工作模式典型配置

8086 共设有 20 位地址线，其中 AD0-AD15 和数据 D0-D15 分时复用。因此，需要采用 3 片 8282 地址锁存器（也可以使用功能类似的 74LS373/273 等器件）来实现地址数据分时复用。数据锁存器 8282 的引脚定义及真值表为：

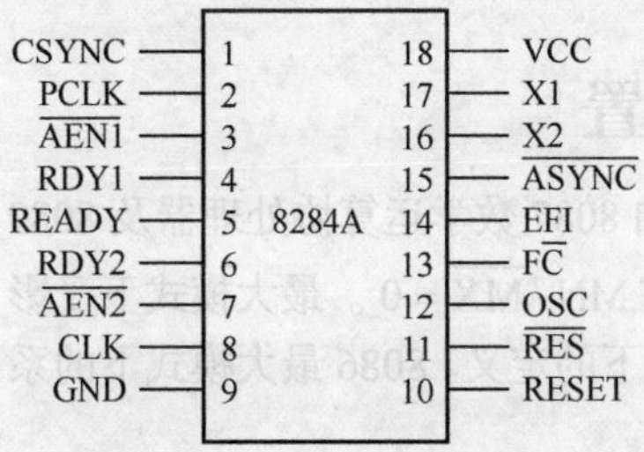

图 5.3 8284A 引脚图

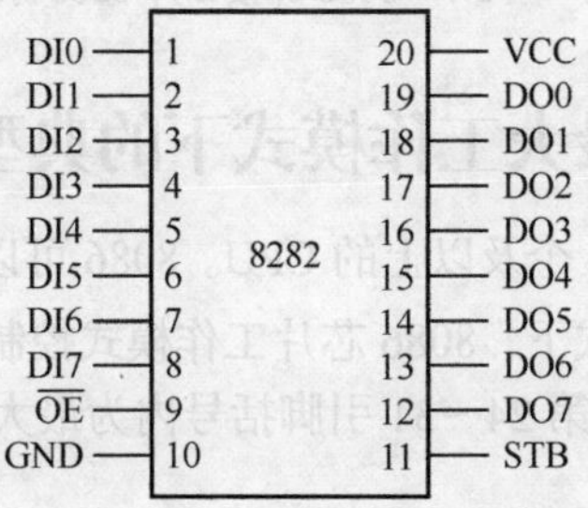

$\overline{OE}$	STB	DI	DO
L	H	H	H
L	H	L	L
L	L	X	锁存
H	X	X	高阻

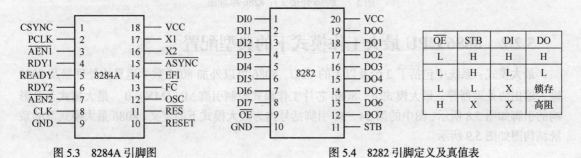

图 5.4 8282 引脚定义及真值表

图 5.5 所示为 3 片 8282 与 8086CPU 的连接框图。

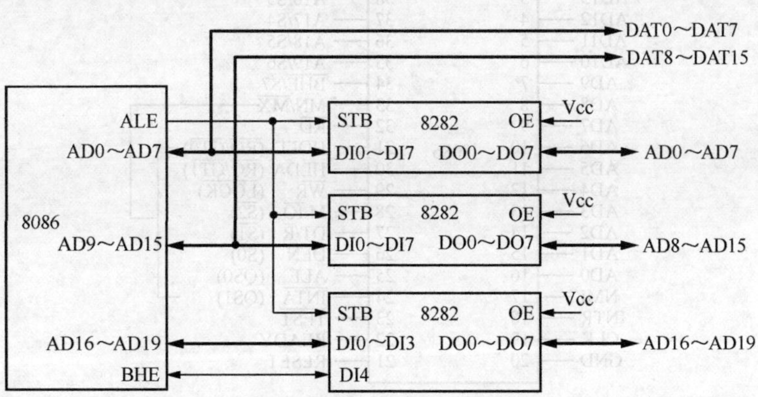

图 5.5 8286 引脚定义及真值表

8286 为数据收发器（也可以使用功能类似的 74LS245 等器件），主要用于控制数据的收发方向以及对数据的缓冲驱动。8086 产生的 $DT/\overline{R}$ 信号控制 8286 实现双向数据缓冲。8286 引脚及真值表如图 5.6 所示。

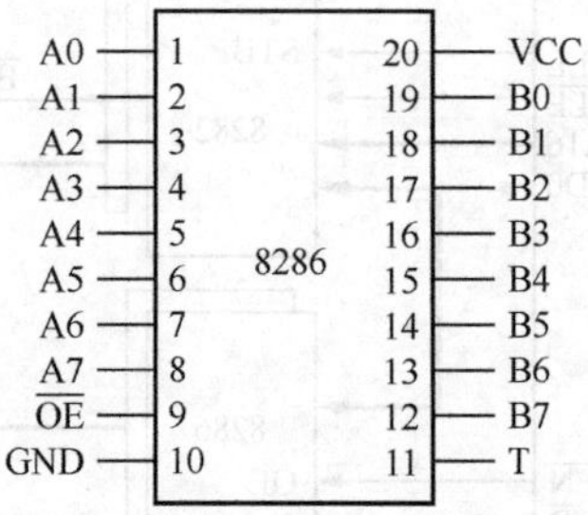

$\overline{OE}$	T	功能
L	L	B→A
L	H	A→B
H	X	高阻

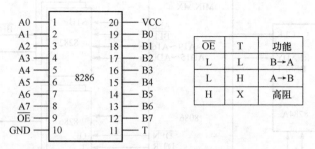

图 5.6　8286 引脚定义及真值表

2 片 8286 与 8086CPU 的连接如图 5.7 所示。

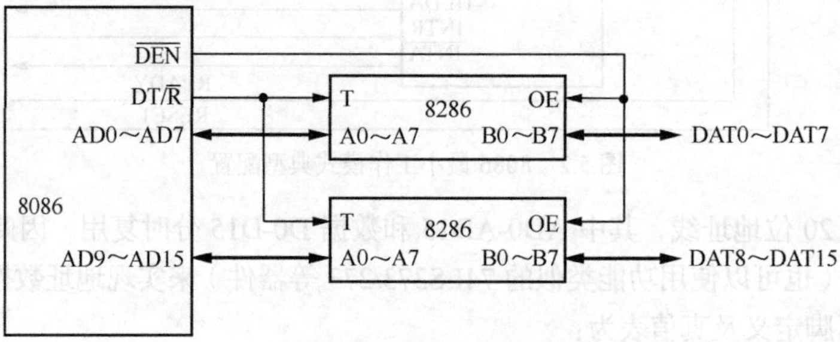

图 5.7　8086 外接 2 片 8286 原理图

5.2.2　8086 CPU 最大工作模式下的典型配置

最大模式：系统中包括了 2 个及以上的 CPU。8086 可以外加 8087 数学运算协处理器及 8089 输入输出协处理器等。最大模式下，8086 芯片工作模式控制引脚 $MN/\overline{MX}=0$。最大模式下受影响的引脚如图 5.8 所示，图中的第 24～31 引脚括号内为最大模式下的定义。8086 最大模式下的系统结构图如图 5.9 所示。

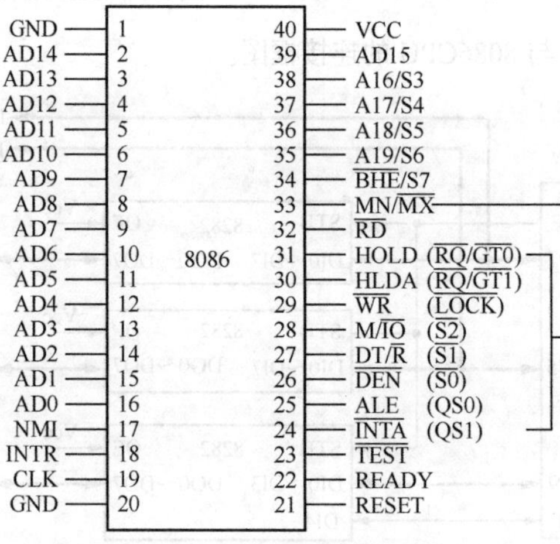

图 5.8　8086 最大工作模式下的引脚定义

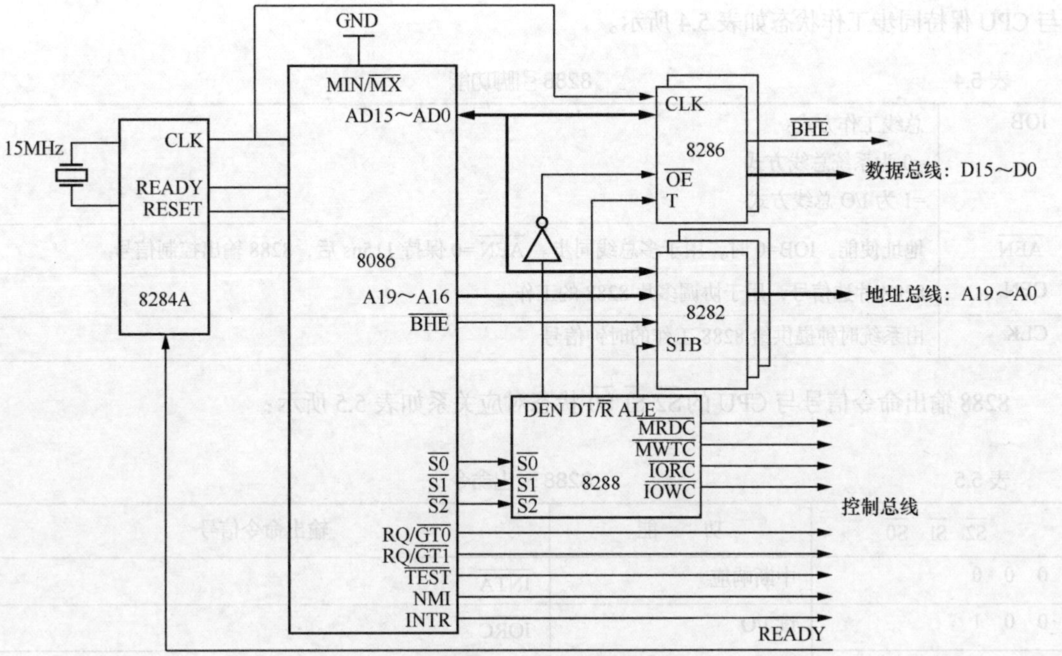

图 5.9 8086 最大工作模式典型配置

最大模式下的第 24～31 引脚功能如表 5.3 所示。

表 5.3 8086CPU 复位后的内部寄存器值

$\overline{RQ}$ / $\overline{GT0}$ $\overline{RQ}$ / $\overline{GT1}$	双向，低电平有效	总线请求输入/总线访问请求允许输出
$\overline{LOCK}$	输出，三态，低电平有效	总线封锁
QS0 QS1	输出，低电平有效	指令队列
$\overline{S2}$ $\overline{S1}$ $\overline{S0}$	输出，低电平有效	总线周期状态

与最小模式相比，最大模式下需要使用总线控制器 8288。CPU 发出的控制信号进入 8288 进行变换和组合，并产生出访问存储器和 I/O 端口所需要的读/写信号。8288 同时控制着锁存器 8282 和总线收发器 8286。图 5.10 所示为 8288 引脚及内部结构框图。

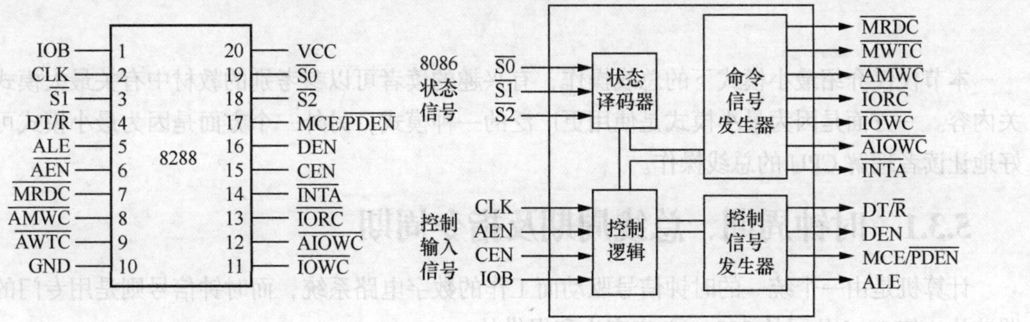

(a) 引脚 (b) 逻辑结构

图 5.10 8288 引脚及逻辑结构

除需要 CLK 信号外，8288 还受 CPU 产生的 IOB、$\overline{AEN}$ 及 CEN 信号控制，从而使得 8288

与 CPU 保持同步工作状态如表 5.4 所示。

表 5.4　　8288 引脚功能

IOB	总线工作方式： =0 为系统总线方式 =1 为 I/O 总线方式
$\overline{AEN}$	地址使能。IOB=0 时，用于多总线同步。$\overline{AEN}$ =0 保持 115ns 后，8288 输出控制信号
CEN	8288 片选信号，用于协调多片 8288 的工作
CLK	由系统时钟提供给 8288 工作的时钟信号

8288 输出命令信号与 CPU 的 $\overline{S2}$ $\overline{S1}$ $\overline{S0}$ 状态对应关系如表 5.5 所示：

表 5.5　　8288 输出命令

$\overline{S2}$ $\overline{S1}$ $\overline{S0}$	功　能	输出命令信号
0 0 0	中断响应	$\overline{INTA}$
0 0 1	读 I/O	$\overline{IORC}$
0 1 0	写 I/O	$\overline{IOWC}$ $\overline{AIOWC}$（写超前控制）
0 1 1	暂停	
1 0 0	取指令	MRDC
1 0 1	读存储器	MRDC
1 1 0	写存储器	$\overline{MWTC}$ $\overline{AMWC}$（写超前控制）
1 1 1	无效状态	

8288 的输出控制信号功能：

ALE-地址使能；DEN-数据使能；DT / $\overline{R}$ -数据收发方向；MCE / $\overline{PDEN}$ -主设备使能/外部设备数据允许。

5.3　最小模式下的总线操作

本节仅仅介绍最小模式下的总线操作，有兴趣的读者可以参考别的教材中有关最大模式的相关内容。一方面是因为最小模式是使用更广泛的一种模式；另外一个方面是因为最小模式可以更好地让读者理解 CPU 的总线操作。

5.3.1　时钟周期、总线周期及指令周期

计算机是由一个统一的时钟信号驱动而工作的数字电路系统，而时钟信号则是用专门的振荡器芯片（如 Intel 公司的 8284A）来产生和提供的。

时钟周期：CPU 时钟信号的周期，又称为状态周期 T，是衡量 CPU 工作时间的最小时间基准。8086 CPU 早期版本的时钟是 5MHz，时钟周期是 200ns。后来改用 HMOS 工艺生产后，时钟提高到 10MHz，时钟周期可以达到 100ns。

指令周期：CPU 执行一条指令耗费的时间。执行每条指令时的过程包括：取指令、译码及执行。指令周期长短与具体指令相关。最短的指令为 2 个时钟周期，而对于 16 位的乘除法则需要耗费近 200 个时钟周期。

总线周期：是指 CPU 通过总线完成一个特定工作所需要的时间。总线读写周期是指 CPU 通过系统总线完成对存储器或 I/O 端口的一个字节存取所耗费的时间。8086 CPU 与存储器及接口信息交换均需要通过总线操作来实现。一个标准总线周期按时间顺序划分为 4 个时钟周期：T1、T2、T3 及 T4，又称为 4 个 T 状态。8086 在 T1 周期发出访问的物理地址及地址锁存信号 ALE，在 T2 周期发出读写信号 $\overline{WR}/\overline{RD}$，T3 周期内完成数据访问，T4 结束该总线周期。如果在 4 个时钟周期内无法完成规定的指令操作时，则需要插入一个或者多个等待时钟周期 Tw。CPU 通过查询 *READY* 信号来访问外部慢速设备时，需要插入若干个 Tw 状态，此状态下总线上的信号会保持在 T3 状态。两个总线周期之间可以插入 1～2 个空闲周期 Ti，此时总线不执行任何操作。8086CPU 的总线周期示意图如图 5.11 所示。

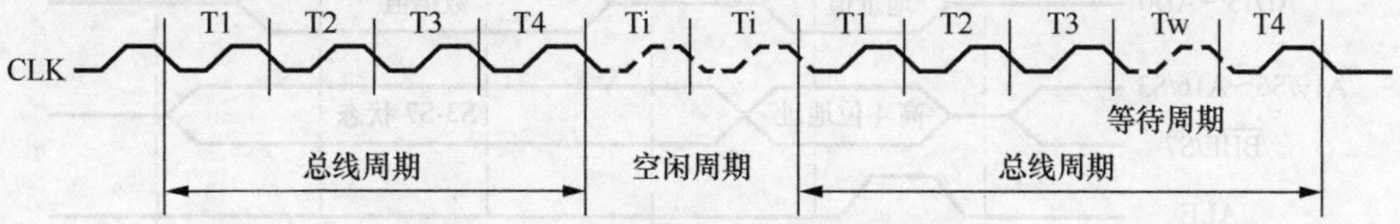

图 5.11 8086 CPU 的总线周期示意图

8086 CPU 的总线操作包括：读操作、写操作、中断响应操作、总线响应操作及复位操作等。

5.3.2 总线操作

（1）总线读周期：CPU 进行存储器或者 I/O 端口的读操作，总线进入读操作，图 5.12 所示为时序图。

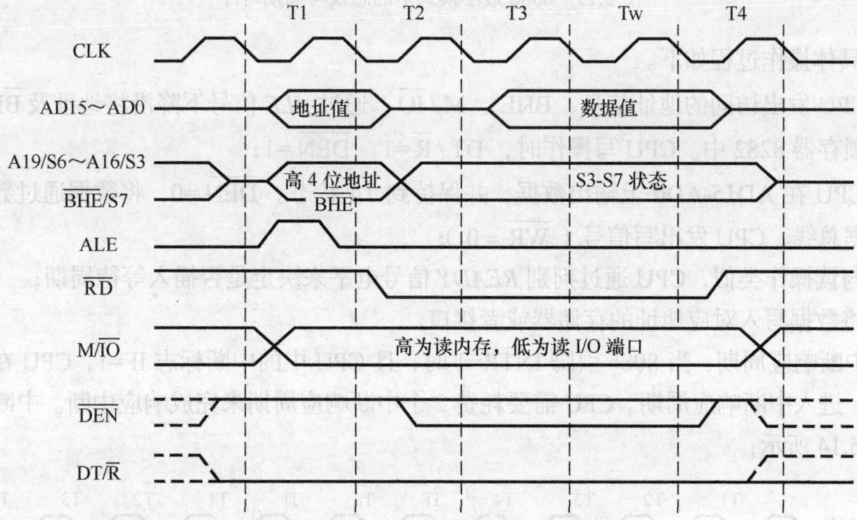

图 5.12 8086 最小模式下的总线读操作

最小模式下的 CPU 总线读操作具体过程。

T1：CPU 发出访问的地址信息、$\overline{BHE}$、$M/\overline{IO}$，选中需要访问的单元，通过 ALE 信号下降沿将地址及 $\overline{BHE}$ 信号锁存到数据锁存器 8282 中。$DT/\overline{R}$、$\overline{DEN}$ 则是用于控制数据收发器 8286

的，DT / $\overline{R}$ 在整个总线读操作过程中，需要保持低电平。$\overline{DEN}$ 在 T1 状态下为高，将 8286 数据收发器置为高阻态，禁止传输数据；

T2：CPU 发出的高 4 位地址转变为 4 个状态信号 S7～S3，AD15～AD0 转为高阻态。$\overline{DEN}$ =0，允许 8286 进行数据传输，$\overline{RD}$ = 0；

T3：外设数据出现在 AD15～AD0 上，如果外设速度慢，则会通过 READY 信号通知 CPU，需要插入等待状态 Tw。CPU 会在 T3 下降沿检测 READY 信号。

T4：CPU 读入数据。

（2）总线写周期：CPU 进行存储器及 I/O 端口的写操作，总线进入写周期，时序图如图 5.13 所示：

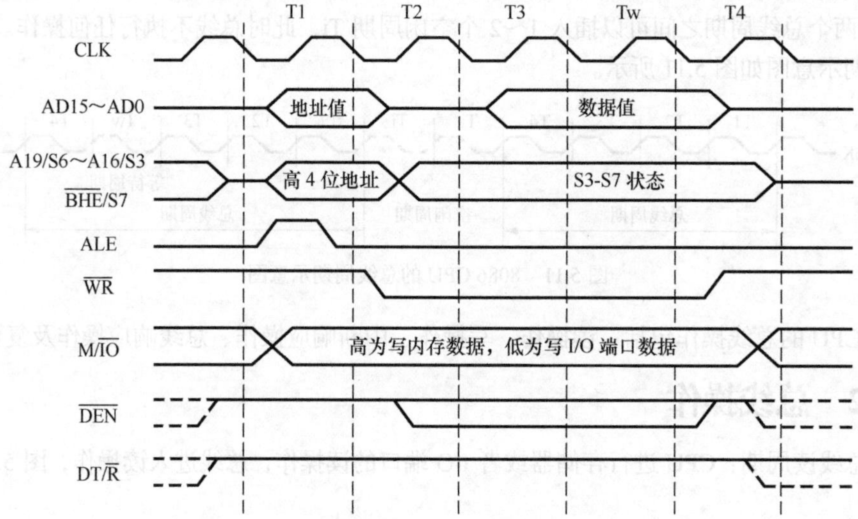

图 5.13　8086 最小模式下的总线写周期时序

CPU 具体操作过程如下。

T1：CPU 发出访问的地址信息、$\overline{BHE}$ 、M / $\overline{IO}$ ，通过 *ALE* 信号下降沿将地址及 $\overline{BHE}$ 信号锁存到数据锁存器 8282 中。CPU 写操作时，DT / $\overline{R}$ =1，$\overline{DEN}$ =1；

T2：CPU 在 AD15-AD0 上输出数据，并保持到 T4 状态。$\overline{DEN}$ =0，将数据通过数据收发器送外部数据总线。CPU 发出写信号（ $\overline{WR}$ = 0 ）；

T3：与读操作类似，CPU 通过判别 *READY* 信号电平来决定是否插入等待周期；

T4：将数据写入对应地址的存储器或者接口。

（3）中断响应周期：当 8086 引脚 INTR=1 时，且 CPU 中的中断标志 IF=1，CPU 在执行完当前指令后，进入中断响应周期。CPU 需要耗费 2 个中断响应周期来完成响应中断。中断响应时序图，如图 5.14 所示：

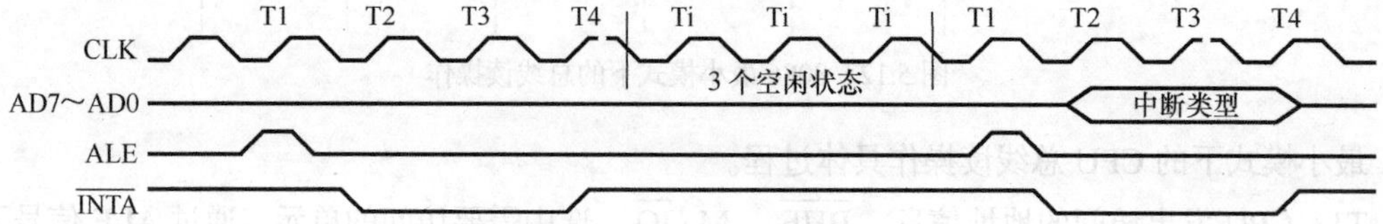

图 5.14　8086CPU 中断响应时序

中断响应过程：

① 中断入口地址=中断类型码×4；

② 总线写周期：将 FLAGS 压入堆栈，同时置 IF=0，TF=0；

③ 总线写周期：CS 值进入堆栈；

④ 总线写周期：IP 值进入堆栈；

⑤ 总线读周期：IP=中断入口地址；

⑥ 总线读周期：CS=中断服务子程序段值。

（4）总线响应周期：系统中有其他的总线设备请求总线控制时，CPU 如果允许让出系统总线，进入总线响应周期。

（5）系统复位周期：8086 CPU 的 *RESET* 引脚持续施加最少 4 个时钟周期的高电平后，CPU 进入复位状态。CPU 在上电后，也进入复位状态，以便进入正常工作状态。

本章小结

本章从设计的角度，介绍了 8086 CPU 的外部特性、典型配置以及总线操作。通过本章的学习，读者可以从微观的角度理解 CPU 是如何一步一步在时钟信号的节拍控制下完成特定操作的。CPU 的内部表现最重要的工作就是执行指令，而其外部表现最重要的工作就是与外部进行信息交换（读与写）。所以在总线操作中，最重要的是读写操作。

第6章 存储器

从原理的角度看，存储器就是指内存，即主存。本章将介绍存储器的分类、存储机理、存储系统的构造方法以及 CPU 与存储系统的连接方法。

6.1 存储器概述

存储器（Memory）是计算机的重要组成部件，用来存放数据和程序。有了存储器，计算机才具有记忆信息的功能，并把计算机要执行的程序、所要处理的数据以及处理的结果存储在计算机中，使计算机能自动工作。事实上，高性能计算机借助不同存储技术形成了复杂的层次结构存储器系统，主要有 CPU 内核、寄存器、高速缓存、主存储器、辅助存储器，其容量逐渐增大，而存储速度逐渐减小。除采用磁、光原理的辅助存储器外，其他存储器主要都是采用半导体存储器。本章介绍半导体存储器及其组成主存的方法。

6.1.1 存储器的分类

计算机主存储器由半导体存储器构成，常以芯片的形式存在于主板上。半导体存储器由能够表示二进制数“0”和“1”的、具有记忆功能的一些半导体器件组成，如触发器、MOS 管的栅极电容等。能存放一位二进制数的物理器件称为一个存储元，若干存储元构成一个存储单元。半导体存储器由于体积小、速度快、耗电少、价格低等优点而在微机系统中得到广泛的应用。半导体存储器件种类繁多，用途各异，性能差别也较大，在进行存储器及其接口设计时，必须了解各类存储器件的结构和技术指标。

按存储器在计算机中的作用，存储器可分为主存储器（内存）、辅助存储器（外存）、高速缓冲存储器等。主存储器用来存放活动的程序和数据，其速度高、容量较少、每位价格高。主存储器主要采用半导体存储器，根据速度要求，可以分别采用 MOS 工艺、TTL 工艺和 ECL 工艺等。目前，微型计算机中主要采用 MOS 工艺实现的半导体存储器。辅助存储器主要用于存放当前不活跃的程序和数据，其速度慢、容量大、每位价格低。缓冲存储器主要在两个不同工作速度的部件之间起缓冲作用。

按制造工艺，半导体存储器可分为“双极型”器件和“MOS 型”器件。双极型器件具有存取速度快的优势，主要用于读写速度很高的存储场合，但集成度低、功耗大、成本高是其致命缺点。MOS 型器件虽然速度较双极型器件慢，但集成度高、功耗低、价格便宜，成为当前微机系统的主要存储器。

按连接方式，半导体存储器可分为“并行”芯片和“串行”芯片。并行连接的存储器芯片设计有类似微处理器地址总线和数据总线的引脚，使用较多的地址和数据引脚可以并行传输存储器地址和数据，以获得较高的传送速度，是通用微机系统的主要存储器。串行连接的存储器芯片主要采用 2 线制的 I^2C 总线接口和 3 线制的 SPI 总线接口，只能串行传输存储器地址和数据，但引脚少可以减少封装面积，便于在嵌入式系统中使用。

根据存取方式的不同，半导体存储器可以分为随机存取存储器 RAM（Random Access Memory）和只读存储器 ROM（Read Only Memory）两大类。

1. 随机存储器 RAM

随机存取存储器 RAM，也称随机存储器或读写存储器。对于随机存储器，信息可以随时写入或读出。一般的 RAM 芯片，关闭电源后所存信息将全部丢失。它通常用来暂存运行的程序和数据。一般分为双极型和 MOS 型两种。

双极型 RAM，其特点是存取速度高，采用晶体管触发器作为基本存储电路，管子较多，功耗大，成本高，主要用于高速的微型计算机中或作为高速缓冲存储器。

MOS 型 RAM，其特点是功耗低、密度大，故大都采用这种存储器。根据存储电路的性质，RAM 又可进一步分为静态 RAM 和动态 RAM 两种类型。静态 RAM，其存储电路以双稳态触发器为基础，状态稳定，只要不掉电，信息就不会丢失。优点是不需要刷新，缺点是集成度低，适于不需要大存储容量的微型计算机，例如单板机和单片机组成的嵌入式系统中。动态 RAM，其存储单元以电容为基础，电路简单，集成度高。但也存在问题，即电容中电荷由于漏电会逐渐丢失，因此动态 RAM 必须定时刷新。它适于大存储容量的计算机。80X86 计算中的内存条就是用这种动态 RAM 制作的。

2. 只读存储器 ROM

ROM 是一种在工作过程中只能读不能写的非易失性存储器，掉电后其所存信息不会丢失，通常用来存放固定不变的程序和数据，如引导程序、基本输入输出系统（BIOS）程序等。

ROM 按其性能的不同又可分为掩膜式 ROM、熔炼式可编程的 PROM、紫外线擦除可编程的 EPROM、电擦除可编程的 E^2PROM 和闪存（FLASH Menory）等，微型计算机中半导体存储器的分类如图 6.1 所示。

- 半导体存储器
  - 随机存取存储器（RAM）
    - 静态 RAM（SRAM）
    - 动态 RAM（DRAM）
  - 只读存储器（ROM）
    - 掩膜式 ROM
    - 可编程 ROM（PROM）
    - 可擦除 PROM（EPROM）
    - 电可擦除 PROM（E^2PROM）
    - 闪存（FLASH Memory）

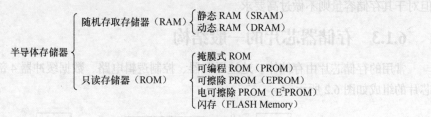

图 6.1 微型计算机中半导体存储器的分类

6.1.2 半导体存储器主要性能指标

衡量半导体存储器的性能指标有很多，包括存储容量、存取速度、功耗、可靠性、价格、体积、重量和电压等。

1. 存储容量

存储器所能记忆信息的多少（即存储器所包含记忆单元的总位数）称为存储容量。对于以字节编址的微型机，以字节数表示容量。微机系统的存储容量总是以字节（Byte）为基本单位，常用大写字母 B 表示。为了表达更大容量，还有 KB（Kilobytes，千字节）、MB（Megabytes，兆字节、百万字节）、GB（Gigabytes，京字节、千兆字节、十亿字节）、TB（太字节、兆兆字节、万亿字节）等。其中，$1KB = 2^{10}B$，$1MB = 2^{10}KB = 2^{20}B$，$1GB = 2^{10}MB = 2^{30}B$，$1TB = 2^{10}GB = 2^{40}B$，$2^{10} = 1024$。

半导体存储器芯片常以位（bit）为基本单位表示存储容量，常用小写字母 b 表示，以与表示字节的大写字母 B 区别。标示为 256M 的存储容量，对于微机主存是 $256MB = 256 \times 1024 \times 1024 = 268\,435\,456$ 字节；对于存储器芯片则是 $256\ Mb = 256 \times 1024 \times 1024 \div 8 = 33\,554\,432$ 字节。

2. 存取速度

存取速度是以存储器的存取时间（Access Time）来衡量的。存取时间指从 CPU 给出有效的存储地址到存储器给出有效数据所需的时间，一般为几到几百纳秒。存取时间越短，则存取速度越快。超高速存储器的存取时间已小于 20ns，中速存储器在 100ns～200ns 之间，低速存储器的存取时间在 300ns 以上。存取时间主要是与存储器的制造工艺有关。双极型半导体存储器的速度高于 MOS 型的速度，但随着工艺的提高，MOS 型的速度也在不断提高。随着半导体技术的进步，存储器的容量越来越大，速度越来越高，而体积却越来越小。

3. 功耗

功耗反映了存储器耗电的多少，同时也相应地反映了它的发热程度。通常要求是功耗小，这对存储器件的工作稳定性有利。双极型半导体存储器功耗高于 MOS 型存储器，相应的 MOS 型存储芯片的集成度高于双极型的存储芯片。

4. 可靠性

可靠性通常以平均无故障时间（MTBF）来衡量。平均无故障时间可以理解为两次故障之间的平均时间间隔，平均无故障时间越长，可靠性越高。集成存储芯片一般在出厂时需经过测试以保证它的高可靠性。

5. 性能/价格比

性能/价格比用于衡量存储器的经济性能，它是存储容量、存取速度、可靠性、价格等的一个综合指标，其中的价格还应包括系统中使用存储器时而附加的线路的价格。用户选用存储器时，应针对具体的用途，侧重考虑要满足某种性能，以利于降低整个系统的价格。例如选用外存储器要求它有大的存储容量，但对于存取是否高速则不做要求；高速缓存 cache 要求高的存取速度，但对于其存储容量则不做过高要求。

6.1.3 存储器芯片的一般结构

常用的存储芯片由存储体、地址译码器、控制逻辑电路、数据缓冲器 4 部分组成。一般存储芯片的组成如图 6.2 所示。

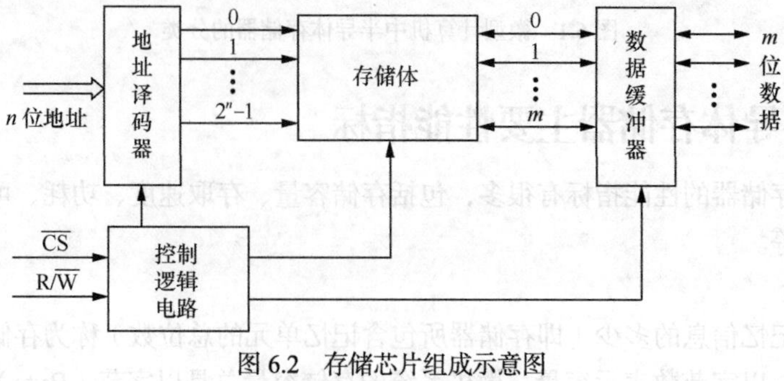

图 6.2 存储芯片组成示意图

1. 存储体

存储体是存储芯片的主体，它由若干个存储单元组成，每个存储单元又由若干个基本存储电路组成，每个存储单元可存放一组二进制信息。通常，一个存储单元为一个字节，存放 8 位二进制信息，即以字节来组织。为了区分不同的存储单元以便于读/写操作，每个存储单元都有一个地址（称为存储单元地址），CPU 访问时按地址访问。为了减少存储器芯片的封装引线数和简化译码器结构，存储体总是按照二维矩阵的形势来排列存储单元。体内基本存储元的排列结构通常有两种方式：一种是位结构，即每个存储单元可存放一位二进制信息，其容量表示成 $n\times1$ 位。例如，1K×1 位，4K×1 位。另一种排列是字结构，即每个存储单元可存放多位二进制信息，其容量表示为：$n\times4$ 位或 $n\times8$ 位。如静态存储器 6116 为 2K×8，6264 为 8K×8 等。

2. 地址译码器

地址译码器接收来自 CPU 的 n 位地址，经译码后产生 2^n 个地址选择信号，实现对片内存储单元的选址。

3. 控制逻辑电路

控制逻辑电路接收片选信号 $\overline{CS}$ 和来自 CPU 的读/写控制信号，形成芯片内部控制信号，控制数据的读出和写入。

4. 数据缓冲器

数据缓冲器用于暂时存放来自 CPU 的写入数据或从存储体内读出的数据。暂存的目的是为了协调 CPU 和存储器之间在速度上的差异。

6.2　随机存储器

半导体 RAM 是随机访问、可读可写的存储器，但具有易失性。本节介绍静态 RAM 和动态 RAM 的工作原理和典型芯片，以便正确选用。

6.2.1　静态随机存储器（SRAM）

1. 静态 RAM 基本存储电路

静态 RAM 基本存储电路用来存储 1 位二进制信息（0 或 1），是组成存储器的基础。静态 MOS 六管基本存储电路如图 6.3 所示，图中的 VT1、VT3 及 VT2、VT4 两个 NMOS 反相器交叉耦合组成双稳态触发电路。其中 VT3、VT4 为负载管，VT1、VT2 为反相管。VT5、VT6 为选通管。VT1 和 VT2 的状态决定了存储器的一位二进制信息。这对交叉耦合晶体管的工作状态：当一个晶体管导通时，另一个就截止；反之亦然。假设 VT1 导通，VT2 截止时的状态代表 1，相反的状态即 VT2 导通，VT1 截止时就代表 0，即 A 点为低，B 点为高时代表 1；B 点为低、A 点为高时代表 0。

当行线 X 和列线 Y 都为高电平时，开关管 VT5、VT6、VT7、VT8 均导通，该单元被选中，于是便可以对它进行读或写操作。

读操作：当读控制信号为高电平而写控制信号为低电平时，三态门 1 和 2 断开，三态门 3 导通，于是触发器的状态（B 点的电平）便通过 VT6、VT8，经三态门读出至数据线上，且触发器的状态不因读出操作而改变。这种读出称为非破坏性读出。

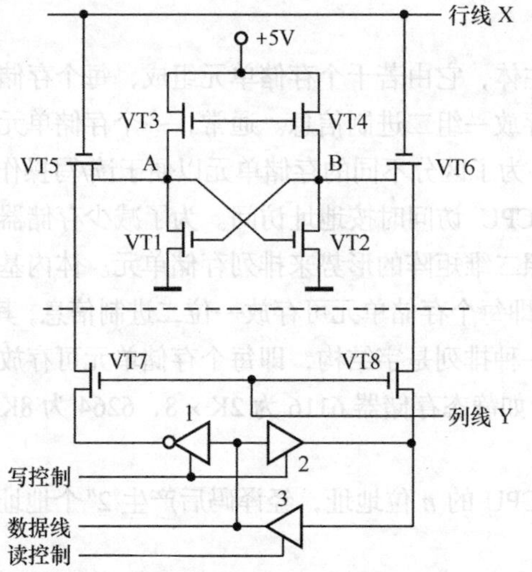

图 6.3 静态 MOS 六管基本存储电路

写操作：当写控制信号为高电平而读控制线信号为低电平时，三态门 1 和 2 通，三态门 3 断开，可进行写操作。设数据线为高电平，则三态门 2 输出的高电平通过 VT8，VT6 加至 VT1 的栅极，具有反相的三态门 1 输出的低电平通过 VT7，VT5 加至 VT2 的栅极。不管 VT1、VT2 原来状态如何，迫使 VT1 导通而 VT2 截止，使触发器被置成为 A 点低电平，B 点高电平，将信息 1 存储于单元电路中；反之，若数据线为低电平，与上述情况正好相反，迫使 VT1 截止，VT2 导通，A 点为高电平，B 点为低电平，存储信息 0 于单元电路中。信息一旦写入后，互锁电路使信息稳定保持。

2. 静态 RAM 芯片

速度快、无需刷新、控制电路简单是 SRAM 的主要优势。常用的小容量典型 SRAM 芯片有 2114（1K×4）、6116（2K×8）、6264（8K×8）、62128（16K×8）、62256（32K×8）、62512（64K×8）等，其中括号前的数字表示芯片型号（对应其存储容量），括号内表示其存储结构（存储单元数×位数）。更大容量的 SRAM 有 628128（128K×8）、628512（512K×8）等，其中括号前的型号反映了其存储结构。下面主要介绍 2114、6264 两种芯片。

（1）2114 芯片

2114 芯片是 1K×4 的静态 RAM 芯片，单一的+5V 电源，所有的输入端、输出端均与 TTL 电路兼容。采用 NMOS 工艺。其引脚图如图 6.4 所示。

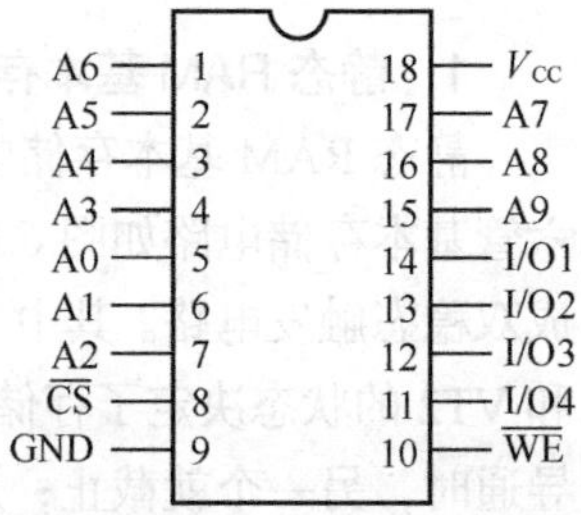

图 6.4 2117 芯片引脚图

2114 SRAM 芯片的地址输入端 10 个（A9～A0）。在片内可寻址 1K 个存储单元。4 位共用的数据输入/输出端（I/O1～I/O4）采用三态控制，即每个存储单元可存储 4 位二进制信息，故 2114 芯片的存储容量为 1K×4。

芯片中共有 4096 个 6 管 NMOS 静态基本存储电路，它们排成 64×64 的矩阵。10 条地址线中的 A8～A3 通过地址译码电路产生 64 条行选择线，对存储矩阵的行进行控制；另外 4 条地址线 A0、A1、A2、A9 通过列地址译码电路对存储阵列的列线进行控制（共 16 条列线，每条列线可同时接至 4 位，所以实际为 64 列）。

2114 芯片只有一个片选端 $\overline{CS}$ 和一个写允许控制端 $\overline{WE}$。存储器芯片内部通过 I/O 电路及输入/输出三态门与外部数据总线相连，并受片选信号 $\overline{CS}$ 和写允许信号 $\overline{WE}$ 的控制。当 $\overline{CS}$ 和 $\overline{WE}$ 均为低电平时，输入三态门导通，信息由外部数据总线写入存储器；当 $\overline{CS}$ 为低电平，而 $\overline{WE}$ 为高电平时，则输出三态门打开，从存储器读出信息送至外部数据总线。而当 $\overline{CS}$ 为高电平时，不管 $\overline{WE}$ 为何状态，该存储器芯片不读出也不写入，而是处于高阻状态并与外部数据总线隔开。

（2）6264 芯片

6264 芯片是一个 8K×8 的 CMOS SRAM 芯片，其外部引脚如图 6.5 所示，6264 控制信号的功能如表 6.1 所示。它共有 28 条引出线，包括 13 根地址线、8 根数据线以及 4 根控制信号线，它们的含义分别为：

A0～A12——13 根地址信号线。一个存储芯片上地址线的多少决定了该芯片有多少个存储单元。13 根地址信号线上的地址信号编码最大为 2^{13}，即 8192（8K）个。也就是说，芯片的 13 根地址线上的信号经过芯片的内部译码，可以决定选中 6264 芯片上 8K 个存储单元中的哪一个。在与系统连接时，这 13 根地址线通常接到系统地址总线的低 13 位上，以便 CPU 能够寻址芯片上的各个单元。

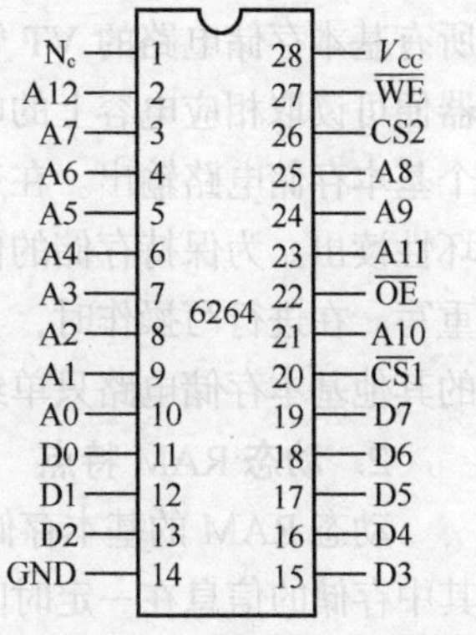

图 6.5　SRAM 6264 外部引线图

D0～D7——8 根双向数据线。对 SRAM 芯片来讲，数据线的根数决定了芯片上每个存储单元的二进制位数，8 根数据线说明 6264 芯片的每个存储单元中可存储 8 位二进制数，即每个存储单元有 8 位。使用时，这 8 根数据线与系统的数据总线相连。当 CPU 存取芯片上的某个存储单元时，读出和写入的数据都通过这 8 根数据线传送。

表 6.1　6264 真值表

$\overline{WE}$	$\overline{CS1}$	CS2	$\overline{OE}$	D7～D0
0	0	1	×	写入
1	0	1	0	读出
×	0	0	×	三态（高阻）
×	1	1	×	
×	1	0	×	

$\overline{CS1}$、CS2——片选信号线。当 $\overline{CS1}$ 为低电平、CS2 为高电平（$\overline{CS1}=0$，$CS2=1$）时，该芯片被选中，CPU 才可以对它进行读写。不同类型的芯片，其片选信号的数量不一定相同，但要选中该芯片，必须所有的片选信号同时有效。事实上，一个微机系统的内存空间是由若干片存储器芯片组成的，某片芯片映射到内存空间的哪一个位置（即处于哪一个地址范围）上，是由高位地址信号决定的。系统的高位地址信号和控制信号通过译码产生片选信号，将芯片映射到所需要的地址范围上。

$\overline{OE}$——输出允许信号。只有当 $\overline{OE}$ 为低电平时，CPU 才能够从芯片中读出数据。

$\overline{WE}$——写允许信号。当 $\overline{WE}$ 为低电平时，允许数据写入芯片；而当 $\overline{WE}=1$，$\overline{OE}=0$ 时，允许数据从该芯片读出。

其他引线：V_{cc} 为+5V 电源，GND 是接地端，NC 表示空端。

6.2.2　动态随机存储器（DRAM）

1. 动态 RAM 基本存储电路

常用的动态基本存储电路有 4 管型（或 3 管型）和单管型两种，其中单管型由于集成度高而愈来愈被广泛采用。这里以单管基本存储电路为例说明动态 RAM 的基本存储原理。一个 NMOS 单管动态基本存储电路如图 6.6 所示，它由一个管子 VT 和一个电容 C 构成，这个基本存储电路所存储的信息是 0 还是 1 由电容上是否充有电荷来决定。

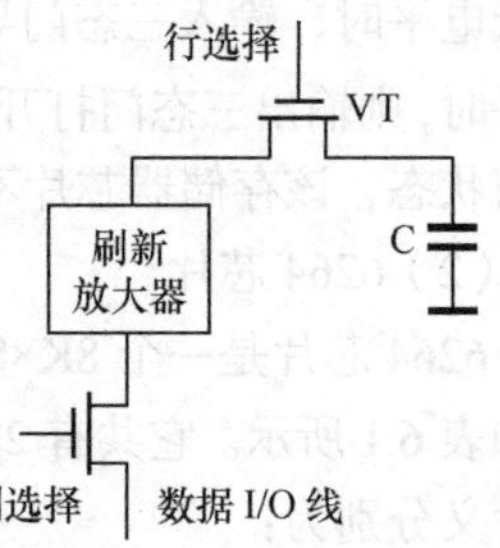

图 6.6 单管动态 RAM 基本存储电路

进行读操作时，译码器对行地址（低位地址）译码，使对应行选择线变为高电平。处于该行选择线控制下的该行上所有基本存储电路的 VT 管均导通。这样，各列的刷新放大器便可读取相应电容上的电压电平，形成 1 或 0 信号。列地址（高位地址）允许选中一行中的一个基本存储电路输出。在这个过程中，整个一行上所有的电容都会受到干扰，这样的读出称为破坏性读出。为保持存储的信息不变，由刷新放大器对该行中的各基本存储电路按读取的状态进行重写。在进行写操作时，与此类同，只是输入的数据被存入选中的那个基本存储电路中。而该行的其他基本存储电路只单纯地进行刷新。

2. 动态 RAM 特点

动态 RAM 的基本存储电路的主要元器件为电容，而电容上所存储的电荷会漏掉，也就是说，其中存储的信息在一定时间后会丢失。所以，动态 RAM 需定时"刷新"，这是其缺点所在。总之，动态 RAM 有以下主要特点。

（1）基本存储电路简单，集成度高。

（2）需定时刷新，且刷新是在对其读出信息的过程中完成的。

（3）外围电路复杂。

3. 动态 RAM 刷新

从动态 RAM 基本存储电路如图 6.6 所示，行选择线为低电平时，T 管截止，电容 C 上的电荷因无放电回路而保存下来。然而虽然 MOS 管输入端阻抗很高，但总有一定的泄漏电流，这样会引起电容放电。为此必须定时重复地读出和恢复动态 RAM 的基本存储电路中的信息，这个过程叫存储器刷新。刷新时间间隔一般要求在 1～100ms 之间。只有通过专门的存储器刷新周期对存储器进行定时刷新，才能保证存储器刷新的系统性。

在存储器刷新周期中，将一个行地址发送给存储器件，然后执行一次读操作，便可完成对选中的行中各个基本存储电路的刷新。刷新周期和正常的存储器读周期的不同之处主要有以下几点：

（1）刷新周期中输入至存储器件的地址一般并不来自地址总线，而是由一个以计数方式工作的寄存器提供。每经过一次（即一行）存储器刷新，该计数器加 1，所以它可以顺序提供所有的行地址。每一行中各个基本存储电路的刷新是同时进行的，所以不需要列地址。而在正常的读周期中，地址来自地址总线，既有行地址，又有列地址。

（2）刷新周期中，存储器模块中每块芯片的刷新是同时进行的，这样可以减少刷新周期数。而在正常的读周期中，只能选中一行存储器芯片。

（3）刷新周期中，存储器模块中各芯片的数据输出是高阻状态，即片内数据线与外部数据线完全隔离。

从用于刷新的时间来说，刷新可采用"集中"或"分散"两种方式中的任何一种。集中刷新方式是在信息保存允许的时间范围内（2ms），集中一段时间对所有基本存储电路一行一行地顺序进行刷新，刷新结束后再开始工作周期。分散刷新工作方式是把各行的刷新分散在 2ms 的时间内完成。

动态 RAM 的缺点是需要刷新逻辑，而且刷新周期存储器模块不能进行正常的读写操作。但由于动态 RAM 集成度高、功耗低和价格便宜，所以在大容量的存储器中普遍采用。

4. 动态 RAM 芯片

容量大、功耗低、价位低等优势使 DRAM 获得广泛应用，并不断推出更高性能的产品。传统的 DRAM 芯片有 2118（16K × 1）、2164/4164（64K × 1）、21256/41256（256K × 1）、414256（256K ×4）等，新型 DRAM 也不断涌现。DRAM 常见的是位片结构，也有 4、8、16 甚至 32 位的字片结构，还有存储模块形式。下面主要介绍 2118 和 2164 两种芯片。

（1）2118 芯片。

2118 芯片是 16K×1 的 DRAM 芯片，采用 HMOS 工艺。单管动态基本存储电路，单一+5V 电源，最大的工作维持功耗为 150/11mW，所有的输入/输出引脚都与 TTL 电路兼容。

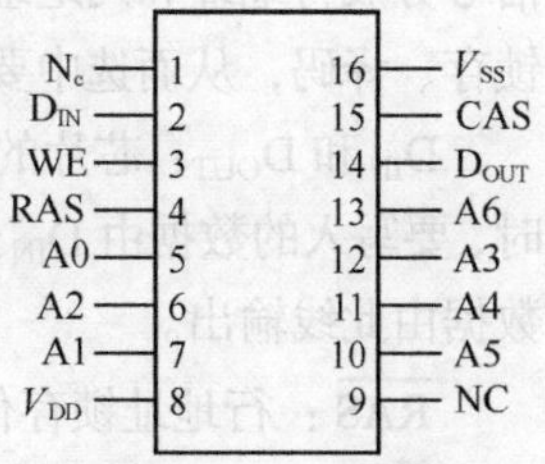

图 6.7 2118 引脚图

2118 共有 16 个引脚，其引脚图如图 6.7 所示。它的地址码的输入和控制方式不同于静态 RAM。2118 是 16K×1 的芯片，要有 14 位地址码对其控制，所以芯片本应由 14 个引脚作为地址线，但实际上只有 7 个引脚用作地址引线。为了实现 14 位地址控制，采用分时技术将 14 位地址码分两次从 7 条地址引线上送入芯片内部，而在片内设置两个 7 位地址锁存器，分别称为行锁存器和列锁存器。14 位地址码分成行地址（低 7 位地址）和列地址（高 7 位地址），在两次输入后分别寄存在行锁存器内和列锁存器内。基本存储电路按行和列排列成 128×128 的存储矩阵。

地址选择器操作：用行地址选通信号 $\overline{\text{RAS}}$ 把先出现的 7 位

地址送到行地址锁存器，由随后出现的列地址选通信号 $\overline{\text{CAS}}$ 把后出现的 7 位地址送到列地址锁存器。行译码器和列译码器把存于行锁存器和列锁存器的地址分别译码。形成 128 条行选择线和 128 条列选择线对 128×128 存储阵列进行选址。

读写操作：当全部地址码输入后，128 行中必有一行被选中，这一行中的 128 个基本存储电路的信息都选通到各自的读出放大器，在那里，每个基本存储电路存储的逻辑电平都被鉴别、放大和刷新。列译码的作用是通过选通 128 个读出放大器中的一个，从而唯一地确定读写的基本存储电路。并将被选中的基本存储电路通过读出放大器，I/O 控制门输入数据锁存器或输出数据锁存器及缓冲器相连，以便完成对该基本存储电路的读写操作。读出与写入操作是由写允许信号 $\overline{\text{WE}}$ 控制的，当 $\overline{\text{WE}}$ 为高电平时，进行读操作，数据从引脚 D_{OUT} 输出；当 $\overline{\text{WE}}$ 为低电平时，进行写操作，数据从 D_{IN} 引脚输入并锁存于输入锁存器中，再写入选定的基本存储电路。三态数据输出端受 $\overline{\text{CAS}}$ 信号控制而与 $\overline{\text{RAS}}$ 信号无关。

对 2118 DRAM 的刷新方法是对 128 列逐行进行选择的，同时行选通信号 $\overline{\text{RAS}}$ 加低电平，但列选通信号 $\overline{\text{CAS}}$ 为高电平。这样，虽然成行对基本存储电路进行读操作，一行中 128 个基本存储电路存储的信息被选通到各自的读出放大器，进行放大锁存，但不进行列选择。没有真正的输出，而是把锁存的信息再写回原来的基本存储电路，实现刷新。

2116DRAM 芯片与 2118 容量相同，引脚兼容。

（2）2164 芯片。

2164A 芯片是一块 64K×1 的 DRAM 芯片，引脚如图 6.8 所示。

A7～A0：地址输入线。DRAM 芯片在构造上的特点是芯片上的地址引线是复用的。虽然 2164 的容量为 64K 个单元，但它并不像对应的 SRAM 芯片那样有 16 根地址线，而是只要这个数量的一半，即 8 根地址线。实际上，在存取 DRAM 芯片的某单元时，其操作过程是将存取的地址分两次输入到芯片中，每一次都由同一组地址线输入。两次送到芯片上去的地址分别称为行地址和列地址，它们被锁存到芯片内部的行地址锁存器和列地址锁存器中。

在芯片内部，各存储单元是按照矩阵结构排列的。行地址信号通过片内译码选择一行，列地址信号通过片内译码选择一列，这样就决定了选中的单元。可以简单地认为该芯片有 256 行和 256 列，共同决定 64K 个单元。对于其他 DRAM 芯片也可以按同样方式考虑。如 21256，它是 256K×1 的 DRAM 芯片，有 256 行，每行为 1024 列。

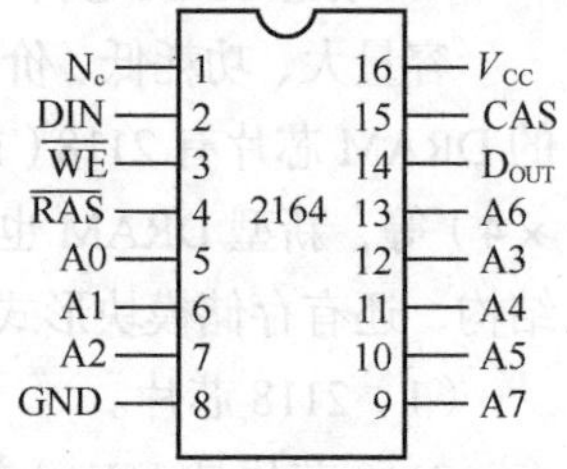

图 6.8　2164 外部引脚图

动态存储器芯片上的地址引线是复用的，CPU 对它寻址时的地址信号分成行地址和列地址，分别由芯片上的地址线送入芯片内部进行锁存、译码，从而选中要寻址的单元。

D_{IN} 和 D_{OUT}：芯片的数据输入、输出线。其中 D_{IN} 为数据输入线，当 CPU 写芯片的某一单元时，要写入的数据由 D_{IN} 送到芯片内部。同样，D_{OUT} 是数据输出线，当 CPU 读芯片的某一单元时，数据由此线输出。

$\overline{RAS}$：行地址锁存信号。该信号将行地址锁存在芯片内部的行地址锁存器中。

$\overline{CAS}$：列地址锁存信号。该信号将列地址锁存在芯片内部的列地址锁存器中。

$\overline{WE}$：写允许信号。当它为低电平时，允许将数据写入。反之，当 $\overline{WE}=1$ 时，可以从芯片读出数据。

5. 高性能 DRAM

高性能微处理器必须配合快速主存储器才能真正发挥其作用。作为主存的 DRAM 芯片容量大但速度较慢。标准的 DRAM 读写方式，需要先在行地址选通信号有效时输出行地址，再在列地址选通信号有效时输出列地址，然后才可以读写一个数据。

从主存储器系统的组织结构上看，交叉存储（Interleaved Memory）可以提高存储器访问的并行性。它的思想是将主存划分为几个等量的存储体（Bank），每个存储体都有一套独立的访问机构，当访问还在某个存储体中进行时，另一个存储体也开始进行下一个数据的访问，这样它们的工作周期有一部分是重叠的。交叉存储的缺点是扩展存储器不方便，因为必须同时增加多个存储体。

从 DRAM 芯片本身来看，以下技术可以提高其工作速度：

FPM DRAM（Fast Page Mode DRAM，快页方式 DRAM）——读写存储器时，存储单元往往是连续的，许多时候行地址并不改变，变化的只是列地址。快页读写方式，在对同一行的不同列（称同一页面）进行访问时，第一个字节为标准访问。此后，行地址选通信号 RAS 一直维持有效，即行地址不变，但列地址选通信号 CAS 多次有效，即列地址多次改变。这样可节省重复传送行地址的时间，使页内（一般为 512 字节至几千字节）访问的速度加快。当行地址发生改变时，再改用一次标准访问。

EDO DRAM（Extended Data-Out DRAM，扩展数据输出 DRAM）——在快页方式下每次列地址选通信号有效才能开始一个数据传输。如果减少列地址选通信号有效时间就可以加快数据传输速度，但是列地址选通信号无效将导致数据不再输出。于是 EDO DRAM 修改了内部电路，使得数据输出有效时间加长，即扩展了。

SDRAM（Synchronous DRAM，同步 DRAM）——在学习微处理器总线时，谈到过微处理器采用半同步时序传输数据，微处理器与主存的数据传输并没有达到真正的同步。微处理器输出地址、发出控制信号，存储器在其控制下传输数据。如果存储器无法完成数据传输，则设置没有准备好信号，微处理器需要在其总线时序中插入等待状态。换句话说，微处理器的总线时序依赖于存储器的存取时间。SDRAM 芯片与微处理器具有公共的系统时钟，所有地址、数据和控制信号都同步于这个系统时钟，没有等待状态。具有公共系统时钟的 SDRAM 能够方便地支持猝发传送（从 80486 开始，IA-32 微处理器就设计了猝发传送方式）。微处理器只需提供首个存储单元的地址，后续地址由存储器芯片自动产生，猝发传送的数据长度可以通过编程设置。另外，SDRAM 芯片内部采用了交叉存储方式组织存储体，使性能进一步得到提高。

DDR DRAM（Double Data Rate DRAM，双速率 DRAM）——传统上，每个系统时钟实现一次数据传输，DDR DRAM 则在同步时钟的前沿和后沿各进行一次数据传送，使传输性能提高一倍。

RDRAM（Rambus DRAM）——EDO、SDRAM 和 DDR DRAM 是由工业界建立的标准，每个 DRAM 生产企业都支持它们。但是，RDRAM 是由 Rambus 公司推出的一种专利技术，是继 SDRAM 之后的新型高速存储器，采用了全新设计的内存条，包括专用芯片、独特的芯片间总线和系统接口。RDRAM 能够以很高的时钟频率快速传输数据块，主要应用于计算机存储系统、图形和视频等场合。由 RDRAM 构成的系统存储器已经用在现代微型计算机中，并成为服务器以及其他高性能计算机的主流存储器系统。

6. 内存条

内存条（Memory Module）就是将多个存储器组装在一个部件上，即内存模块（Memory Module），通过连接器与计算机主板组合或分离，这样，计算机内存的容量就可更改，也便于维修。很多生产商都生产以 JEDEC 规范为标准的内存条，主要有：

（1）72 引脚 DRAM-SIMM：SIMM 是单列直插式存储器（Single Inline Memory Module）的英文缩写，486 工控计算机都用这种内存，可用 4M × 36（16MB）、8M × 36（32MB）带奇偶校验的存储器组成大容量的 32 位内存条。也可用带 ECC 的内存组成内存条。带奇偶校验（Parity）的内存是通过在原来数据位的基础上增加一个数据位来检查数据的正确性，但随着数据位的增加，用来奇偶检验的数据位也成倍增加，当数据位为 16 位时需增加 2 位，当数据位为 32 位时则需增加 4 位，依此类推。特别是当数据量非常大时，数据出错的概率也就越大。由此，一种新的内存技术应运而生了，这就是 ECC（错误检查和纠正），它也是外加校验位来实现的，如表 6.2 所示。如果数据位是 8 位，则需要增加 5 位来进行 ECC 错误检查和纠正，数据位每增加一倍，ECC 只增加一位检验位，也就是说当数据位为 16 位时 ECC 位为 6 位，32 位时 ECC 位为 7 位，数据位为 64 位时 ECC 位为 8 位，依此类推，数据位每增加一倍，ECC 位只增加一位。总之，在内存中 ECC 能够允许错误，并可以将错误更正，使系统得以持续正常的操作，不致因错误而中断，且 ECC 具有自动更正的能力，可以将 Parity 无法检查出来的错误位查出并将错误修正。

表 6.2　　奇偶检验和 ECC 检验的位数

数据位数	Parity 需要增加的数据位数	ECC 需要增加的数据位数
8	1	5
16	2	6
32	4	7
64	8	8
128	16	9
256	32	10
512	64	11

（2）168引脚的SDRAM-DIMM：这里的DIMM是指双列直插式内存模块，其总线宽度为8字节（64位）。其外形图如图6.9所示，根据不同要求，可细分为如下几种：同步/异步；供电电压5V/3.3V；是否有缓冲器；带奇偶校验/带ECC校验，通常个人计算机常用8位（无校验）×8或9位×8（奇偶校验）可字节存取的DIMM。

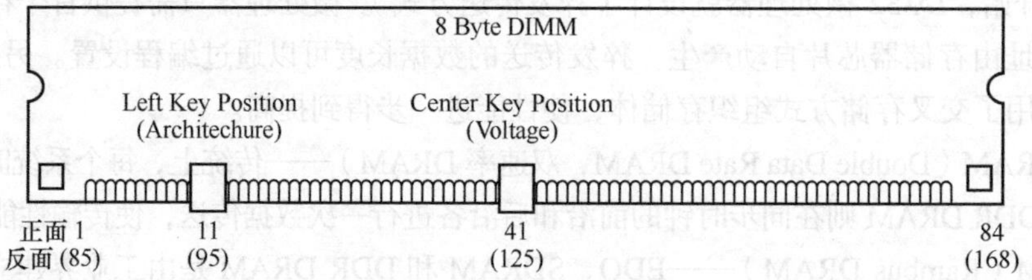

图6.9　168引脚的DIMM

（3）184引脚无缓冲器的DDR SDRAM-DIMM：个人计算机常用这种内存条，其供电电压分为3.3V、2.5V、1.8V三种。其外形如图6.10所示，其字结构为4M～256M×（8位×8），这是无奇偶校验的产品，另外是带ECC校验的4M～256M×72的内存条。

笔记本计算机一般采用144或200个引脚的小型内存条。

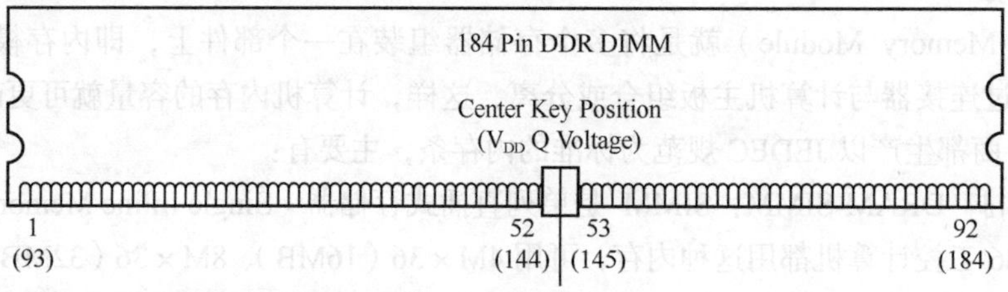

图6.10　184引脚的DIMM

7．金手指

内存条的引脚也称为金手指（Connecting Finger），是内存条上与内存插槽之间的连接部件，是由众多金黄色的导电触片组成，因其表面镀金而且导电触片排列如手指状，所以称为"金手指"。金手指是在覆铜板上再覆上一层金，因为金的抗氧化性极强，而且传导性也很强。不过因为金昂贵的价格，目前较多的内存都采用镀锡来代替，从20世纪90年代开始锡材料就开始普及，目前主板、内存和显卡等设备的"金手指"几乎都是采用的锡材，只有部分高性能服务器/工作站的配件接触点仍采用镀金的做法，价格自然不菲。

6.2.3　双口RAM

1．概述

为了适应多处理机应用系统中的相互通信，需要利用新的存储形式提高数据通信的速率并简化系统的设计。多端口RAM就是为了满足这一要求而设计的。根据不同的用途，多端口RAM一般可分为以下几种。

（1）双端口RAM：用于高速共享数据缓冲器系统中两个端口都可以独立读/写的静态存储器，实际上它是作为双CPU系统的公共全局存储器来使用的，例如可用于多机系统通信缓冲器、DSP系统、高速磁盘控制器等。

（2）VRAM：用于图形图像显示中大容量双端口读写存储器，这是专门为加速视频图像处理而设计的一种双端口 DRAM。

（3）FIFO：用于高速通信系统、图像图形处理、DSP 和数据采集系统以及准周期性突发信息缓冲系统的先进先出存储器，它有输入和输出两个相对独立的端口，当存储器为非满载状态时，输入端允许将高速突发信息经输入缓冲器存入存储器，直至存满为止。只要存储器有数据，就允许最先写入的内容依次通过缓冲器输出。

（4）MPRAM：用于特定场合的多端口存储器 MPRAM，例如三口 RAM、四口 RAM 等，用于多 CPU 系统的共享存储器。

2. 双端口 RAM 举例

小容量的双端口 SRAM 可选用 DS1609，它只有 256×8bit。它是采用 CMOS 工艺制造的高速双端口静态读写存储器，两个端口可被独立地访问存储器的任意单元。芯片可以连接两个异步地址/数据共用的共享存储器。芯片有两组对称的信号线，即每个端口都有独立的标准地址/数据线和控制线。5V 工作电压下，存取时间为 35ns。在非选通时自动处于低功耗备用状态，在 25°C 的情况下，维持电流只有 100nA，所以，尤其适用于电池供电或电池备用的系统。双口操作是异步的，输入/输出三态，其电平与 TTL 兼容；引脚图如图 6.11 所示。

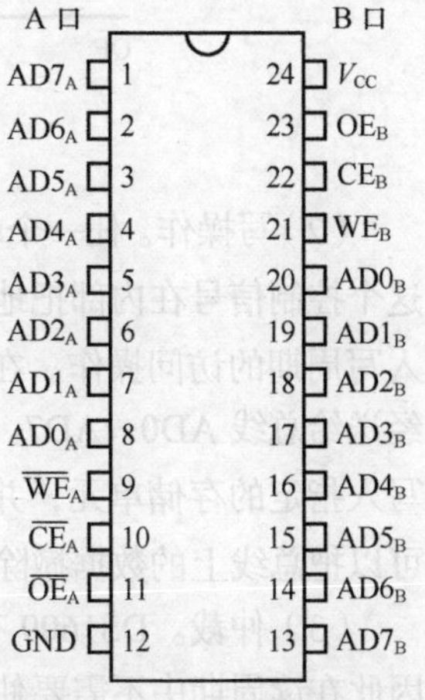

图 6.11　DS1609 引脚图

其引脚是 24 根，除了 V_{CC} 和 GND 外，其他的信号都有左、右端口对称的两组，分别加了下标 A 和 B 以便区分。以下的说明未加下标，仅列出信号名称。

AD0～AD7：端口地址/数据共用线，分时使用。

CE：芯片允许输入（即片选），低电平有效，使芯片的控制逻辑和输入缓冲器处于工作状态，当其为高电平时，芯片处于低功耗备用状态。

$\overline{OE}$：输出允许输入线，低电平有效，在读周期时，控制芯片将数据缓冲器中的数据输出。

$\overline{WE}$：读写控制线，低电平为写控制线，高电平为读操作。

其结构框图如图 6.12 所示。

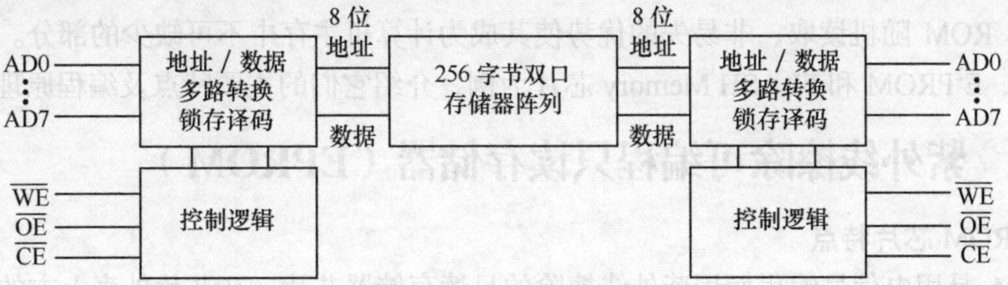

图 6.12　DS1609 结构框图

操作说明：

（1）读操作。任何一个端口的读操作都是从 AD0～AD7 开始，接着片选输入信号 $\overline{CE}$ 由高变低，这个控制信号在内部把地址信号锁存后，地址信号就可以撤除。然后，输出允许信号 $\overline{OE}$ 变低，进入读周期的数据访问操作。当 $\overline{CE}$、$\overline{OE}$ 同时为低电平的情况下，经过一段输出允许访时间 t_{OEA} 的延迟，在 AD0～AD7 上就输出所访问存储单元的有效数据。只要这两个信号保持低电平，输出的数据就一直有效，直到这两个信号中的一个由低变高，写周期就结束。再经过一段延迟时

间 t_{CEZ} 或 t_{OEZ} 后，地址/数据线就回到高阻状态，图 6.13 所示为读周期时序图，在整个读周期，$\overline{WE}$ 必须是高电平。

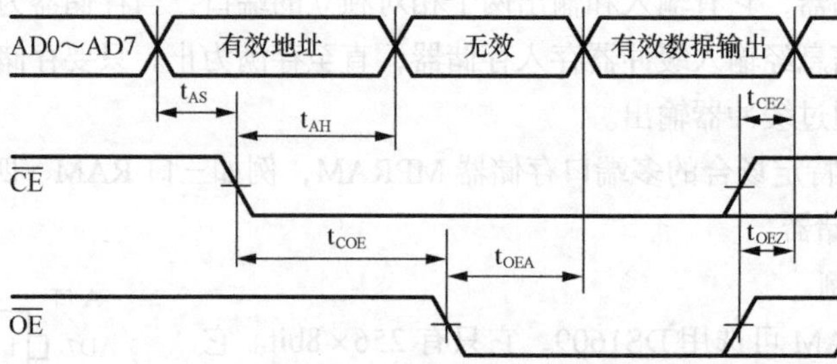

图 6.13　DS1609 读周期时序图

（2）写操作。任一个端口的写操作都是从 AD0～AD7 开始，接着片选输入信号 CE 由高变低，这个控制信号在内部把地址信号锁存后，地址信号就可以撤除。然后输出允许信号 WE 变低，进入写周期的访问操作。在 $\overline{CE}$ 和 $\overline{WE}$ 都被激活为低电平时，需要写入指定存储单元的数据必须已经送给总线 AD0～AD7。在满足所需要的数据建立时间和保持时间的情况下，总线上的数据就被写入指定的存储单元，并随 $\overline{CE}$ 或 $\overline{WE}$ 信号中先出现的那个上升沿而结束。一旦写周期结束，就可以把总线上的数据撤除，在整个写周期，$\overline{OE}$ 必须保持高电平。

（3）仲裁。DS1609 有一个特别的存储单元设计，允许从两个端口同时对存储单元进行访问，因此在读周期中不需要仲裁。然而，同时对某一存储单元进行读和写操作时还会产生需要仲裁的竞争。如果在一个端口读，另外一个端口进行写操作，读周期读出的数据要么是老数据，要么是新数据，不会出现两个数据的合并。但是写周期总是用新的数据更新存储单元，所以，当两个端口同时对一个存储单元进行写操作时，肯定会引起存储单元的竞争问题。这些问题可以通过软件设计来解决。最简单的方法是执行冗余的读周期。

6.3　只读存储器

半导体 ROM 随机读取、非易失的优势使其成为计算机主存中不可缺少的部分。本节以典型的 EPROM、E^2PROM 和 FLASH Memory 芯片为例，介绍它们的主要特点及编程原理。

6.3.1　紫外线擦除可编程只读存储器（EPROM）

1. EPROM 芯片特点

EPROM 是用电信号编程而用紫外线擦除的只读存储器芯片。在芯片外壳上方的中央有一个圆型玻璃窗口，通过这个窗口照射紫外线（约 10～20 分钟）就可以擦除原有信息。由于阳光中有紫外线的成份，所以程序写好后要用不透明的标签贴封窗口，以避免因阳光照射而破坏程序。对于新的 EPROM 芯片或擦除过的芯片而言，其内容为全 1，即每 1 个单元的内容均为 FFH。

2. EPROM 芯片

EPROM 芯片型号以 27 开头，小容量有 2716（2K×8）、2732（4K×8）、2764（8K×8）、27128（16K×8）、27256（32K×8）、27512（64K×8）。其中括号前的数字表示芯片型号，对应其以千（K）为单位的存储容量，括号内表示其存储结构（存储单元数×位数）；更大容量有 27010（128K

×8)、27020(256K×8)、27040(512K×8)、27080(1M×8)等，其中括号前的型号反映了其以兆(M)为单位的存储容量。下面介绍常用EPROM芯片2764A。

EPROM2764A 芯片为双列直插式 28 引脚的标准芯片，有 13 条地址线，8 条数据线，2 个电压输入端 Vcc 和 V_{PP}，一个片选端$\overline{CE}$，此外还有输出允许$\overline{OE}$和编程控制端$\overline{PGM}$，容量为 8K×8 位，其引脚如图 6.14 所示。

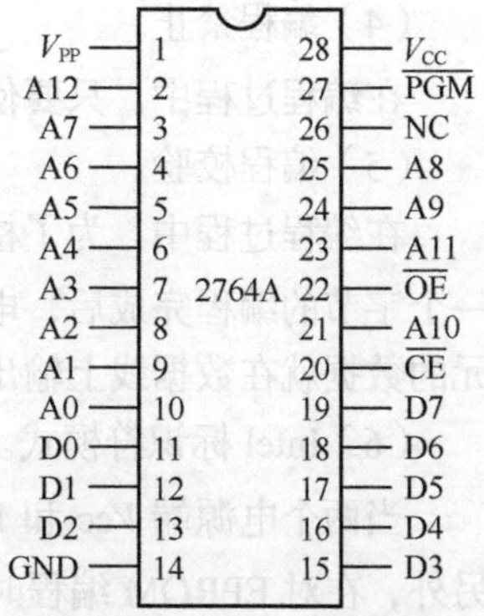

图 6.14 2764A 外部引线图

A12～A0 为 13 位地址线；D7～D0 为 8 位数据线；$\overline{CE}$为片选信号，低电平有效，$\overline{OE}$为输出允许信号，当$\overline{OE}$=0 时，输出缓冲器打开，被寻址单元的内容才能被读出；V_{PP}为编程电源，当芯片编程时，该端加上编程电压(+25V 或+12V)；正常使用时，该端加+5V 电源。(NC 为不用的管脚)。Intel 2764A 有七种工作方式，如表 6.3 所示。

(1)读方式。

读方式是 2764A 通常使用的方式，此时两个电源引脚 V_{CC}和 V_{PP}都接至+5V，$\overline{PGM}$接至高电平。当从 2764A 的某个单元读数据时，先通过地址引脚接收来自 CPU 的地址信号，然后使控制信号和$\overline{CE}$、$\overline{OE}$都有效，于是经过一个时间间隔，指定单元的内容即可读到数据总线上。

表 6.3　　2764A 的工作方式选择表

方式\引脚	$\overline{CE}$	$\overline{OE}$	$\overline{PGM}$	A_9	A_0	Vpp	Vcc	数据端功能
读	0	0	1	×	×	Vcc	5V	数据输出
输出禁止	0	1	1	×	×	Vcc	5V	高阻
备用	1	×	×	×	×	Vcc	5V	高阻
编程	0	1	0	×	×	12.5V	Vcc	数据输入
校验	0	0	1	×	×	12.5V	Vcc	数据输出
编程禁止	1	×	×	×	×	12.5V	Vcc	高阻
标识符	0	0	1	1	0	Vcc	5V	制造商编码
					1	Vcc	5V	器件编码

但把 A9 引脚接至 11.5～12.5V 的高电平，则 2764A 处于读 Intel 标识符模式。要读出 2764A 的编码必须顺序读出两个字节，先让 A1～A8 全为低电平，而使 A_0从低变高，分两次读取 2764A 的内容。当 A0=0 时，读出的内容为制造商编码(陶瓷封装为 89H，塑封为 88H)；当 A0=1 时，则可读出器件的编码(2764A 为 08H，27C64 为 07H)。

(2)备用方式。

只要$\overline{CE}$为高电平，2764A 就工作在备用方式，输出端为高阻状态，这时芯片功耗将下降，从电源所取电流由 100mA 下降到 40mA。

(3)编程方式。

在编程方式时，V_{PP}接+12.5V，Vcc 仍接+5V，从数据线输入这个单元要存储的数据。$\overline{CE}$端保持低电平，输出允许信号$\overline{OE}$为高，每写一个地址单元，都必须在$\overline{PGM}$引脚端给一个低电平有效，宽度为 45ms 的脉冲。

（4）编程禁止。

在编程过程中，只要使该片 $\overline{CE}$ 为高电平，编程就立即禁止。

（5）编程校验。

在编程过程中，为了检查编程时写入的数据是否正确，通常在编程过程中包含校验操作。在一个字节的编程完成后，电源的接法不变，但 $\overline{PGM}$ 为高电平，$\overline{CE}$、$\overline{OE}$ 均为低电平，则同一单元的数据就在数据线上输出，这样就可与输入数据相比较，校验编程的结果是否正确。

（6）Intel 标识符模式。

当两个电源端 *V*cc 和 *V*pp 都接至+5V，$\overline{CE}=\overline{OE}=0$ 时，$\overline{PGM}$ 为高电平，这时与读方式相同。另外，在对 EPROM 编程时，每写一个字节都需 45ms 的 $\overline{PGM}$ 脉冲，速度太慢，且容量越大，速度越慢。为此，Intel 公司开发了一种新的编程方法（灵巧编程），灵巧编程方式要比标准编程方式快 6 倍以上。同时，这种方式编程有更高的可靠性和安全性。

6.3.2 电擦除可编程只读存储器（E^2PROM）

1. E^2PROM 芯片特点

E^2PROM（Electric Erasable PROM）即电可擦除可编程只读存储器。它突出的优点是在线擦除和改写，不像 EPROM 那样必须用紫外线照射时才能擦除。较新的 E^2PROM 产品在写入时能自动完成擦除，且不需用专门的编程电源，可以直接使用系统的+5V 电源。在芯片的引脚设计上，2KB 的 E^2PROM 2816 与同容量的 EPROM 2716 和静态 RAM 6116 是兼容的，8KB 的 E^2PROM 2864A 与同容量的 EPROM 2764A 和静态 RAM 6264 也是兼容的。

E^2PROM 既具有 ROM 的非易失性的优点，又能像 RAM 一样随机地进行读写，每个单元可重复进行一万次改写，保留信息的时间长达 20 年，不存在 EPROM 在日光下信息缓慢丢失的问题。

2. E^2PROM 芯片

并行接口的 E^2PROM 芯片型号多以 28 开头，如 2816（2K×8）、2864（8K×8）、28256（32K×8）、28512（64K×8）、28010（128K×8）、28020（256K×8）、28040（512K×8）等，串行接口的 E^2PROM 芯片型号常见 24、25 和 93 开头的系列。下面以 2816 芯片和 2817A 芯片为例，说明 E^2PROM 的基本特点和工作方式。

（1）2816 芯片

2816 是容量为 2K×8bit 的电擦除 PROM，外部引脚图如图 6.15 所示。芯片的引脚排列与 2716 一致，只是在管脚定义上，数据线引脚对 2816 来说是双向的，以适应读写工作模式。

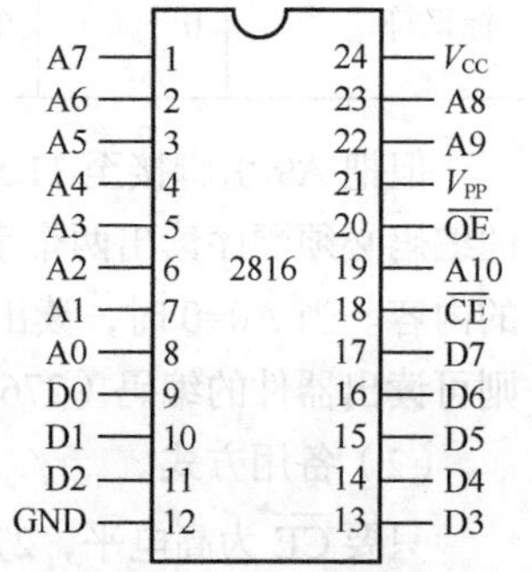

图 6.15 2816 外部引脚图

2816 的读取时间为 250ns，可满足多数微处理器对读取速度的要求。2816 最突出的特点是可以字节为单位进行擦除和重写。擦或写用 $\overline{CE}$ 和 $\overline{OE}$ 信号加以控制，一个字节的擦写时间为 10ms。2816 也可整片进行擦除，整片擦除时间也是 10ms。无论字节擦除还是整片擦除均在机内进行。

2816 有六种工作方式，每种工作方式下各个控制信号所需电平如表 6.4 所示。从表中可见，除整片擦除外，$\overline{CE}$ 和 $\overline{OE}$ 均为 TTL 电平，而整片擦除时电压为+9～+15V，在擦或写方式时 V_{PP} 均为+21V 的脉冲，而其他工作方式时电压为+4～+6V。

① 读方式。

在读方式时，允许 CPU 读取 2816 的数据。当 CPU 发出地址信号以及相关的控制信号与此相对应，2816 的地址信号和 $\overline{CE}$ 、$\overline{OE}$ 信号有效，经一定延时，2816 可提供有效数据。

② 写方式。

2816 具有以字节为单位的擦写功能，擦除和写入是同一种操作，即都是写，只不过擦除是固定写“1”而已。因此，在擦除时，数据输入是 TTL 高电平。在以字节为单位进行擦除和写入时，$\overline{CE}$ 为低电平，$\overline{OE}$ 为高电平，从 V_{PP} 端输入编程脉冲，宽度最小为 9ms，最大为 70ms，电压为 21V。为保证存储单元能长期可靠地工作，编程脉冲要求以指数形式上升到 21V。

表 6.4　　2816 的工作方式

方式	$\overline{CE}$	$\overline{OE}$	V_{PP}/V	数据线功能
读方式	低	低	+4～+6	输出
备用方式	高	×	+4～+6	高阻
字节擦除	低	高	+21	输入为高电平
字节写	低	高	+21	输入
片擦除	低	+9～+15V	+21	输入为高电平
擦写禁止	高	×	+21	高阻

③ 片擦除方式。

当 2816 需整片擦除时，也可按字节擦除方式将整片 2KB 逐个进行，将 $\overline{CE}$ 和 V_{pp} 按片擦除方式连接，将数据输入引脚置为 TTL 高电平，而使 $\overline{OE}$ 引脚电压达到 9～15V，则约经 10ms，整片内容全部被擦除，即 2KB 的内容全为 FFH。

④ 备用方式。

当 2816 的 $\overline{CE}$ 端加上 TTL 高电平时，芯片处于备用状态，$\overline{OE}$ 控制无效，输出呈高阻态。在备用状态下，其功耗可降到 55%。

（2）2817A 芯片

在工业控制领域，常用 2817A E^2PROM，其容量是 2K×8bit，采用 28 脚封装，它比 2816 多一个 RDY/$\overline{BUSY}$ 引脚，用于向 CPU 提供状态。擦写过程是当原有内容被擦除时，将 RDY/$\overline{BUSY}$ 引脚置于低电平，然后再将新的数据写入。完成此项操作后，再将 RDY/$\overline{BUSY}$ 引脚置于高电平，CPU 通过检测此引脚的状态来控制芯片的擦写操作，擦写时间约 5ns。2817A 的特点是片内具有防写保护单元。它适于现场修改参数。2817A 引脚如图 6.16 所示。

R/B 是 RDY/$\overline{BUSY}$ 的缩写，用于指示器件的准备就绪/忙状态。2817A 使用单一的+5V 电源，在片内有升压到+21V 的电路，用于原 V_{pp} 引脚的功能，可避免 V_{pp} 偏高或加电顺序错误引起的损坏。2817A 片内有地址锁存器、数据锁存器，因此可与 8088/8086、8031、8096 等 CPU 直接连接。2817A 片内写周期定时器通过 RDY/$\overline{BUSY}$ 引脚向 CPU 表明它所处的工作状态；在正在写一个字节的过程中，此引脚呈低电平，写完以后此引脚变为高电平。2817A 中 RDY/$\overline{BUSY}$ 引脚的这一功能可在每写完一个字节后向 CPU 请求外部中断来继续写入下一个字节。而在写入过程中，其数据线呈高阻状态，故 CPU 可继续执行其程序。因此，采用中断方式既可在线修改内存参数而又不致影响工业控制计算机的实时性。2817A 读取时

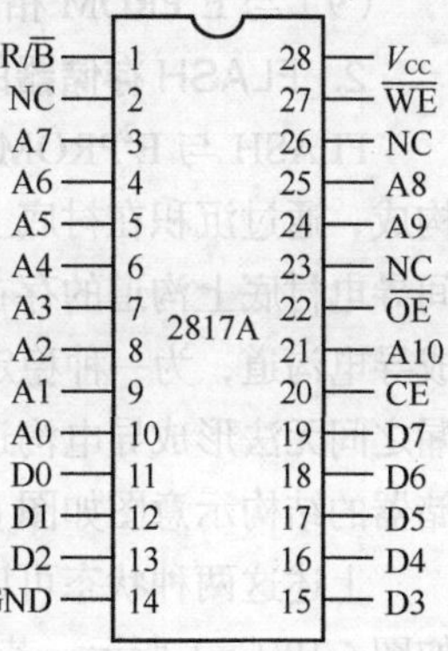

图 6.16　2817A 外部引脚图

间为200ns，数据保存时间接近10年，但每个单元允许擦写10^4，故要均衡地使用每个单元，以提高其寿命。2817A的工作方式如表6.5所示。

此外，2864A是8K×8bit的E^2PROM，其性能更优越，每一字节擦写时间为5ns，2864A只需21ms，读取时间为250ns，其引脚与2764兼容。

表6.5　　　　2817工作方式选择表

方式	CE	OE	WE	RDY/BUSY	数据线功能
读	低	低	高	高阻	输出
维持	高	×	×	高阻	高阻
字节写入	低	高	低	低	输入
字节擦除	字节写入前自动擦除				

6.3.3 快速擦写存储器（FLASH Memory）

快速擦写存储器（FLASH Memory）是Intel公司于20世纪80年代后期推出的新型存储器，由于它众多的特点而深受用户的青睐。

1. FLASH的主要性能特点

快速擦写存储器是在人们熟知的EPROM工艺的基础上，增强了系统内芯片整体电擦除和可再编程功能，从而使它成为性能价格比和可靠性最高的可读写、非易失存储器（NVM）。其主要特点有：

（1）高速芯片整体电可擦除——芯片整体擦除只用约1s，而一般的EPROM擦除约花15～20 min。

（2）高速编程——采用快速脉冲编程方法，对于28F256A、28F512、28F010、28F020，每个字节的编程仅花10μs。对于以上4种芯片整个芯片编程时间分别为0.5s、1s、2s和4s。

（3）通常可进行100000次擦除/编程，最少可有10000次。

（4）改进后的FLASH，内部集成了一个DC/DC变换器，采用单+5V电压供电。

（5）高速的存储器访问——最大读取时间不超过200ns，高速FLASH可低达60ns。

（6）低功耗——最大工作电流为30mA，备用状态下的最大电流为100μA。

（7）内部的命令寄存器结构可用于微处理器/微控制器兼容的写入接口。

（8）抗噪声特性一次允许有±10%的V_{CC}误差。

（9）与E^2PROM相比，FLASH具有密度大、价格低、可靠性高的优点。

2. FLASH存储器的原理

FLASH与E^2PROM有些类似，但工作机制却不同。FLASH的信息存储电路是由一个晶体管构成，通过沉积在衬底上被氧化物包围的多晶硅浮空栅来保存电荷，以此维持衬底上源、漏极之间导电衬底上沟道的存在，从而保持其上的信息储存。若浮空栅保存有电荷，则在源、漏之间形成导电沟道，为一种稳定状态，可认为该单元电路保存的信息是0；若浮空栅没有电荷，则在源、漏之间无法形成导电沟道，为另外一种稳定状态，可认为该单元电路保存的信息是1。FLASH存储器的结构示意图如图6.17所示。

上述这两种状态可以相互转换：状态0到状态1的转换过程是将浮空栅上的电荷移走的过程，如图6.18（a）所示。若在源极和栅极之间加一个正向的偏置电压$U_{gs}=12V$，则浮空栅上的电荷将向源极扩散，从而导致浮空栅上的部分电荷丢失，不能在源、漏极之间形成导电沟道，完成状态转换。这个过程称为对 FLASH 擦除。当要进行状态 1 到状态 0 的转换过程时，如图 6.18（b）所示，在栅、源之间加一个正向电压 U_{sg}，在漏、源极之间加一个电压 U_{sd}，且保证 $U_{sg}>U_{sd}$，那么，来自源极的电荷向浮空栅扩散，使浮空栅带上电荷，在源、漏极之间形成导电沟道，完成了状态的转换。该转换过程称为对 FLASH 编程。进行正常的读取操作时，只要撤销 U_{sg}，加一个适当的 U_{sd} 即可。据测定，正常使用情况下，浮空栅上编程的电荷可保存 100 年。由于 FLASH 只需单个器件即可保存信息，因此具有很高的集成度。

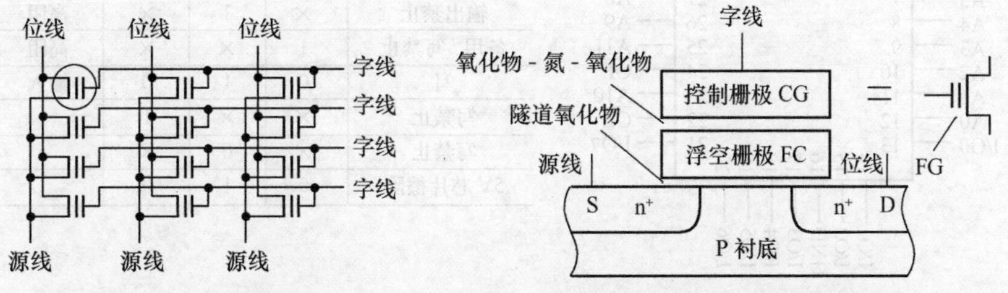

（a）FLASH 存储阵列图　　（b）FLASH 存储体构造图及逻辑符号

图 6.17　FLASH 存储器的结构示意图

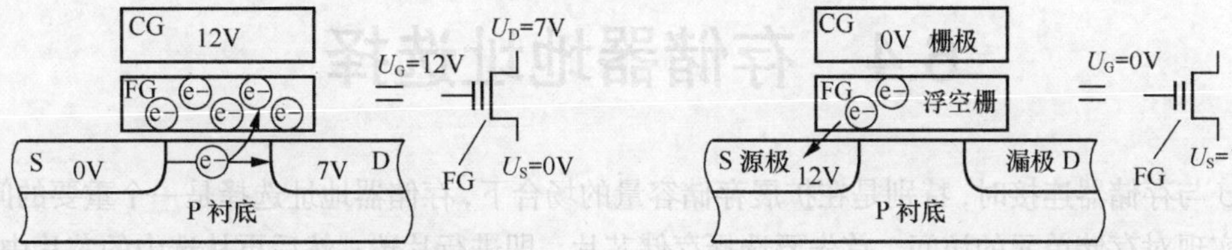

（a）擦除：从浮空栅移走电荷　　（b）编程：为浮空栅增加电荷

图 6.18　FLASH 编程与擦除示意图

3. FLASH 芯片

FLASH Memory 可采用加电擦写，所以并行接口的 FLASH Memory 芯片型号也以 28 开头，但后面常跟 F 以示区别，如 28F010（128K × 8）、28F020（256K × 8）等。并行接口的 FLASH Memory 芯片型号还常以 29 开头，如 29C512 或 29F512（64K × 8）、29C010 或 29F010（128K × 8）、29C020 或 29F020（256K × 8）、29C040 或 29F040（512K × 8）等。下面主要以 FLASH Memory 29C512 芯片为例介绍其工作方式。

29C512 是 64K × 8 存储结构，即 512Kb（位）的闪存芯片，下面以 Atmel 公司的 AT29C512 为例说明。AT29C512 采用 CMOS 工艺制造，其编程只需要采用+5V 电压，次数可以超过 1 万次。它设计有 32 个引脚，其中包括 16 个地址引脚 A15～A0、8 个数据引脚 I/O7～I/O0 和 3 个控制引脚（片选 $\overline{CE}$、输出允许 $\overline{OE}$、写允许 $\overline{WE}$），其 PLCC 引脚及工作方式如图 6.19 所示。

AT29C512 读操作工作方式与 EPROM 和 E^2PROM 相同，片选和输出允许引脚为低有效、写允许引脚为高无效时读取存储的数据。对 AT29C512-70 来说，读取时间最大是 70ns。当片选或者输出允许引脚为高电平时，数据输出引脚呈高阻。片选高无效的备用状态，将使工作电流从有效的 50mA 降低为备用的 100 μA 。

AT29C512 支持硬件方法获取芯片识别代码。此时，要求地址引脚 A9 接 12V 高电压，地址引脚 A15～A1（除 A9 外）全部接低电平，当 A0 为 0 时从数据引脚读取厂商代码 1FH；当 A1 为 1 时从数据引脚读取器件代码 5DH。AT29C512 还支持软件方法获取芯片识别代码，其内容与硬件方法相同。向特定地址单元写入特定数据，将进入该芯片的软件产品识别模式。设置地址引脚 A15～A1 全部为逻辑 0，当 A0=0 时读取厂商代码，当 A1=1 时读取器件代码。采用上述相似流程可实现退出软件产品识别模式。断电后，器件不会保持在产品识别模式。

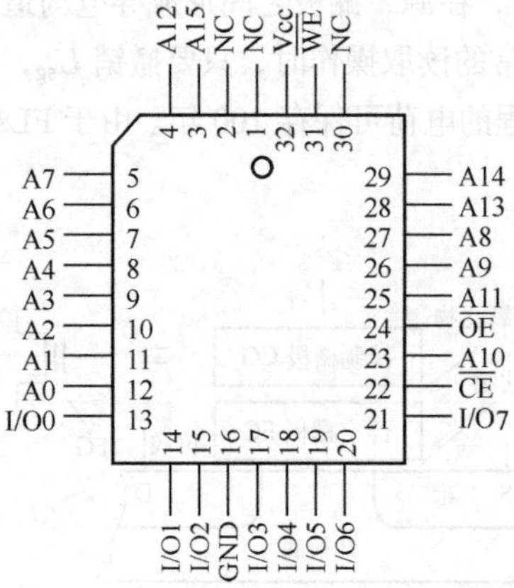

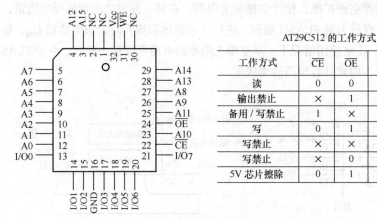

AT29C512 的工作方式

工作方式	$\overline{CE}$	$\overline{OE}$	$\overline{WE}$	I/O
读	0	0	1	输出
输出禁止	×	1	×	高阻
备用 / 写禁止	1	×	×	高阻
写	0	1	0	输入
写禁止	×	×	1	
写禁止	×	0	×	
5V 芯片擦除	0	1	0	

图 6.19 AT29C512 的引脚及工作方式

6.4 存储器地址选择

CPU 与存储器连接时，特别是在扩展存储容量的场合下，存储器地址选择是一个重要的问题。CPU 要实现对存储单元的访问，首先要选择存储芯片，即进行片选；然后再从选中的芯片中依地址码选择出相应的存储单元，以进行数据的存取，这称为字选。片内的字选是由 CPU 送出的 N 条低位地址线完成的，地址线直接接到所有存储芯片的地址输入端，而片选信号则是通过高位地址得到的。实现片选的方法可分为三种：即线选法、全译码法和部分译码法。

6.4.1 线选法

线选法就是用除片内寻址外的高位地址线直接（或经反相器）分别接至各个存储芯片的片选端，当某地址线信号为“0”时，就选中与之对应的存储芯片。这些片选地址线每次寻址时只能有一位有效，不允许同时有多位有效，这样才能保证每次只选中一个芯片（或组）。图 6.20 所示的是用 4 片 2K×8 位芯片采用线选法构成的 8K×8 位存储器芯片组。因为 $2K=2^{11}$，所以用 A0～A10 这 11 根地址线作为片内寻址接到每块芯片上，并用 A11～A14 这四条高位地址线进行线选，即可确定各芯片的地址范围。各芯片的地址范围如表 6.6 所示。

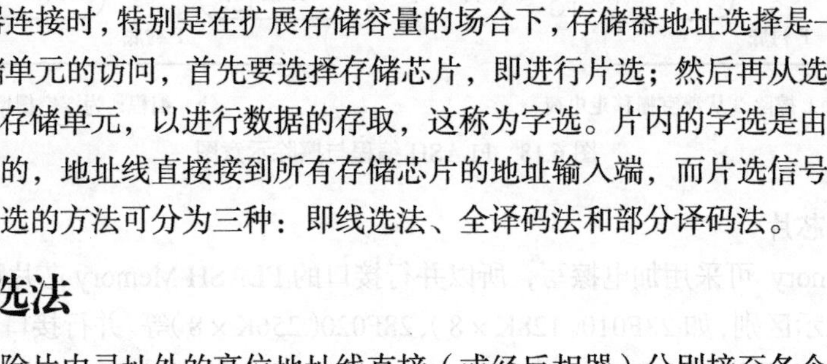

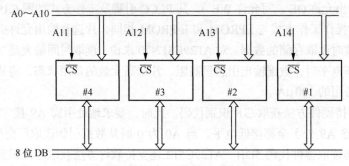

图 6.20 用线选法构成的 8K×8 存储器连接图

表 6.6　　线选法的地址分配

芯　片	A15～A11	A10～A0	地址范围
1#	10111	00…0 11…1	B800H BFFFH
2#	11011	00…0 11…1	D800H DFFFH
3#	11101	00…0 11…1	E800H EFFFH
4#	11110	00…0 11…1	F000H FFFFH

线选法的优点是不需要地址译码器，线路简单，选择芯片不须外加逻辑电路，但仅适用于连接存储芯片较少的场合。同时，线选法不能充分利用系统的存储器空间，且把地址空间分成了相互隔离的区域，给编程带来了一定的困难。

6.4.2　全译码法

全译码法将片内寻址外的全部高位地址线作为地址译码器的输入，把经译码器译码后的输出作为各芯片的片选信号，将它们分别接到存储芯片的片选端，以实现对存储芯片的选择。全译码法可以提供对全部存储空间的寻址能力。即使不需要全部存储空间、也可以采用全译码法，多余的译码输出悬空，便于需要时扩充。图 6.21 所示为用全译码法构成的 8K×8 位存储器的连接图。图中用 A10～A0 这 11 根地址线作为片内寻址接到每块芯片上，A15～A11 经译码器全译码后有 32 条输出线，各芯片的地址范围如表 6.7 所示。

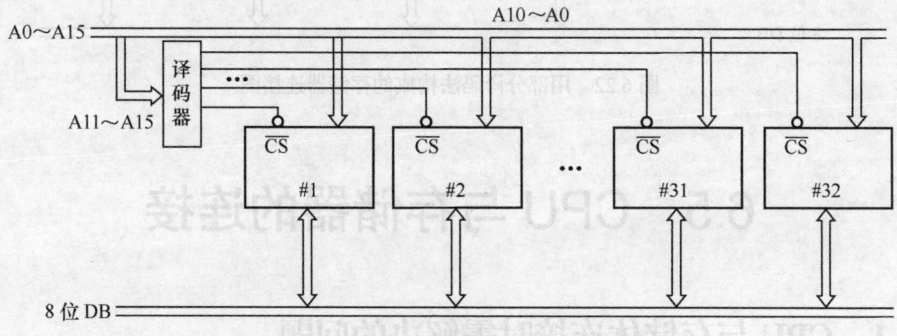

图 6.21　用全译码法构成的存储器连接图

表 6.7　　全译码法的地址分配

芯　片	A15～A11	A10～A0	地址范围
1#	00000	00…0 11…1	0000H～07FFH
2#	00001	00…0 11…1	0800H～0FFFH
…	…	…	…
31#	11110	00…0 11…1	F000H～F7FFH
32#	11111	00…0 11…1	F800H～FFFFH

全译码法的优点是每片（或组）芯片的地址范围是唯一确定的，而且是连续的，也便于扩展，不会产生地址重叠的存储区，但全译码法对译码电路要求较高。

6.4.3 部分译码法

部分译码法是用高位地址线中的一部分（而不是全部）进行译码，以产生各存储器芯片的片选控制信号。当采用线选法地址线不够用，而又不需要全部存储器空间的寻址能力时，可采用这种方法。图 6.22 中采用两条高位地址线 A11、A12 加到一个 2-4 译码器的输入端，4 条输出作为 4 块芯片的片选信号。这时，为了确定每片地址，没有用到的高位地址 A13～A15 可设为“0”，这样确定的地址称为芯片的基本地址。部分译码连接和全译码连接相比，各芯片地址不是唯一的。也就是可以由若干个地址都选中同一芯片的同一单元，即所谓的地址重叠。这是因为有三个高位地址没有用，这些地址线上的信号不论怎么变，都不会影响译码器的输出和芯片的选择。

在实际应用中，存储芯片的片选信号可根据需要选择上述某种方法或几种方法并用。

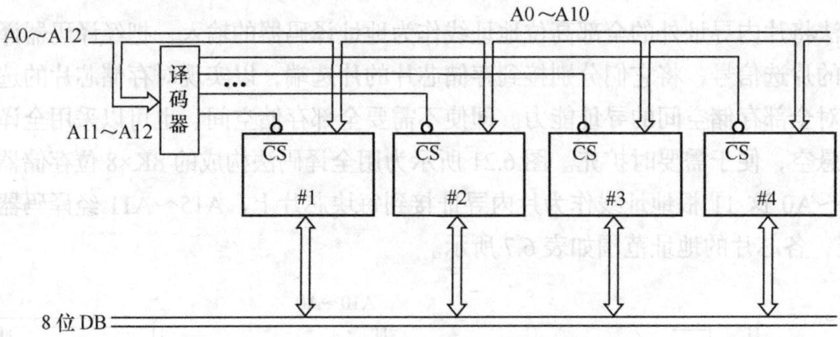

图 6.22 用部分译码法构成的存储器连接图

6.5 CPU 与存储器的连接

6.5.1 CPU 与存储体连接时需解决的问题

1. 芯片选择

单片存储芯片容量是有限的，在微机主存系统中，需要扩充多块芯片构成一定容量的存储器，所以就存在芯片选择问题。在选片过程中，要考虑芯片容量、总存储容量、时序匹配等问题。

2. CPU 与存储芯片的时序验算

CPU 在取址和存储器读或写操作时是有固定时序的，并由此来确定对存储器存取速度的要求。在存储器已经确定的情况下，是否需要插入等待周期，以及如何实现，都要具体分析。

3. 地址分配与连接

主存储器通常分为 RAM 和 ROM 两部分，而 RAM 又要分成系统区（机器的监控程序或操作系统占用的区域）和用户区，用户区又要分成数据区和程序区。所以内存的地址分配问题十分重要。地址分配完成以后，就要进入连接阶段。由于目前的存储器芯片单片容量有限，总要用许多芯片才能组成一个存储器，所以在选好所需芯片，地址分配完成以后，就要考虑使用译码的方法产生片选信号，并连接于对应芯片上。

4. 数据线的连接

数据线是 CPU 与存储器交换信息的通路，它的连接要考虑驱动问题及字长。在需要存储芯片较多的系统中，要加总线驱动，而字长要扩展到系统要求的水平。如使用 1K×4 的芯片构成 8K×8 的存储器，则在数据线连接时，两片芯片中一片接至数据总线的 D0～D3，而另一片接至 D4～D7，这样构成一组，然后各组的数据线并联即可。

5. 控制信号的连接

CPU 在与存储器交换信息时，主要有以下几个控制信号：读/写信号、存储器选择信号等。以 8086/8088 CPU 为例，主要有 $\overline{RD}$ 、 $\overline{WR}$ 、M/$\overline{IO}$（对 8086 为 M/$\overline{IO}$，8088 为 $\overline{M}$/IO）。这些信号如何与存储器要求的控制信号相连，以实现所需的控制。

6. 负载能力的验算

CPU 在设计时，一般输出线的直流负载能力为带一个 TTL 负载。现在存储器都为 MOS 电路，直流负载能力很小，主要的负载是电容负载，所以在小型系统中，CPU 可以直接和存储器相连。而较大的系统中，就要考虑 CPU 的驱动能力，需要时要加缓冲器，由缓冲器来提高负载能力。

6.5.2 8 位 CPU 与存储器的连接

8 位 CPU 有 16 根地址线 A15～A0，8 根数据线 D7～D0。CPU 可接访问的空间为 64K，地址范围为 0000H～FFFFH，容量扩展存储器的类型可以是 ROM 和 RAM。下面举例说明 ROM、RAM 与 8 位 CPU 连接问题。

1. ROM 与 8 位 CPU 的连接

设某系统需扩展 6KB 的 ROM，地址范围安排在 0000H～17FFH，选用 3 片 EPROM 2716 构成。

2716 的容量 2K×8 位，8 根数据线，11 根地址线，CPU 地址总线 A10～A0 与芯片的地址线直接接连，高位地址线 A15～A11 通过译码器 74LS138 产生，且 3 片 2716 的高位地址分别为 00000、00001、00010。选择 A13、A12、A11 作为 3 位输入端，并保证 A15、A14 分别低电平，M/$\overline{IO}$ 为低电平有效，2716 与 8 位 CPU 的连接线路示意图如图 6.23 所示。

2. 静态 RAM 与 8 位 CPU 连接

利用 2114 静态 RAM 构成 4K×8 位存储，其地址范围 2000H～2FFFH。2114 是 1K×4 位的芯片，故需要 2 片 2114 按位扩展成 1K×8 的存储器组，4 个存储器组组成 4K×8 位的存储器。2114 有 10 根地址线可与地址总线 A9～A0 连接，有 4 根数据线，每组两片分别与数据总线高 4 位及低 4 位连接。高位地址为 A15～A10，4 组 2114 的高位地址分别是 001000、001001、001010、001011，使用译码器 74LS138，选取 A13A11A10 作译码器的输入端 C、B、A，其余 A15A14A12 保证低电平有效，2114 与 8 位 CPU 的连接示意图如图 6.24 所示。

3. ROM、RAM 与 8 位 CPU 连接

某 8 位微处理器有地址线 16 根，数据线 8 根，存储器请求控制信号为 $\overline{MREQ}$，读控制信号 $\overline{RD}$，写控制信号 $\overline{WR}$，试为该 CPU 设计一存储器，要求扩展 ROM 6KB，地址从 0000H 开始（连续），RAM 16KB，地址从 4000H 开始（连续）。

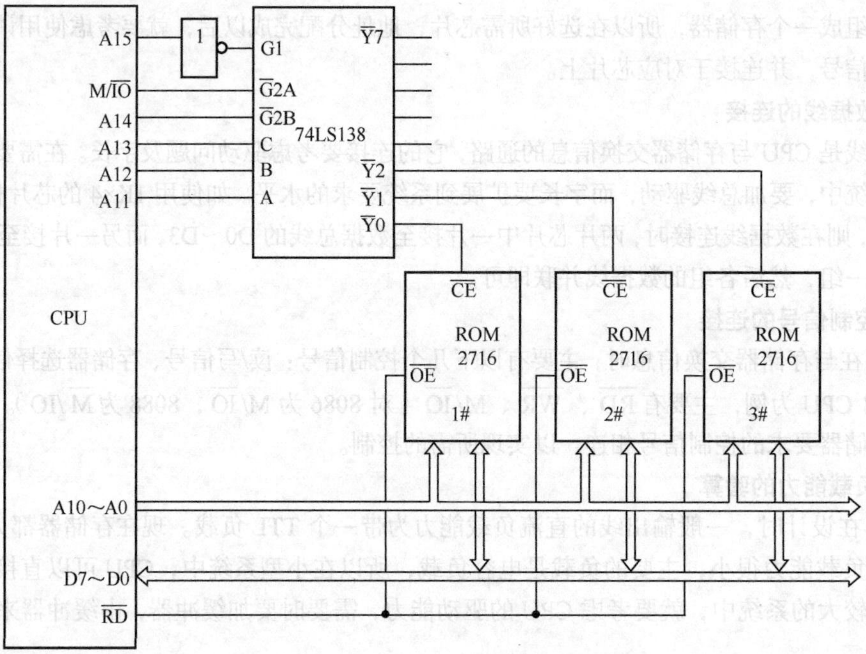

图 6.23　2716 与 8 位 CPU 的连接示意图

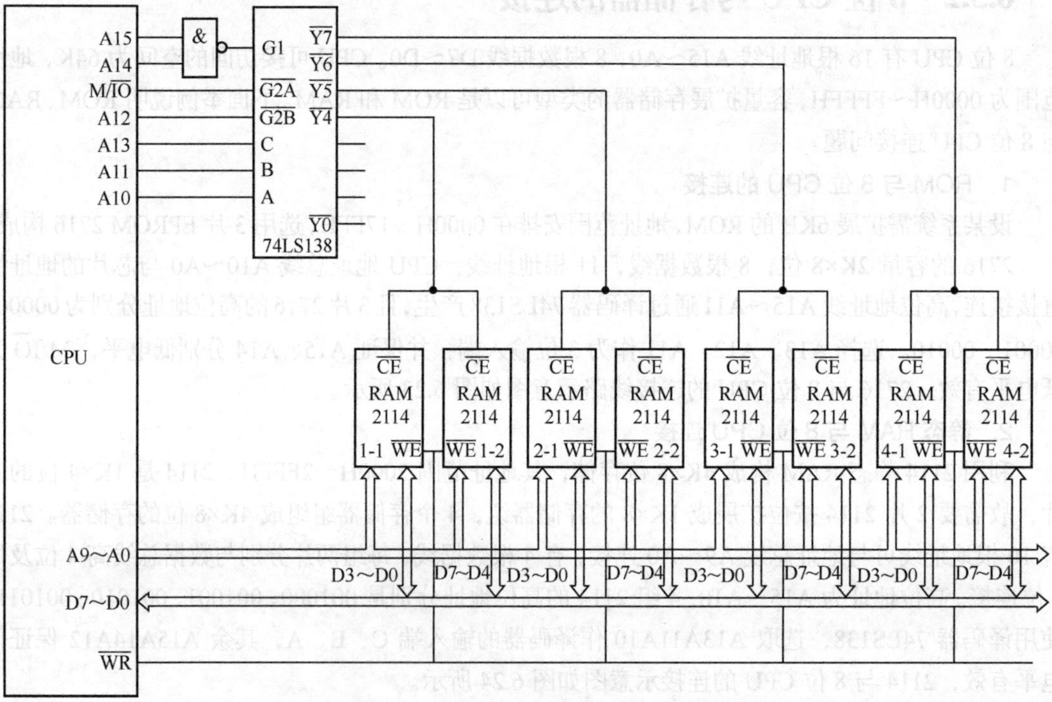

图 6.24　2114 与 8 位 CPU 的连接示意图

（1）芯片选择。

系统扩展 ROM6KB，可选 4K×8 EPROM（2732）与 2K×8 EPROM（2716）各一片。

扩展 RAM 可选 8K×8 SRAM（6264）2 片。ROM、RAM 与 8 位 CPU 的连接示意图如图 6.25 所示。

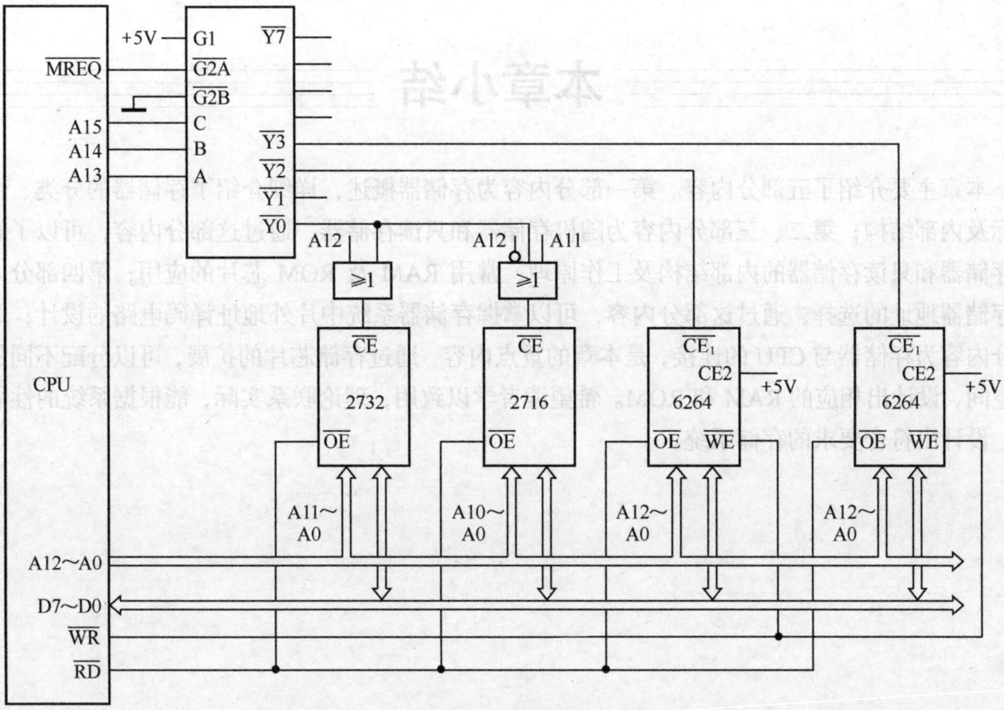

图 6.25　ROM、RAM 与 8 位 CPU 的连接示意图

（2）地址分配与连接。

低位地址线直接与芯片地址线相连，高位地址 A15A14A13 产生片选信号。ROM、RAM 与 8 位 CPU 连接地址分配如表 6.8 所示。

表 6.8　　ROM、RAM 与 8 位 CPU 连接地址分配表

	A15	A14	A13	A12	A11	A10	A9	A8	A7	A6	A5	A4	A3	A2	A1	A0	地址范围
2732	0	0	0	0	0	0	0	0	0	0	0	0	0	0	0	0	0000H
	0	0	0	0	1	1	1	1	1	1	1	1	1	1	1	1	0FFFH
2716	0	0	0	1	0	0	0	0	0	0	0	0	0	0	0	0	1000H
	0	0	0	1	0	1	1	1	1	1	1	1	1	1	1	1	17FFH
6264	0	1	0	0	0	0	0	0	0	0	0	0	0	0	0	0	4000H
	0	1	0	1	1	1	1	1	1	1	1	1	1	1	1	1	5FFFH
6264	0	1	1	0	0	0	0	0	0	0	0	0	0	0	0	0	6000H
	0	1	1	1	1	1	1	1	1	1	1	1	1	1	1	1	7FFFH

（3）数据线的连接。

芯片 8 位数据线与数据总线直接接连。

（4）控制信号连接。

$\overline{\text{MREQ}}$ 与译码器使能端接连，保证存储访问向导芯片工作，CPU 写信号 $\overline{\text{WR}}$ 与芯片 $\overline{\text{WE}}$ 信号接连，CPU 的读信号 $\overline{\text{RD}}$ 与芯片输出线 $\overline{\text{OE}}$ 接连。

本章小结

本章主要介绍了五部分内容。第一部分内容为存储器概述，详细介绍了存储器的分类、性能指标及内部结构；第二、三部分内容为随机存储器和只读存储器，通过这部分内容，可以了解随机存储器和只读存储器的内部结构及工作原理，常用 RAM 及 ROM 芯片的应用；第四部分内容为存储器地址的选择，通过这部分内容，可以掌握存储器系统中片外地址译码电路的设计；第五部分内容为存储器与 CPU 的连接，是本章的重点内容，通过存储芯片的扩展，可以分配不同的地址空间，设计出相应的 RAM 和 ROM。希望读者学以致用，理论联系实际，能根据系统的性能指标，设计出符合要求的存储系统。

第7章 接口及其编程策略

接口就是微处理器与外部设备之间、微处理器与存储器之间，或者外部设备之间，或者微型计算机之间通过系统总线进行连接的逻辑电路，是信息交换的中转站。要使各种外部设备正常工作，需设计正确的接口电路，并结合软件程序对此硬件接口及外部设备进行控制，使外部设备能被微处理器联络与控制，有效可靠地完成数据的输入输出工作。

本章将主要介绍微型计算机硬件接口的基本知识，传送方式及程序设计方法。

7.1 接口概述

外部设备是微机系统的重要组成部分。首先，任何计算机必须有一条接收指令和数据的通道，才能接收外界的信息来进行处理，这就必须要有输入设备，如键盘、操纵杆、鼠标、光笔、触摸屏和扫描仪等。如果没有输入设备，计算机就相当于人没有任何感知能力。另外，处理的结果必须送给要求进行信息处理的人或设备，因此还必须有输出设备，如 CRT 显示终端、打印机和绘图仪等。

为了将计算机应用于数据采集、参数检测和实时控制等领域，则必须向计算机输入反映测控对象的状态和变化的信息，经过中央处理器处理后，再向控制对象输出控制信息。这些输入信息和输出信息的表现是千差万别的，可能是开关量或各种不同性质的模拟量，如温度、湿度、压力、流量、长度、刚度和浓度等。因此需要把各种传感器和执行机构与微处理器或微机连接起来。所有这些设备称为外部设备或输入/输出设备（I/O 设备）。

7.1.1 接口电路的必要性

微型计算机系统的数据读写包括两部分内容：存储器的读写与输入输出设备的读写。存储器用来存放计算机系统工作时所要计算和处理的程序及数据，而外部输入输出设备负责计算机程序与数据的输入，以及运算结果的输出显示等必不可少的工作。输入输出设备一般不和微机内部直接相连，而是必须通过 I/O 接口电路与微机内部进行信息交换，如图 7.1 所示。为什么输入输出设备不能像内存那样直接连接到数据总线、地址总线和控制总线呢？

存储器都是用来保存信息的，功能单一，传送方式单一（一次必定是传送 1 个字节或者 1 个字），品种很有限（只有只读类型和可读/可写类型），存取速度基本上和 CPU 的工作速度匹配，通常在 CPU 的同步控制下工作，因此其控制比较简单。如果仍由 CPU 直接管理外部设备，则存在以下问题：

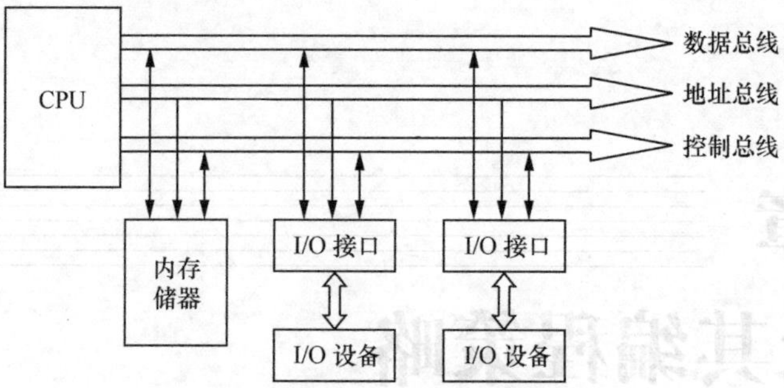

图 7.1　典型微机系统的结构框图

1. CPU 效率变低

一般外设的速度通常比 CPU 速度低得多，而某一时刻 CPU 只能与一个外设交换数据。如果由 CPU 直接管理和控制外设，包括选定设备、启动设备、转换信息、装配与拆卸数据、修改外设地址、检测和判断信息是否结束等，这些操作都由主机按程序进行，而且每交换一次信息就需要按上述过程循环一次，直到所交换的信息完成之后，主机才能做下一步的工作，大大降低了 CPU 的工作效率。所以要解决 CPU 分时工作时外设的选中问题及速度匹配问题，就要设置起缓冲与联络作用的接口电路。

2. 外设及交换信息多样化

由于外设品种繁多，且不同种类的外设提供的信息格式、电平高低和逻辑关系各不相同，这就要求主机对所用的每种外设要配置一套相应的控制和逻辑电路，使得主机对外设的控制电路非常复杂。

（1）电平格式不同

CPU 使用的信号都是 TTL 电平，而有些外设往往不能用 TTL 电平驱动，还有些复杂的机电式外设必须有自己的电源和信号电平；

（2）传输方向不同

外部设备有输入设备，输出设备，及输入设备/输出设备；

（3）传输方式不同

CPU 经系统总线传送的通常是 8 位、16 位或 32 位并行数据，有些外设采用并行数据，而有些外设则是串行设备，需要将串行设备提供的串行信息转换成并行信息，才能送给 CPU，反之，接收设备也需 CPU 的并行数据转化为串行数据才能进行传送；

（4）信息格式不同

CPU 是典型的数字电路，有些外设是数字量或开关量，而有些外设使用的是模拟量，采用电流量或电压量，都必须经过转换电路变成数字信息与 CPU 进行交换。

因此，在 CPU 与外部设备之间必须有信息转换接口。

3. 时序不匹配

CPU 的各种操作都是在统一的时钟信号作用下完成的，各种操作都有自己的总线周期，而各种外设也有自己的定时与控制逻辑，大都与 CPU 时序不一致。因此各种各样的外设不能直接与 CPU 的系统总线相连。

7.1.2　接口电路的功能

接口电路的基本功能是在计算机系统总线和 I/O 设备之间传输信号，提供联络、数据转换及缓冲功能，以满足时序要求。外设的多样性，必然导致接口电路的多样性，一般来说，CPU与I/O设备之间的接口应具有以下功能。

1. 基本功能

（1）译码选址

在微机系统中一般带有多台外设，并且一个接口中还具有几个不同端口，CPU在某一时刻只能与一台外设或一个端口进行数据交换。这就要求在接口中对I/O设备进行寻址，选定需要交换信息的设备。

（2）数据缓冲功能

由于计算机与外设的工作速度存在很大的差异，为使两者之间的信息交换取得同步，所以接口需要对传输的数据加以缓冲或锁存。在接口电路中一般设置一个或几个数据缓冲寄存器，以补偿各设备的速度差，起到速度匹配的作用。

2. 数据转换功能

对于电平格式不同的外设，接口应具有电平转换功能。

对于传输方式不同的外设，需分别考虑。对于串行数据处理的外设，则要求其接口应具有数据格式的串/并转换及并/串转换的能力。对于并行传送，还要考虑数据宽度与CPU的匹配问题。

对于输入输出模拟量的外设，接口电路应具有模/数转换或者数/模转换功能，使之能与CPU进行数据交换。

3. 控制功能

（1）时序控制功能

为实现计算机与外设的时序匹配，要求接口电路应具备复位功能，使接口电路及所接外设能重新启动；对于信号同步，要求接口电路有时钟发生器，产生所需的同步时钟。

（2）联络控制功能

计算机与外设进行信息传送时，必须掌握外设的工作状态，才能准确无误的传送。所以，接口应提供微机与I/O设备间交换数据所需的控制和状态信号。

（3）可编程功能

可编程功能指用软件方便地实现接口功能的设定。对于一些通用的、功能齐全的电路，应该具有可编程能力，根据不同的场合使接口具有不同的工作方式、起到不同的作用。

（4）错误检测功能

在接口电路中，经常需要考虑错误检测问题，如数据传输错误和覆盖错误。数据传输错误是由外部干扰造成的，可采用奇偶校验予以消除；覆盖错误是由于传输速度不当引起的，接口应能检测出错误，以便正确传输。

（5）中断控制功能

对于要求实时性比较高、主机与外设并行工作的场合，需要采用中断传送方式，这就需要接口电路具有中断控制功能。

此外，在接口电路中还有DMA控制等功能。当然，由于外部设备的多样性，必然导致接口电路的多样性。对应某个具体的接口电路，应该具体分析和设计，可能只具有部分功能，就能满足其外设与CPU连接的需求。

7.1.3 接口的逻辑结构

不同的外设需要不同特殊功能的接口芯片，不同功能的接口电路可根据需要用中、小规模集成电路来设计实现，现在通常是集成在一块大规模或超大规模集成电路芯片上，因而常被称为接口芯片。其功能虽各有不同，但与CPU及外设相连接示意图均如图7.2所示。

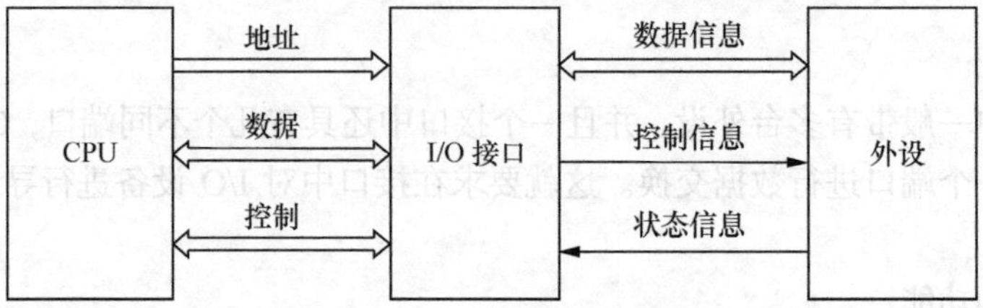

图7.2　CPU与外设之间的接口

1. CPU与外设之间传送的信息

如图7.2所示，CPU与I/O接口通过三总线（数据总线，地址总线，控制总线）相连接，以实现寻址、数据交换及控制功能。外设与接口之间交换的信息除了数据信息外，还有反映外设工作状态的状态信息和用于控制外设工作的控制信息。

状态信息表示外设当前所处的工作状态。对于输入设备来说，指的是输入设备是否准备好发送给CPU的数据，大多用“READY”作为状态名称。对于输出设备来说，指的是外设是否能接收CPU传送的数据，也指是否处理完上次传送的数据，大多用“BUSY”作为状态名称。例如打印机作为输出设备时，BUSY信号或“忙”信号表示数据缓冲区的数据是否处理完，是否接收CPU的数据信息。

控制信息是计算机发送给外设的，如外设的启动与停止信号。控制信息往往随着外设具体工作原理的不同而具有不同的含义。

数据信息、状态信息和控制信息在计算机和外设传送时都看成广义的数据信息，都是通过接口电路的数据总线与CPU相连。为使CPU能区分开读写的信息种类，数据信息、状态信息和控制信息都存放在接口的不同寄存器中，一般称这些寄存器为I/O端口，每个端口对应一个端口地址。

2. 接口的逻辑构成

不同功能接口其结构虽各有不同，但都是由端口和控制逻辑两大部分组成，每部分又包含几个基本组成部分，如图7.3所示。

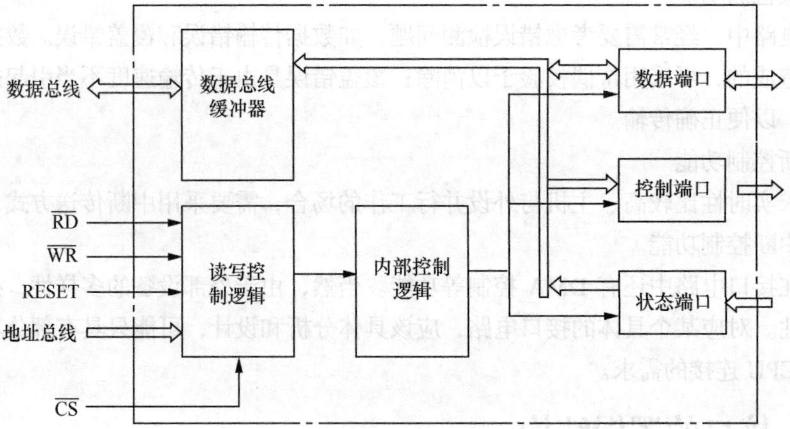

图7.3　接口电路逻辑结构

（1）端口

根据接口功能的不同，一个实际接口具有不同的端口。一般来说，对于输入设备的接口，具有数据输入端口、状态端口和控制端口；对于输出设备的接口，具有数据输出端口、状态端口和控制端口；对于既具有输入又具有输出功能的设备，则具备数据输入端口、数据输出端口、状态端口和控制端口等所有端口。

① 数据端口

用于存放数据信息的端口叫数据端口。它分为输入端口和输出端口两种。用于存放来自CPU和内存数据的数据寄存器叫做数据输出端口；用于存放送往CPU和内存数据的数据寄存器叫做数据输入端口。

数据输入端口的作用是将外设送来的数据暂时存放，以便处理器将它取走；数据输出端口的作用是用来暂时存放处理器送往外设的数据。有了数据端口，就可以在高速工作的CPU与慢速工作的外设之间起协调和缓冲作用，实现数据的同步传送。由于输入端口是接在数据总线上的，因此它必须有三态输出功能，而输出端口必须具有数据的锁存功能。

② 控制端口

用于存放CPU发往接口的控制信息，以便控制接口和外部设备工作的端口叫做控制端口。

控制寄存器用于确定接口电路的工作方式和功能。对于可编程的接口电路，可通过编程来选择或改变其工作方式和功能，其方式选择等控制字均写入控制端口，因此它是写寄存器，其内容只能由处理器写入，而不能读出。

③ 状态端口

用于存放外设或接口部件本身的状态信息的端口，叫做状态端口。通过对状态端口的访问，可以检测外设和接口部件的当前工作状态，掌握其工作情况，以便对外设进行正确操作。

状态寄存器的内容可以被处理器读出，从而使CPU了解外设及数据传送过程中正在发生或最近已经发生的情况，做出正确的判断，使它能安全可靠地与接口完成交换数据的各种操作。特别是当CPU以程序查询方式同外设交换数据时，状态端口更是必不可少的。

（2）控制逻辑

为了保证处理器和外设通过接口正确地传送数据，接口电路必须包括下面几种控制逻辑电路。

① 读写控制逻辑

用于将片选信号与地址信号译码，正确选择接口电路内部的各端口寄存器，保证一个端口寄存器对应唯一的端口地址码。同时接收读写控制信号，实现正确的I/O操作。

② 数据总线缓冲器

数据总线缓冲器用于实现接口芯片内部总线和处理器外部总线的连接。如接口的数据总线可直接和系统的数据总线相连接。

③ 内部控制逻辑

内部控制逻辑用于产生一些接口电路内部的控制信号，实现系统控制总线与内部控制信号之间的交换。

另外，一些接口电路还有对外联络控制逻辑，用于产生与接收CPU和外设之间数据传送的同步信号。这些联络握手信号包括微处理器的终端请求响应、总线请求和响应以及外设的准备、就绪和选通等控制与应答及复位信号等。

当然，并非所有接口都具备上述全部组成部分。但一般来说，数据缓冲器和读写控制逻辑是接口电路中的核心部分，任何接口都不可缺少。其他部分是否需要，则取决于接口功能的复杂程度和 CPU 与外设的数据传送方式。

7.1.4 接口电路的硬件设计方法

如何有效实现 CPU 与外设之间的数据交换，设计接口电路的一般做法是分析接口两侧的情况，在此基础上，考虑 CPU 总线与 I/O 设备之间信号的转换，合理选用 I/O 接口芯片，并进行硬件连接。

1. 合理选用 I/O 接口芯片

由于现代微电子技术的成就和集成电路的发展，目前各种功能的接口电路都采用中大规模集成芯片代替过去的小规模数字电路。因此，在接口设计中，通常不需要繁杂的电路参数计算，经过对接口两侧信号的分析，找出两侧信号的差别之后，设法进行信号转换与改造，使之协调。经过改造的信号线，在功能定义、逻辑关系和时序配合上，能同时满足两侧的要求，在熟练地掌握和深入了解各类芯片的功能、特点、工作原理、使用方法及编程技巧基础上，根据设计要求和经济准则，合理选择芯片。

2. 电路连接

应从 CPU 和外设的连接方面分别考虑。

（1）数据总线连接

分析 CPU 的类型及其数据总线的宽度（8 位、16 位、32 位等），结合外设的数据形式及宽度，从而选择接口与 CPU 相连接的数据总线是哪些位。

（2）端口地址确定

根据 CPU 能提供的端口地址分配情况，决定用户能使用的端口地址范围。在一个计算机系统中，每个端口地址是唯一的。微机中端口的编址方式通常有存储器统一编址和 I/O 独立编址两种，常称为统一编址与独立编址。

① 统一编址方式

存储器统一编址，即从存储空间中划出一部分地址给 I/O 端口。例如图 7.4 为 I/O 端口与存储器统一编址的示意图，在 0000～FFFFH 的地址范围内，0000～EFFFH 为内存地址范围，F000H～FFFFH 为 I/O 端口地址范围。CPU 访问端口和访问存储器的指令在形式上完全相同，只能从地址范围来区分两种操作。MCS51/96 系列单片机，MOTOROLA 公司生产的各档微处理器，如 6800/68000 系列、6502 系列等，CPU 就是采用这种 I/O 编址方式。

统一编址的主要优点：

A. 不需设 I/O 专用指令，对端口操作的指令类型多、功能全，不仅能对端口进行数据传送，还可以对端口内容进行算术逻辑运算和移位运算；

B. 编址空间较大，可以使外设数目或 I/O 寄存器数目几乎不受限制，而只受总存储容量的限制。

缺点：

A. 端口占用存储器的地址空间，使存储器的可用地址空间变小；

B. 端口指令的长度增加，执行时间变长；由于访问 I/O 与访问存储器的指令一样，在程序中不易分清楚是访问 I/O 端口还是访问存储器，使得阅读困难；

C. 识别一个 I/O 端口，必须对全部地址线译码，这样不仅增加了地址译码电路的复杂性，使执行外设寻址的操作时间也相对增长。

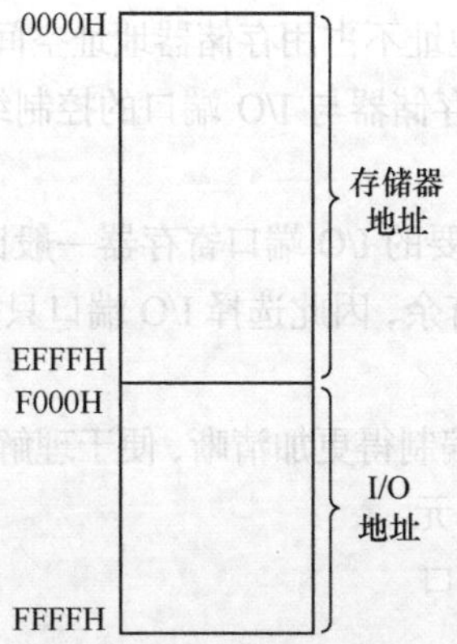

图 7.4　存储器统一编址

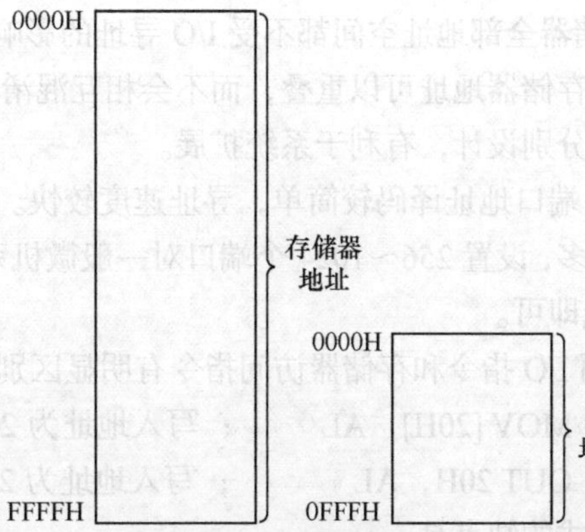

图 7.5　I/O 独立编址

电路连接的特点是，端口地址一般由高位地址经译码电路形成的片选端（或使能端）来确定，或者由片选端（或使能端）与接口电路芯片所提供的地址位共同确定。

例 7.1　三态门芯片 74LS244 常用来作为典型的输入接口。74LS244 是 8 路 3 态缓冲驱动，有 8 个输入端 1A1～1A4，2A1～2A4，8 个输出端 1Y1～1Y4，2Y1～2Y4。$\overline{1G}$ 和 $\overline{2G}$ 为低电平有效的使能端。图 7.6 所示，74LS244 作为开关的接口电路。

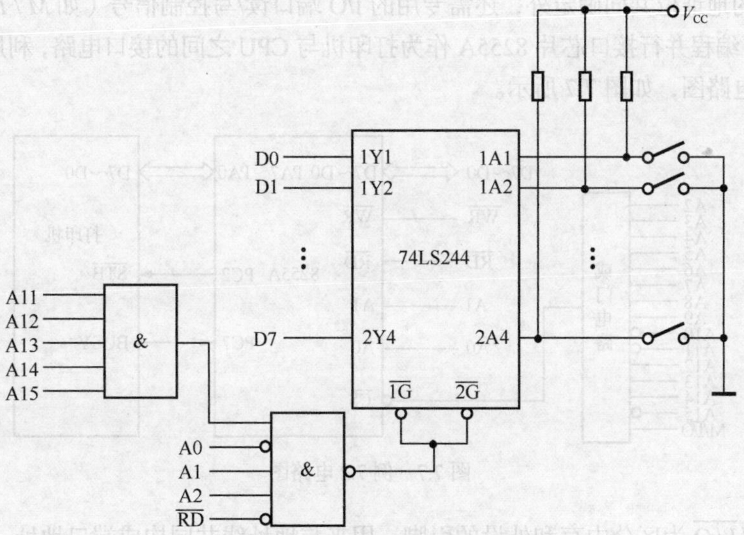

图 7.6　例 7.1 电路图

图 7.6 中，74LS244 的端口地址采用的是部分地址译码，地址会重复，为使 $\overline{1G}$ 和 $\overline{2G}$ 为有效的低电平，所形成的基本地址为 0F806H。

② 独立编址方式

这种编码方式中，接口中的端口地址单独编址，而不和存储空间合在一起，即两者的地址空间是相互独立的。例如图 7.5 为独立编址方式，存储器的可寻址空间为 0000H～FFFFH，I/O 端口地址为 0000H～0FFFH，两者地址可以重叠，而由专门的 I/O 指令来区分访问的对象。PC 系列计算机和大型计算机中通常采用这种方式。8086 CPU 就采用这种编址方式，内存寻址空间为 1M 字节，外设可寻址 64K 字节。

这种编址方式的优点是：

A. 存储器全部地址空间都不受 I/O 寻址的影响。I/O 端口地址不占用存储器地址空间。故 I/O 端口地址和存储器地址可以重叠，而不会相互混淆。并且由于存储器与 I/O 端口的控制结构相互独立，可以分别设计，有利于系统扩展。

B. I/O 端口地址译码较简单，寻址速度较快。由于系统需要的 I/O 端口寄存器一般比存储器单元要少得多，设置 256～1024 个端口对一般微机系统已绰绰有余，因此选择 I/O 端口只需用 8～10 根地址线即可。

C. 专用 I/O 指令和存储器访问指令有明显区别，可使程序编制得更加清晰，便于理解和检查。

例如：

```
MOV [20H], AL      ; 写入地址为 20H 的内存单元
OUT 20H, AL        ; 写入地址为 20H 的 I/O 端口
```

这种方式的缺点是：

A. 需专用的 I/O 指令，但其类型少，远不如存储器访问指令丰富，使程序设计的灵活性较差；且使用 I/O 专用指令一般只能在累加器和 I/O 端口间交换信息，处理能力不如统一编址方式强。

B. 必须要用控制线来区分是寻址内存还是外设。例如，需提供存储器读/写及 I/O 端口读/写两组控制信号，这不仅增加了控制逻辑的复杂性，而且对于引脚线本来就紧张的 CPU 芯片来说是个负担。

电路连接的特点是，端口地址除了由高位地址经译码电路形成的片选端（或使能端）、接口电路芯片所提供的地址位共同确定外，还需专用的 I/O 端口读/写控制信号（如 $M/\overline{IO}$ 等引脚）。

例 7.2 可编程并行接口芯片 8255A 作为打印机与 CPU 之间的接口电路，利用独立编址来实现地址分配的电路图，如图 7.7 所示。

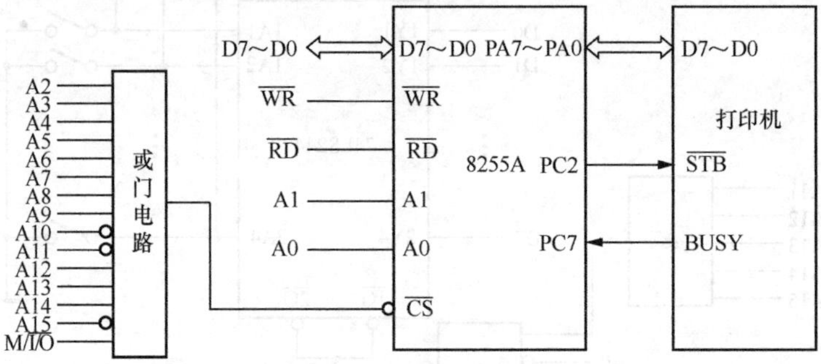

图 7.7 例 7.2 电路图

图中的 $M/\overline{I/O}$ 为区分内存和外设的引脚，用来与地址线共同构成端口地址。8255A 的地址由片选端 $\overline{CS}$ 与 A1，A0 端（00～11 四种组合）共同形成，因此可形成的端口地址为：8C00H（A 口），8C01H（B 口），8C02H（C 口），8C03H（控制口）。其中数据端口采用 8C00H（A 口），控制端口与状态端口公用地址 8C02H（C 口）。

例 7.3 可编程并行接口芯片 8255A 作为七段显示数码管 LED 灯与 CPU 之间的接口电路，利用独立编址来实现地址分配的电路图，如图 7.8 所示。

系统中外设较多的情况下，大多利用 74138 作为译码电路，$M/\overline{IO}$ 可同时参加译码，这里形成的端口地址为 E0H（A 口），E1H（B 口），E2H（C 口），E3H（控制口）。其中状态端口采用 B 口 E1H，数据端口仍然为 A 口 E0H。

另外 $M/\overline{IO}$ 也可与 $\overline{RD}$，$\overline{WR}$ 共同构成 $\overline{IOR}$，$\overline{IOW}$ 信号接入系统。如例 7.4 所示。

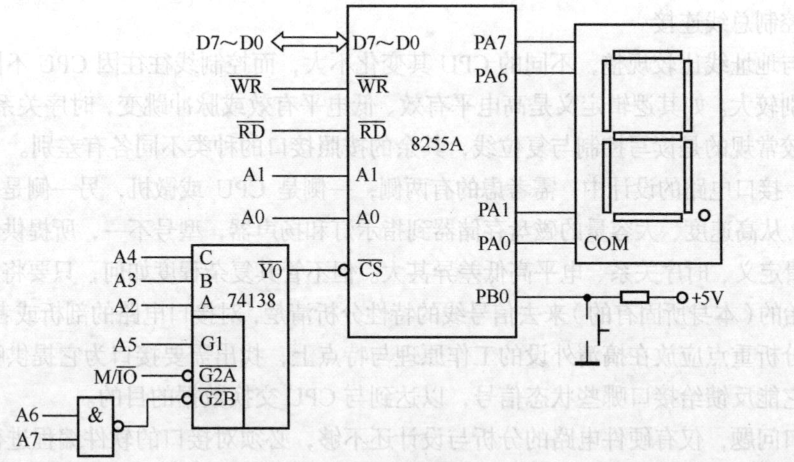

图 7.8　例 7.3 电路图

例 7.4　三态输出的八位锁存器 74LS373 常作为输出接口来使用。当锁存允许端 LE 为高电平时，Q 随数据 D 而变。当 LE 为低电平时，D 被锁存在已建立的数据电平。当三态允许控制端 $\overline{\mathrm{OE}}$ 为低电平时，Q0～Q7 为正常逻辑状态，可用来驱动负载或总线。当 $\overline{\mathrm{OE}}$ 为高电平时，Q0～Q7 呈高阻态，即不驱动总线，也不为总线的负载，但锁存器内部的逻辑操作不受影响。

图 7.9 所示，利用 74LS244 构成一个输入端口，74LS373 构成输出端口，这里输入与输出共用一个地址 0F8H（部分译码，地址有重复）。利用读写指令来区分访问端口。

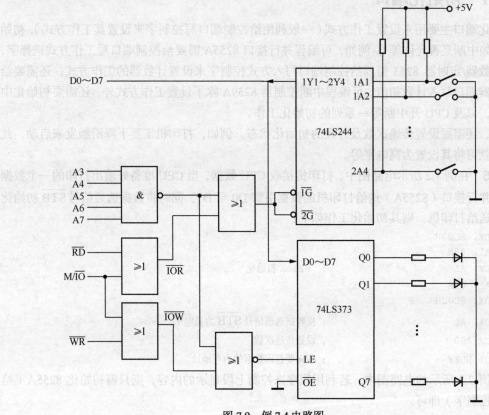

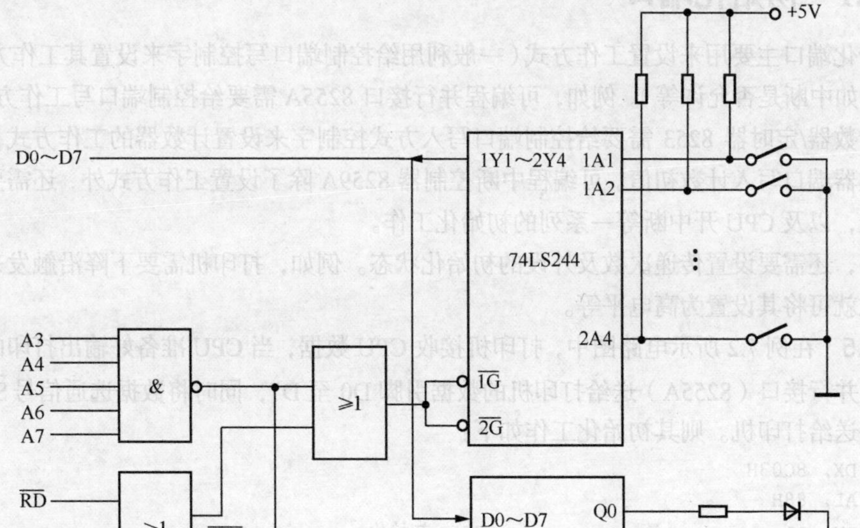

图 7.9　例 7.4 电路图

（3）控制总线连接

数据与地址线比较规整，不同的 CPU 其变化不大，而控制线往往因 CPU 不同，其定义与时序配合差别较大。如其逻辑定义是高电平有效、低电平有效或脉冲跳变，时序关系有什么特点等。控制线比较常规的是读写控制与复位线，其余的按照接口的种类不同各有差别。

总之，接口电路的设计中，需考虑的有两侧，一侧是 CPU 或微机，另一侧是外设。外设因为种类繁多，从高速度、大容量的磁盘存储器到指示灯和扬声器，型号不一，所提供的信号线五花八门，其逻辑定义、时序关系、电平高低差异甚大。但不管其复杂程度如何，只要将它们的工作原理及各自原始的（本身所固有的）来去信号线的特性分析清楚，对接口电路的剖析或者设计也就不难。

因此分析重点应放在搞清外设的工作原理与特点上，找出需要接口为它提供哪些信号才能正常工作，它能反馈给接口哪些状态信号，以达到与 CPU 交换数据的目的。

对接口问题，仅有硬件电路的分析与设计还不够，必须对接口的软件编程进行分析，而接口的软件编程是与硬件结构紧密相联的，相辅相成才能完成工作。

7.2 I/O 程序设计方法

接口电路要工作，必须有软件的支持。典型的软件工作过程包括：初始化端口、传送数据、端口结束设置、后续数据处理四部分。

7.2.1 初始化端口

初始化端口主要用来设置工作方式（一般利用给控制端口写控制字来设置其工作方式），初始条件（例如中断是否允许等）。例如，可编程并行接口 8255A 需要给控制端口写工作方式选择字，可编程计数器/定时器 8253 需要给控制端口写入方式控制字来设置计数器的工作方式，还需要给所用计数器端口写入计数初值。可编程中断控制器 8259A 除了设置工作方式外，还需要初始化中断向量表，以及 CPU 开中断等一系列的初始化工作。

另外，还需要设置传递次数及外设的初始化状态。例如，打印机需要下降沿触发来启动，此时初始化就可将其设置为高电平等。

例 7.5 在例 7.2 所示电路图中，打印机接收 CPU 数据，当 CPU 准备好输出打印的一个数据时，通过并行接口（8255A）送给打印机的数据引脚 D0 至 D7，同时将数据选通信号 $\overline{STB}$ 初始化为高电平送给打印机。则其初始化工作如下：

```
MOV DX, 8C03H
MOV AL, 88H
OUT DX, AL                    ; 8255A 初始化
MOV AL, 05H
MOV DX, 8C02H
OUT DX, AL                    ；使数据选通信号 STB 为高电平
MOV CX,200                    ；设置传递次数
LEA DI,BUFF                   ；指向要打印数据的内存地址
```

而在例 7.3 所示的电路图中，若利用程序来控制七段显示的内容，则只需初始化 8255A（给 8255A 写控制字）即可。

对于例 7.1 与例 7.4 中所示简单接口电路，因不是可编程芯片，因此无需设置工作方式，只需

对外设进行设置，或对传递信息进行初始化即可。

7.2.2 传送数据

初始化完成后进行外设与计算机间的信息交换，这实际上是 CPU 与接口之间的数据传送。传送的方式不同，CPU 对外设的控制方式也不同。CPU 与 I/O 设备之间传输数据的控制方式一般有无条件传送方式、查询传送方式（这两种被合称为程序控制方式）、中断方式、直接存储器存取（DMA）方式。

1．无条件传送方式

无条件传送方式又称同步传送方式，这是一种最简单的传送方式，其特点是：输入时假设输入设备数据已经准备好，输出时假设输出设备是空闲的。流程图如图 7.10 所示。

通常采用的办法是：在启动输入/输出传送时，CPU 无须考虑 I/O 设备状态，直接使用指令在 CPU 与 I/O 接口间进行数据传送。也可把 I/O 指令插入到程序中，当程序执行到该 I/O 指令时，外设必定已为传送数据做好准备，于是在此指令时间内完成数据传送任务。当外设比较少时，也可以加延时程序来保证外设已准备就绪后，再进行传送。这种方式就像要为同学送一本书，你确定同学在十二点时一定在宿舍，所以自己先做别的事情，等到十二点时去送书。这时你就是处理器，同学就是接口电路了。

无条件传送是最简便的传送方式，主要用于外设的定时是固定的并且是已知的场合。它所需的硬件和软件都较少。一般情况下，使用无条件传送方式输入时需加缓冲器，输出时需加锁存器。例如例 7.1 或 7.4 的电路图都是无条件传送的典型电路。

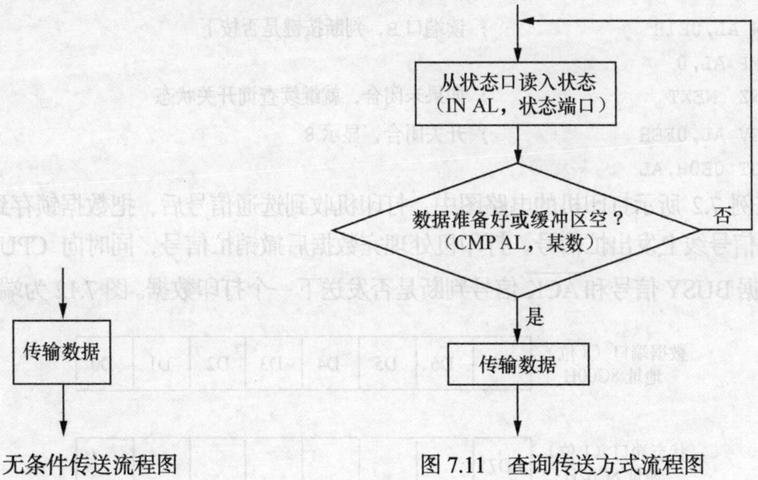

图 7.10　无条件传送流程图　　图 7.11　查询传送方式流程图

例 7.6　如例 7.4 所示电路图中，读开关状态，显示在发光二极管上。程序如下：

```
NEXT:  IN AL,0F8H           ；读开关状态
       OUT 0F8H,AL          ；写入 74LS244 及发光二极管
       JMP NEXT
```

例 7.7　如例 7.4 所示电路图中，如要控制 8 个 LED 灯按照七暗一亮、从上至下进行循环，则传送数据程序如下：

```
       MOV AL, 10000000B        ；初始化为 Q7 所接灯亮
NEXT： OUT 0F8H,AL
       RAR AL,1                 ；灯的状态右移一次
```

```
JMP NEXT
```

但是因为程序执行时间很短，人眼往往分辨不出来灯的循环亮灭，所以一般在输出数据后添加适当的延时程序。另外 CPU 为达到无条件传送的要求，在外设较少的情况下，也常采用延时的方法来协调低速外设的工作。

2. 查询传送方式

CPU 与 I/O 设备的工作往往是异步的，很难保证当 CPU 执行输入操作时，外设已把要输入的信息准备好了；而当 CPU 执行输出时，外设的寄存器（用于存放 CPU 输出数据的寄存器）一定是空的。所以，通常程序控制的传送方式在传送之前，必须要查询一下外设的状态，当外设准备就绪了才传送；若未准备好，则 CPU 等待。图 7.11 所示是使用查询传送方式传输的流程图。这种方式同样像你为同学送一本书，却不确定他什么时候回到宿舍，所以发短信问他到宿舍没有，他回复没有，再次问，直到他回复回来为止，你立刻去送书。

这种传送方式由于是 CPU 主动，所有 I/O 传送都与程序的执行严格同步，因此能很好地协调 CPU 与外设之间的工作，数据传送可靠。这种方式适用于工作速度不规则的外设，查询程序也不复杂。条件传送方式的接口比较简单，硬件电路不多，较之无条件传送方式，只需要添加供 CPU 查询外部设备状态的电路就可以构成。接口中至少有两个端口，一个为数据端口，另一个为状态端口，一般只需一位，用来指示外部设备是否准备就绪。如例 7.2 中与例 7.3 中所示电路均可作为查询方式的硬件电路，如把例 7.4 中数据输入端口只选择一位来作为状态端口的话，也可以实现查询式传送方式。

例 7.8 在例 7.3 所示七段显示电路图中，如开关闭合，则显示 8，否则就不显示。（七段显示为共阴极）程序如下：

```
NEXT:   IN AL,0E1H          ；读端口 B，判断按键是否按下
        CMP AL,0
        JNZ  NEXT           ；如果未闭合，就继续查询开关状态
        MOV AL,0FEH         ；开关闭合，显示 8
        OUT 0E0H,AL
```

例 7.9 在例 7.2 所示打印机的电路图中，打印机收到选通信号后，把数据锁存到内部缓冲区。同时在 BUSY 信号线上发出忙信号。打印机处理完数据后撤销忙信号，同时向 CPU 发送响应信号 $\overline{ACK}$，CPU 根据 BUSY 信号和 $\overline{ACK}$ 信号判断是否发送下一个打印数据。图 7.12 为端口设置及地址。

数据端口（8 位）地址 8C00H	D7	D6	D5	D4	D3	D2	D1	D0
状态端口（1 位）地址 8C02H	D7							
控制端口（1 位）地址 8C02H						D2		

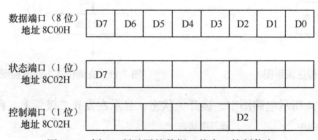

图 7.12 例 7.2 所示图的数据、状态、控制信息

```
L1:  MOV BL,[DI]            ；从 BUFF 中取数据
L2:  MOV DX,8C02H           ；设置状态端口地址
     IN AL,DX               ；读状态端口，查看 BUSY 信息
     TEST AL,80H            ；检测状态端口状态
     JNZ L2                 ；若忙，则等待
```

```
MOV DX,8C00H
MOV AL,BL                    ; 送数据到 8255A
OUT DX,AL
MOV DX, 8C03H
MOV AL,4H
OUT DX,AL                    ; STB 给低电平，产生下降沿
MOV AL,5H
OUT DX,AL                    ; STB 恢复高电平
INC DI                       ; 地址递增，准备进入下一次循环
LOOP L1
```

CPU 与外设用查询方式交换数据时，CPU 要不断读取状态位，检查输入设备是否已准备好数据，或输出缓冲器是否已空。若外设没有准备就绪，CPU 就必须反复查询，进入等待循环状态。由于许多外设的速度很低，这种等待过程会占去 CPU 的绝大部分时间，而真正用于传输数据的时间却很少，使 CPU 的利用率变得很低。

3. 中断传送方式

为了提高整个计算机系统的工作效率，充分发挥 CPU 高速运算的能力,使 CPU 和外设之间以及外设和外设之间可以并行工作，在计算机系统中引入了中断系统。利用中断来实现 CPU 和外设之间的数据传送，即中断传送方式。如图 7.13 所示为中断传送方式的示意图。

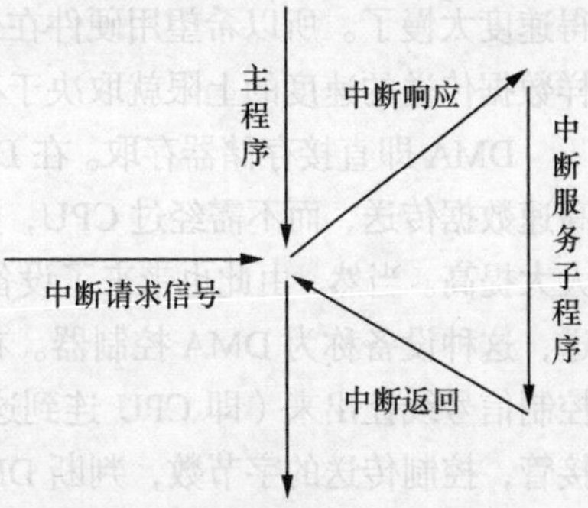

图 7.13　中断传送方式的示意图

在中断传送方式中，通常是在程序中安排好在某一时刻启动某一台外设，然后 CPU 继续执行其主程序，当外设完成数据传送的准备后，向 CPU 发出“中断请求”信号。在 CPU 可以响应中断的条件下，现行主程序被“中断”，转去执行“中断服务程序”，在“中断服务程序”中完成一次 CPU 与外设之间的数据传送。传送完成后仍返回被中断的主程序，从断点处继续执行。仍以前面为同学送书为例，你不用一直不停地发短信询问同学回来没有，而是继续做自己的工作。等同学回到宿舍后，主动发个信息给你（中断请求），你暂停自己的工作，去送书给同学（中断服务程序），等送完书后回来，继续完成你刚才的工作（中断返回）。

加入中断系统以后，CPU 与外设处在并行工作的情况（即它们可以同时各自做不同的工作）。因此，大大提高了 CPU 的工作效率，尤其是对于多设备且实时响应要求较高的系统，中断方式是一种较好的工作方式。中断传送方式的接口电路特点是需要设置中断请求寄存器，另外还需将中断矢量（中断类型码）经三态缓冲器送入 CPU。

例 7.10　中断传送方式的简单接口电路如图 7.14 所示。

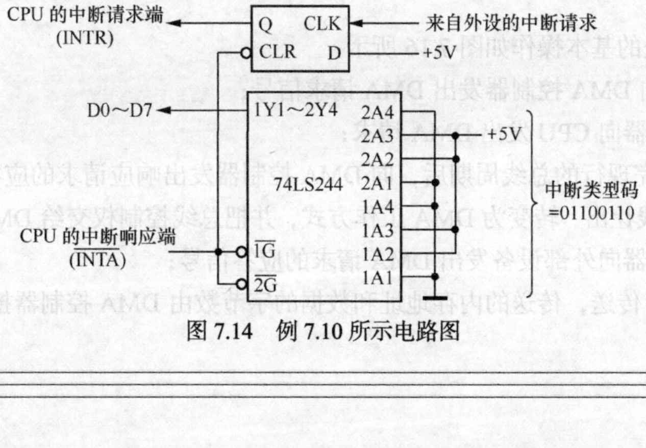

图 7.14　例 7.10 所示电路图

图 7.14 所示电路中，来自外设的中断请求正跳变，会使 D 触发器置位，向 CPU 的中断请求端 INTR 发送高电平。如果 CPU 中断是允许的，当 CPU 识别这个中断请求，则在当前指令执行完后，暂停正在执行的程序并准备响应时，发送一个中断响应信号（$\overline{\text{INTA}}$），外设通过一个三态缓冲器传送中断类型码（这里是 66H）给 CPU。CPU 收到中断类型码以后，即可进入中断服务子程序，同时清除中断请求标志。

有关中断处理更详细的内容，在后续章节里具体结合 8086/8088 的中断系统再讨论。

4. DMA（Direct Memory Access）传送方式

中断传送方式中只有外设数据准备好时（向 CPU 发出请求），CPU 才进行数据传送（在中断服务程序中），其余时间 CPU 可以做其他事情，因此 CPU 效率大大提高。但是，每传送一次数据，CPU 都要执行一次中断服务程序。在中断服务程序中，除执行 IN 和 OUT 指令外，还要进行下列工作：保护断点、保护标志寄存器、保护某些通用寄存器、恢复某些寄存器、恢复断点等一些工作。这对于一个高速 I/O 设备，以及成组交换数据的情况，例如磁盘与内存间的信息交换，就显得速度太慢了。所以希望用硬件在外设与内存间直接进行数据交换（DMA），而不通过 CPU，这样数据传送的速度的上限就取决于存储器的工作速度。

DMA 即直接存储器存取。在 DMA 方式下，外部设备利用专门的接口电路直接和存储器进行高速数据传送，而不需经过 CPU，数据传输的速度基本上取决于外设和存储器的速度，传输效率大大提高。当然，由此也带来了设备上的开销，即需要有专门的控制电路来取代 CPU 控制数据传送，这种设备称为 DMA 控制器。在 DMA 方式时，CPU 把通常系统的地址和数据总线以及一些控制信号线让出来（即 CPU 连到这些总线上的线处于第三态——高阻状态），而由 DMA 控制器接管，控制传送的字节数，判断 DMA 是否结束，以及发出 DMA 结束等信号。如图 7.15 所示，为 DMA 方式传送路径。

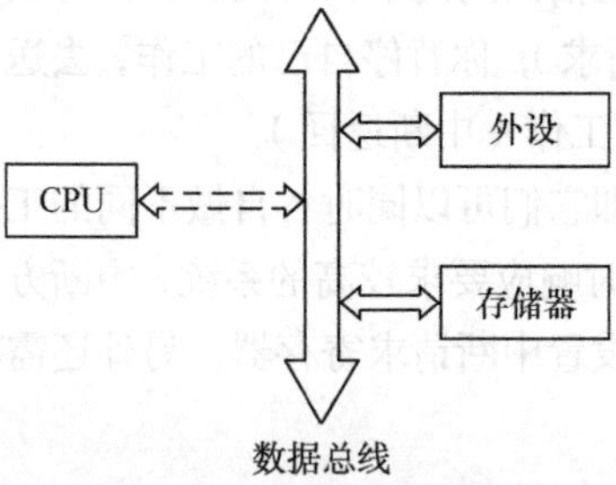

图 7.15　DMA 方式传送路径

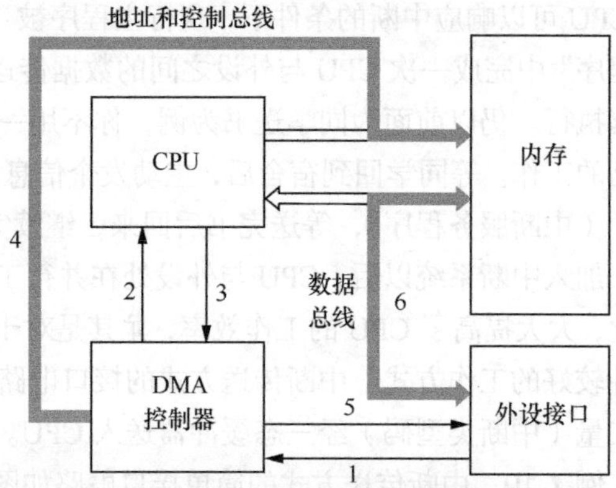

图 7.16　DMA 传送过程图

实现 DMA 传送的基本操作如图 7.16 所示：

（1）外部设备向 DMA 控制器发出 DMA 请求信号；

（2）DMA 控制器向 CPU 发出 DMA 请求；

（3）CPU 执行完现行的总线周期后，向 DMA 控制器发出响应请求的应答信号；

（4）CPU 将总线让出，转变为 DMA 工作方式，并把总线控制权交给 DMA 控制器进行控制；

（5）DMA 控制器向外部设备发出 DMA 请求的应答信号；

（6）进行 DMA 传送，传送的内存地址和数据的字节数由 DMA 控制器控制。

最后传送完毕，DMA 控制器撤除对 CPU 的请求信号，CPU 重新控制总线。将在下一节里结合可编程 DMA 控制器讨论其具体传送过程。

7.2.3　端口结束设置

主要指程序结束前对接口电路或外设的保护措施。如有些外设是高电平触发模式，此时就应该将其复位为低电平，或撤销掉其启动信号等；有中断接口电路的系统，此时就应该将系统的中断关掉。

7.2.4　后续数据处理

对于传送完的数据，将其储存在内存中或显示，或设计交互菜单进行人机对话等。

这四部分并不是孤立存在的，需要相互依存、相互交叉，并结合硬件电路，才能使接口电路更好地完成数据传送的功能。

7.3　DMA 传送

DMA（Direct Memory Access）传送是微型计算机中一种十分重要的工作方式，它主要用于需要大批量、高速度的数据传送系统中，如软硬盘、光盘的存取，高速数据采集系统，图像处理以及高速通信系统等。

这种方式的主要优点是速度快。由于 CPU 不参加传送操作，因此就省去了 CPU 取指令、取数、送数等操作。在数据传送过程中，没有保存现场、恢复现场之类的工作。内存地址修改、传送字节个数的计数等，也不是由软件实现，而是用硬件电路 DMA 控制器（以下简称 DMAC）直接实现的。所以这一节重点来研究 DMAC 的工作原理及 DMA 工作过程。

7.3.1　DMAC 功能

DMA 控制器是一种在系统内部转移数据的独特外设，可以将其视为一种能够通过一组专用总线，将内部和外部存储器与每个具有 DMA 能力的外设连接起来的控制器。它之所以属于外设，是因为它是在处理器的编程控制下来执行传输的。值得注意的是，通常只有数据流量较大（kBps 或者更高）的外设才需要支持 DMA 能力。

DMAC 应具有以下功能。

（1）当外设准备就绪，需要进行 DMA 传送时，外设向 DMA 控制器发出 DMA 请求信号，DMA 控制器接到此信号后，能够向 CPU 发出总线请求（HOLD）信号。

（2）当 CPU 接到总线请求信号后，如果允许 DMA 传送，则向 DMA 控制器发出 DMA 响应（HLDA）信号，CPU 交出对总线的控制权。DMA 控制器接收到该信号后，接管对总线的控制，进入 DMA 方式。

（3）DMA 控制器得到总线控制权后，能发出地址信号传送后修改地址指针，以便传送下一数据。

（4）在 DMA 传送期间，能发出读、写等控制信号。

（5）能决定传送的字节数以及判断 DMA 传送是否结束。

（6）在 DMA 传送结束时，向 CPU 发出 DMA 结束信号，将总线控制权交还给 CPU，使 CPU 恢复正常工作状态。

7.3.2 DMAC 结构

高效率的 DMA 控制器具有访问其所需要的任意资源的能力，而无须处理器本身的介入，它必须能产生中断。为了实现高速外设和内存之间直接、成批交换数据，必须把有关数据的源地址、目的地址和传送的数据总数等事先通知 DMA 控制器。因此在传输之前，需要一个程序准备阶段，将内存缓冲区首地址、外设地址、传送字节数和操作种类通知给 DMA 控制器。DMA 系统框图如图 7.17 所示。

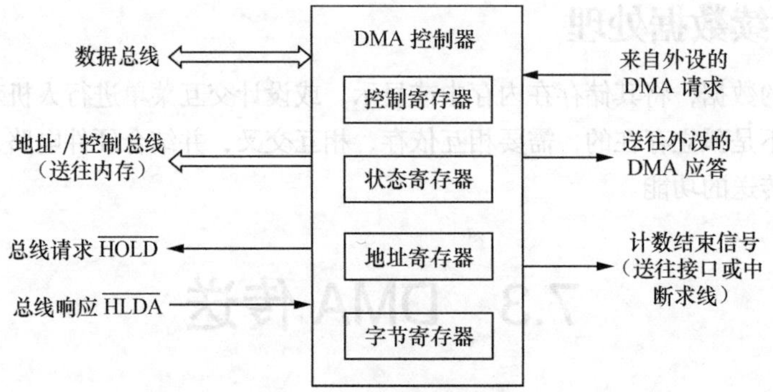

图 7.17　DMA 系统框图

DMA 控制器或接口一般包括四种寄存器。

（1）控制寄存器。用于指定传送方向，修改传送参数并对 DMA 请求信号和 CPU 响应信号进行协调和同步。向 CPU 发出总线使用权的请求信号（HOLD），CPU 响应此请求发回响应信号（HLDA），控制/状态逻辑接收到此信号后发出 DMA 响应信号。使 DMA 请求触发器复位，为交换下一个字做准备。

（2）状态寄存器。状态寄存器存放各通道的状态，哪个通道计数已达到计数终点，哪个通道的请求尚未处理等。

（3）地址寄存器。用于提供交换数据的地址，且 DMAC 内部应有基地址寄存器和现行地址寄存器，基地址寄存器的值是现行寄存器的初始值，它们是同时由 CPU 写入的，并且现行寄存器的内容可以由硬件实现自动加 1 或减 1 的功能。

（4）字节计数器。用来控制传输的字节数。DMA 传送过程中，每传送一次数据，由硬件将该计数器的内容减 1，当计数器减到 0 时，停止 DMA 传送。

这些寄存器在信息传送之前需要进行初始化设置，即在输入输出程序中用汇编语言指令对各个寄存器写入初始化控制字。

另外还有设备选择寄存器，用来存放 I/O 设备的设备码，磁盘数据所在的盘号，柱面号和扇区号等，以及 DMA 请求触发器。当外设准备好数据字后给出一个控制信号，使 DMA 请求触发器置位，向控制/状态逻辑发请求。

随着大规模集成电路技术的发展，DMAC 的芯片也很多，Intel 系列、Zillog 系列及 Motorola 系列等都有各自的 DMAC，功能大多相似。在 IBM PC 机中，大多采用的是 Intel 8237 DMAC。

7.3.3 DMA 工作方式

DMA 技术的出现，使得外围设备可以通过 DMA 控制器直接访问内存。与此同时，CPU 可以继续执行程序。DMA 传送的方式一般有两种：

1. **块传输方式**

DMAC 一旦获得总线控制权，连续进行多个字节的传输，只有当"字节计数器"减为 0，才释放总线。

2. **单字节传输方式**

DMAC 获得总线控制权后仅传送一字节就释放总线。

那么 DMA 控制器与 CPU 怎样分时使用内存呢?通常采用以下三种方法：（1）停止 CPU 访问内存；（2）周期挪用；（3）DMA 与 CPU 交替访问内存。

（1）停止 CPU 访问内存

当外围设备要求传送一批数据时，由 DMA 控制器发一个停止信号给 CPU，要求 CPU 放弃对地址总线、数据总线和有关控制总线的使用权。DMA 控制器获得总线控制权以后，开始进行数据传送。在一批数据传送完毕后，DMA 控制器通知 CPU 可以使用内存，并把总线控制权交还给 CPU。很显然，在这种 DMA 传送过程中，CPU 基本处于不工作状态或者说保持状态。

优点：控制简单，它适用于数据传输率很高的设备进行成组传送。

缺点：在 DMA 控制器访问内存阶段，内存的效能没有充分发挥，相当一部分内存工作周期是空闲的。这是因为，外围设备传送两个数据之间的间隔一般总是大于内存存储周期，即使高速 I/O 设备也是如此。例如，软盘读出一个 8 位二进制数大约需要 32 μs，而半导体内存的存储周期小于 0.5 μs，因此许多空闲的存储周期不能被 CPU 利用。

（2）周期挪用

当 I/O 设备没有 DMA 请求时，CPU 按程序要求访问内存；一旦 I/O 设备有 DMA 请求，则由 I/O 设备挪用一个或几个内存周期。

I/O 设备要求 DMA 传送时可能遇到两种情况：

① 此时 CPU 不需要访问内存，如 CPU 正在执行乘法指令。由于乘法指令执行时间较长，此时 I/O 访问内存与 CPU 访问内存没有冲突，即 I/O 设备挪用内存周期对 CPU 执行程序没有任何影响。

② I/O 设备要求访问内存时，CPU 也要求访问内存，这就产生了访问内存冲突。在这种情况下 I/O 设备访问内存优先，因为 I/O 访问内存有时间要求，前一个 I/O 数据必须在下一个访问内存请求到来之前存取完毕。显然，在这种情况下 I/O 设备挪用几个内存周期，意味着 CPU 延缓了对指令的执行，或者更明确地说，在 CPU 执行访问内存指令的过程中插入 DMA 请求，挪用了几个内存周期。

与停止 CPU 访问内存的 DMA 方法比较，周期挪用的方法既实现了 I/O 传送，又较好地发挥了内存和 CPU 的效率，是一种广泛采用的方法。但是 I/O 设备每一次周期挪用都有申请总线控制权、建立线控制权和归还总线控制权的过程，所以传送一个字对内存来说要占用一个周期，但对 DMA 控制器来说一般要 2～5 个内存周期（视逻辑线路的延迟而定）。因此，周期挪用的方法适用于 I/O 设备读写周期大于内存存储周期的情况。

（3）DMA 与 CPU 交替访问内存

如果 CPU 的工作周期比内存存取周期长很多，此时采用交替访问内存的方法可以使 DMA 传送和 CPU 同时发挥最高的效率。

假设 CPU 工作周期为 1.2 μs，内存存取周期小于 0.6 μs，那么一个 CPU 周期可分为 C1 和 C2 两个分周期，其中 C1 专供 DMA 控制器访问内存，C2 专供 CPU 访问内存。

这种方式不需要总线使用权的申请、建立和归还过程，总线使用权是通过 C1 和 C2 分时制的。CPU 和 DMA 控制器各自有自己的访问内存地址寄存器、数据寄存器和读/写信号等控制寄存器。在 C1 周期中，如果 DMA 控制器有访问内存请求，可将地址、数据等信号送到总线上。在 C2 周期中，如 CPU 有访问内存请求，同样传送地址、数据等信号。事实上，对于总线，这是用 C1、C2 控制的一个多路转换器，这种总线控制权的转移几乎不需要什么时间，所以对 DMA 传送来讲效率是很高的。当然，相应的硬件逻辑也就更加复杂。

现在，DMA 传送也已经不再局限于存储器和外设间的信息交换，可以扩展为存储器的两个区域之间以及两种高速外设之间的直接传送。

7.3.4 DMA 工作过程

DMAC 在实现 DMA 传输时，是由 DMA 控制器直接掌管总线，因此，存在着一个总线控制权转移问题。即 DMA 传输前，CPU 要把总线控制权交给 DMA 控制器；而在结束 DMA 传输后，DMA 控制器应立即把总线控制权再交回给 CPU。工作流程如图 7.18 所示。一个完整的 DMA 传输过程必须经过下面的几个阶段。

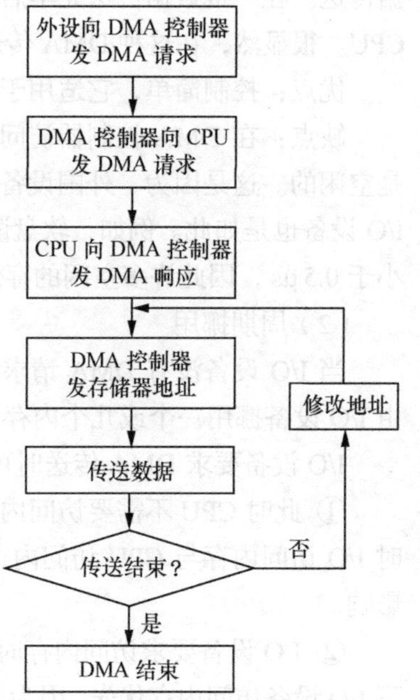

图 7.18 DMA 工作流程

1. 预处理阶段

测试设备状态；向 DMA 控制器的设备地址寄存器中送入设备号，并启动设备；向主存地址计数器中送入欲交换数据的主存起始地址；向字计数器中送入欲交换的数据个数。

外部设备准备好发送的数据（输入）或上次接收的数据已处理完毕（输出）时，将通知 DMA 控制器发出 DMA 请求，申请主存总线。

2. 数据传送

（1）输入操作

① 首先从外部设备读入一个字（设每字 16 位）到 DMA 数据缓冲寄存器 IODR 中（如果设备是面向字节的，一次读入一个字节，需要将两个字节装配成一个字）。

② 外部设备发选通脉冲，使 DMA 控制器中的 DMA 请求标志触发器置“1”。

③ DMA 控制器向 CPU 发出总线请求信号（HOLD）。

④ CPU 在完成了现行机器周期后，即响应 DMA 请求，发出总线允许信号（HLDA），并由 DMA 控制器发出 DMA 响应信号，使 DMA 请求标记触发器复位。此时，由 DMA 控制器接管系统总线。

⑤ 将 DMA 控制器中主存地址寄存器中的主存地址送地址总线。

⑥ 将 DMA 数据缓冲寄存器中的内容送数据总线。

⑦ 在读/写控制信号线上发出写命令。

⑧ 将 DMA 地址寄存器的内容加 1，从而得到下一个地址，字计数器减 1。

⑨ 判断字计数器的值是否为“0”。若不为“0”，说明数据块没有传送完毕，返回⑤，传送下一个数据；若为“0”，说明数据块已经传送完毕，则向 CPU 申请中断处理。

（2）输出操作

① 当 DMA 数据缓冲寄存器已将输出数据送至 I/O 设备后，表示数据缓冲寄存器为“空”。

② 外部设备发选通脉冲，使 DMA 控制器中的 DMA 请求标志触发器置“1”。

③ DMA 控制器向 CPU 发出总线请求信号（HOLD）。

④ CPU 在完成了现行机器周期后，即响应 DMA 请求，发出总线允许信号（HLDA），并由 DMA 控制器发出 DMA 响应信号，使 DMA 请求标记触发器复位。此时，由 DMA 控制器接管系统总线。

⑤ 将 DMA 控制器中主存地址寄存器中的主存地址送地址总线，在读/写控制信号线上发出读命令。

⑥ 主存将相应地址单元的内容通过数据总线读入到 DMA 数据缓冲寄存器中。

⑦ 将 DMA 数据缓冲寄存器的内容送到输出设备。

⑧ 将 DMA 地址寄存器的内容加 1，从而得到下一个地址，字计数器减 1。

⑨ 判断字计数器的值是否为“0”。若不为“0”，说明数据块没有传送完毕，返回到⑤，传送下一个数据；若为“0”，说明数据块已经传送完毕，则向 CPU 申请中断处理。

3. 传送后处理

校验送入主存的数据是否正确，决定是否继续用 DMA 传送其他数据块及测试在传送过程中是否发生错误。

综上所述，在采用 DMA 进行一批数据传送时，CPU 进行了两次干预。第一次是对 DMA 控制器进行初始化，预置数据传输所必需的信息。第二次是 DMA 数据传送结束，向 CPU 申请中断进行后处理。由此可见，采用 DMA 方式传送数据，仍要调用程序、存在着程序中断，因而 DMA 接口还包括程序中断部件。

本章小结

外部设备是计算机系统的重要组成部分之一，它通过接口和总线相连。本章要求读者能理解接口电路在系统中的必要性，在此基础上掌握输入输出的寻址方式、数据传递的形式、端口等知识点。并从系统硬件设计和程序控制两个方面去熟悉 CPU 与外设的数据传递方式。了解 DMA 控制器功能、结构、工作方式等。

第 8 章 中断技术及中断控制器

中断是 CPU 与外设交换信息的一种重要方式，也是微型计算机实现内部管理，在控制、测试、通信、计算机应用等领域大量使用的、非常重要的一种技术手段。利用中断技术，可以避免 CPU 对外设状态的不断查询和等待，大大提高 CPU 的工作效率。

本章重点讲述微型计算机中断系统的基本原理和 8086 中断系统的结构、中断响应的过程及中断程序的设计，在此基础上介绍中断控制器 8259A 的原理和扩充方法，目的是掌握 8086 中断系统的工作原理，学会利用可编程中断控制器 8259A 对外部中断进行管理和扩充，学会编写中断程序，实现外部设备的中断控制。

8.1 中断概述

8.1.1 中断的基本概念

1. 中断

中断是指在 CPU 运行过程中，发生的某些紧急事件或外部事件，请求 CPU 迅速去处理，当 CPU 接收到服务请求后，暂时停止当前正在运行的程序，转而去处理紧急事件或外部事件，执行相应的处理程序，待事件处理完毕后，再回到原程序被中止的地方，继续执行原来的程序，这样的过程称为中断。中断示意图如图 8.1 所示。

CPU 正在执行主程序 A 时，发生的某一紧急事件或外部事件，向 CPU 提出服务请求，这一事件就是中断源，提出的服务请求称为中断申请或中断请求。CPU 如果响应这个中断请求，就会在执行完主程序的第 K 条指令后，暂停主程序的运行，转而执行事件的处理程序 B。主程序 A 的下一条（即第 K+1）指令地址称为断点。事件的处理程序 B 称为中断服务程序，按照编程人员的要求，对这一事件进行处理。CPU 执行完中断服务程序 B，又要返回主程序的断点，接着执行主程序，这个过程被称为中断返回。

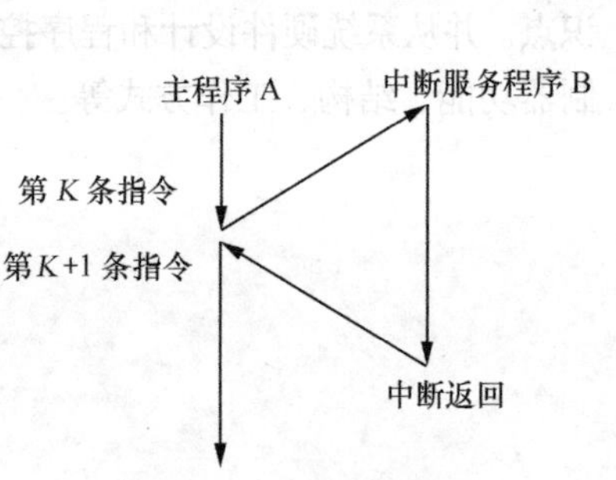

图 8.1　中断示意图

当 CPU 在主程序 A 和中断服务程序 B 之间转移时，就涉及中断现场的保护和恢复。响应中断时主程序 A 的运行状态就是中断现场，包括中断时主程序的断点地址（即第 K+1 指令地址）和 CPU 寄存器的内容。执行中断服务程序 B 时，首先要保护现场，把断点地址和各个寄存器的内容送入堆栈保存起来。中断返回时，又要恢复现场，恢复 CPU 寄存器的内容，返回到断点位置，接着执行主程序。

我们可以通过现实生活中的例子，帮助读者进一步了解中断过程。正在讲课的老师就像 CPU，主要任务是讲课，教室外面迟到的同学喊报告，提出了中断请求。如果老师接收到中断请求并响应这一事件，就会暂时停止讲课，让同学进来上课（中断处理），然后又从打断的地方继续讲课（中断返回）。

上述例子也可采用查询方式来处理，老师每讲一会儿课，就要判断是否有人喊报告，如果没人喊，就继续讲课；有人喊，就让该同学进来。反复执行同样的动作，就会浪费大量的时间，降低课堂效率。

中断可以减少 CPU 的查询和等待时间，大大提高 CPU 的效率。正因为如此，中断控制方式在计算机系统中应用非常广泛，中断能力已经成为衡量 CPU 性能的一个重要指标。

2. 中断源

引起中断的事件或向 CPU 发出中断请求的来源称为中断源，它们可能来自计算机内部和外部设备。通常中断源包括以下几种：

（1）I/O 设备。如键盘、打印机、显示器、A/D 转换器等，完成自身处理后，请求 CPU 为它服务。

（2）数据通道。如磁盘、磁带、硬盘、光盘等，与计算机交换数据时要求的中断。

（3）实时时钟。在检测和控制过程中，经常遇到定时检测、时间控制等情况，大多采用内部定时器或外部时钟电路实现。需要定时时，由 CPU 发出指令，启动内部定时器或外部时钟电路开始工作。它们独立运行，不占用 CPU 的时间，定时时间到达后，向 CPU 提出中断请求，由 CPU 执行中断服务程序加以处理。

（4）计算机硬件故障。如电源掉电、奇偶校验错误、外部设备故障及其他报警信号等。在计算机内部有故障自动检测装置，检测出某一部件出现故障，就会提出服务请求，执行服务处理子程序，进行处理。

（5）软件中断。比如执行中断指令、除法错、溢出以及为调试程序而设置的单步中断和断点中断等。执行程序时，根据实际需要，执行 INT 指令，或者出现除法错及溢出操作时，都可以由 CPU 自动调用中断服务程序。程序在应用之前，都要经过调试。为了检查某段程序的运行结果是否正确，可以单步执行指令或在程序中设置断点，程序每运行一条指令或运行到断点位置便产生中断，编程人员可以检查各个寄存器和存储单元的内容，判断是否出错，并确定产生错误的原因，及时修改。

中断按照中断来源分为内部中断和外部中断。

外部中断，也称为硬件中断，是指 I/O 设备或其他硬件电路引起的中断，通过硬件向 CPU 提出中断请求。外部中断又分为非屏蔽中断（NMI）和可屏蔽中断（INTR）。

内部中断，也称为软件中断，是指 CPU 在执行指令的过程中引起的中断，类似于子程序调用。但这些中断处理子程序大部分由系统提供，不允许用户修改。即使经过用户修改，也必须及时恢复。

3. 中断优先级及中断嵌套

一个系统往往存在多个中断源，经常出现多个中断源同时提出中断请求的现象。而 CPU 在某一时刻只能响应一个中断请求，因此设计人员就必须根据中断性质和事件的轻重缓急，确定各个中断源的响应顺序，即中断优先级。当多个中断源同时提出中断请求时，能根据事先设定的顺序响应中断，为各个中断源服务，确保高优先级的中断先得到处理。计算机系统通常采用软件查询、硬件电路识别等方式识别中断源并确定其优先级。

当 CPU 正在执行一个中断服务程序，又有另一个中断源提出了中断请求。如果新的中断源优先级比原中断源优先级低，CPU 会在处理完原中断后，才响应新的中断请求；如果新的中断源优先级比原中断源优先级高，CPU 会暂时停止原来的中断服务，保护断点，转而响应优先级高的新的中断请求。服务结束后，如果没有高优先级的中断源提出新的中断请求，CPU 会接着执行原来低优先级的中断服务程序，这个过程就是中断嵌套，使高优先级的、更紧急的中断源得到及时处理。中断嵌套执行过程如图 8.2 所示。

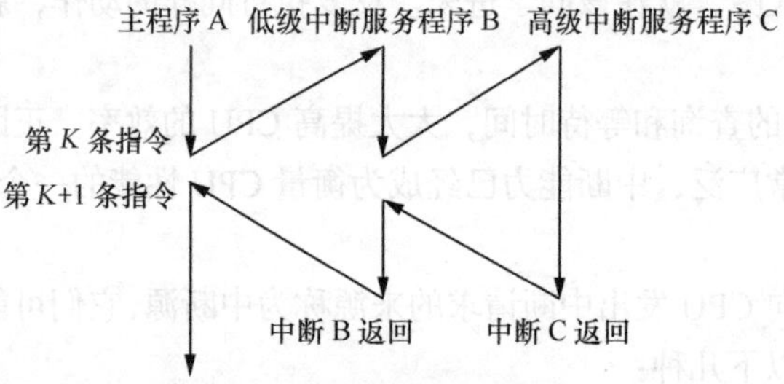

图 8.2　中断嵌套执行过程

读者一定要深刻理解中断优先级和中断嵌套的思想。设计中断系统时，首先确定各个中断源的优先级，然后在编程时注意保护和恢复现场，实现中断嵌套，确保高优先级的中断先得到处理。

8.1.2　中断的功能

采用中断技术能实现数据的实时处理和控制，极大地提高计算机系统的工作效率和处理问题的灵活性，中断能实现以下功能：

1. CPU 与外设并行工作

在数据交换过程中，外设（特别是低速外设）的准备需要耗费大量的时间，而数据交换的时间比较短。采用中断方式，外设独立运行，不占用 CPU 的时间。当外设准备好与 CPU 交换数据时，向 CPU 提出服务请求，CPU 接收到外设的请求信号后，就暂停原程序的执行，进入中断服务程序，与外设交换数据。处理完毕后，又继续执行原程序。外设得到服务后，又可以独立运行。CPU 和外设并行工作，大大提高 CPU 的工作效率。

2. 实时处理和控制

实时性是计算机系统设计中必须重点考虑的性能指标。什么是实时？实时是指信号的输入、计算和输出都要在一定的时间间隔（采样周期）内完成，计算机对输入的信息必须以足够快的速度进行处理并在一定的时间内做出反映或者进行控制。一旦超出了这个时间间隔，就失去了控制的时机，控制就失去了意义。实时的概念不能脱离具体的受控过程，应该与工艺要求紧密相连。例如对炉温、液位进行控制时，其变化过程比较缓慢，在几秒钟内完成一次循环，其控制仍然是实时的；对火炮系统来说，当目标状态变化时，必须在几毫秒之内及时控制，否则就不能击中目标，因此间隔时间必须短一些。在实际控制过程中，外设的速度快慢不一，随时可能向 CPU 提出服务请求。采用中断技术，CPU 可以适时响应外设的服务请求，迅速处理，实现实时处理和控制。

3. 分时操作

CPU 的运算速度比较快，实时性好，而且有很强的运算能力，而外设的速度比较慢，因此一个 CPU 可以管理和控制多个外设并行工作。按照优先级顺序，CPU 可以分时响应各个外设，实现中断嵌套，提高输入/输出的速度。

4. 故障处理

计算机运行时难免出现意想不到的情况或故障，如电源掉电，存储器出错，运算溢出，除法错等。利用中断技术，出现这些情况时计算机可以自动执行相应的处理程序。

8.1.3 中断处理的一般过程

尽管不同计算机系统的中断源、中断类型及中断处理过程不完全一样，但是中断的处理过程大体上可以分为：中断请求、中断响应、中断服务和中断返回四个阶段。

1. 中断请求

紧急事件或外部事件发生后，由中断源向 CPU 发出中断请求信号，要求 CPU 处理。硬件中断的中断请求是外设通过硬件电路向 CPU 中断请求引脚发出的有效电平或边沿信号。软件中断的中断请求是 CPU 执行中断指令或由执行结果（除法错，溢出）引起的。

2. 中断响应

CPU 接收到中断请求信号后，就要予以响应。如果是非屏蔽中断，在执行完当前指令后，就中止执行现行程序，转去响应该中断请求；如果是可屏蔽中断，只有 CPU 允许的时候（即中断允许标志位 IF=1），在执行完当前指令后，才响应该中断请求。软件中断中由中断指令、溢出或除法错引起的中断都不能被 CPU 禁止，而单步中断可以被 CPU 禁止。

对于非屏蔽中断，CPU 是无法禁止的，必须无条件响应；而可屏蔽中断，CPU 必须满足以下相应条件才能响应。

（1）无总线请求。

（2）CPU 允许中断：IF=1。

（3）CPU 执行完当前指令。

当 CPU 响应中断，中断机构自动完成下列动作：

（1）取中断类型号。

（2）标志寄存器内容入栈。

（3）当前代码段寄存器（CS）和指令计数器（IP）内容入栈。

（4）IF=0，TF=0，禁止可屏蔽中断和单步中断。

（5）获取中断服务程序入口地址，转中断服务程序。

3. 中断服务

在中断服务程序中，首先要根据需要，把服务程序中用到的寄存器内容压入堆栈，保护起来，以便正确返回主程序；其次设置中断允许标志位 IF=1，开放高优先级中断；然后进行中断处理；最后按照要求把堆栈中的内容依次出栈，恢复现场，准备返回到断点处，继续执行主程序。

4. 中断返回

执行中断返回指令 IRET，返回断点处，继续执行主程序。

8.2 8086 中断系统

8.2.1 8086 中断类型

8086/8088 可以处理 256 类不同的中断，每个中断对应一个编号，这个编号就是中断类型码。

256 类中断对应的中断类型码为 0~255。

按照中断源的不同，这 256 类中断可以分为外部中断和内部中断。8086 系统的中断分类如图 8.3 所示。

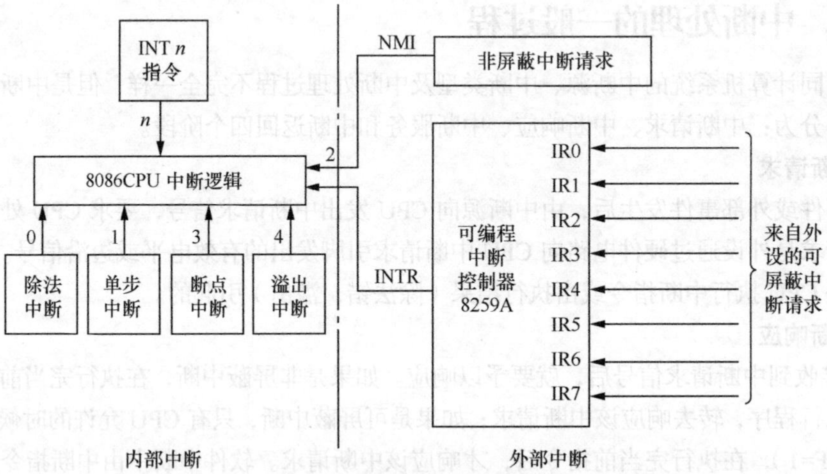

图 8.3　8086 系统的中断分类

1. 外部中断

外部中断是由 I/O 设备或其他硬件电路引起的中断，通过硬件向 CPU 提出中断请求，因此也称为硬件中断。8086 CPU 有两个外部中断请求引脚：可屏蔽中断（INTR）和非屏蔽中断（NMI），因此外部中断又分为可屏蔽中断和非屏蔽中断。

可屏蔽中断由外设通过中断控制电路（例如，可编程中断控制器 8259A）管理，向 CPU 的 INTR 引脚提出中断请求。当 INTR=1 时，表示有可屏蔽中断提出了服务请求，CPU 是否响应，取决于中断允许标志位 IF。如果 IF=1，开放中断，执行完当前指令后，可屏蔽中断才能进入；如果 IF=0，关闭中断，可屏蔽中断被禁止。用汇编指令 STI、CLI 把 IF 置 1、清 0，可开放和关闭中断。在一个计算机系统中，可以包含多个可屏蔽中断。

非屏蔽中断的中断类型码为 2，是通过 CPU 的 NMI 引脚提出中断请求，不受中断允许标志位 IF 的影响，不能被禁止。一个系统只有一个非屏蔽中断，而且优先级比任何可屏蔽中断都要高。非屏蔽中断一般用来处理系统的重大故障，比如电源掉电、存储器奇偶校验出错、I/O 通道数据奇偶校验出错等。当 NMI 引脚出现中断请求信号，CPU 必须立即予以响应，自动取出 2 号中断类型码对应的中断向量，直接进入中断服务。

2. 内部中断

内部中断，也称为软件中断，是指 CPU 在执行指令的过程中引起的中断，包括除法错中断、溢出中断、单步中断、断点中断以及执行中断指令 INT 引起的中断等 5 种类型。

（1）除法错中断

除法错中断的中断类型码为 0。执行除法运算时，如果除数为 0 或带符号数进行除法运算时商超出规定的范围（双字除以字，商的范围是-32768~+32767；字除以字节，商的范围是-128~+127），CPU 会立即产生类型为 0 的中断，转入相应的中断服务处理程序。

（2）单步中断

单步中断的中断类型码为 1。当陷阱标志位 TF=1 时，每执行一条指令，CPU 会自动执行一次单步中断服务程序。此时，和一般的软件中断过程一样，CPU 把标志寄存器的值和断点地址入栈保存，清除当前的 TF 和 IF 标志，然后进入单步中断服务程序。

进入单步中断服务程序后，因为 TF=0，CPU 不再处于单步方式，所以它将按正常方式连续执行中断服务程序。单步中断服务程序结束，CPU 执行中断返回指令，从堆栈中取出断点地址和标志寄存器的值，TF 又恢复为 1，CPU 重新置为单步方式，返回调试程序。在执行下条指令后，又进入单步中断。

使用单步中断可以逐条跟踪用户指令的执行，观察每条指令运行后各个寄存器及相关存储单元的内容，程序员依次检查这条指令到底执行了哪些操作，判断是否符合设计要求，确定错误产生的原因。单步中断可以检查出用户程序中隐藏的逻辑功能错误，是为调试程序而设置的中断，已经成为一种非常有用的调试方法。

（3）断点中断

断点中断的中断类型码为 3。和单步中断一样，断点中断也是为调试程序而设置的中断。调试用户程序时，程序员按照功能把一个较长的程序分成几个程序段，每段设置一个断点。当程序执行到断点位置，CPU 就会自动执行一次断点中断服务程序。

断点的设置过程就是在设置的断点位置把中断指令 INT 3 插入原有程序。当程序运行到断点处，就会执行 INT 3，使 CPU 进入 3 号中断服务程序。其执行过程和其他软件中断一样。使用断点中断可以按照用户设置的断点位置，逐段跟踪用户程序的执行，给出寄存器和相关存储单元的内容。为了避免设置断点使用户程序产生错误，便于与其他指令置换，INT 3 被设置为单字节指令。断点中断和单步中断已经成为常用的程序调试手段。

（4）溢出中断

溢出中断的中断类型码为 4。8086 系统中，带符号数执行加法运算，如果两个操作数的符号相同，而结果的符号与之相反时，OF=1；执行减法运算，如果两个操作数的符号相反，而结果的符号与减数相同时，OF=1。OF=1 说明带符号数的运算产生溢出，结果是错误的，应该避免。

8086 指令系统提供了一条溢出中断指令 INTO，跟在算术运算指令后面，及时检测带符号数的加减运算是否产生溢出并进行处理，中断产生溢出的算术操作。如果 OF=0，INTO 指令不会引起中断，CPU 继续执行原程序；如果 OF=1，INTO 指令会产生 4 号中断，显示出错信息，中断返回时，不会返回原程序，而是返回到 DOS 操作系统。

（5）INT 指令

当 CPU 执行 INT n 指令时，立即产生内部中断，执行相应的系统中断服务程序或用户自编的中断服务程序，完成中断功能，指令中的操作数 *n* 就是中断类型号。INT 指令可以指定 256 类中断中的任何一个中断。

例如，利用 DOS 功能调用，打印一个字符'A'，可以编写以下程序：

```
MOV AH, 5           ; 打印机输出子功能号
MOV DL,'A'          ; 输出字符'A'
INT 21H             ; 调用 DOS 中断
```

当 CPU 执行 INT 21H 指令时，立即产生一个中断，并从中断向量表中取出中断服务程序的段地址和偏移地址，转到该地址去执行中断服务程序，对打印机进行控制，输出字符'A'。

8.2.2　8086 中断优先级

8086 中断系统有 256 类中断，CPU 在同一时刻只能为一个中断源服务。当多个中断源同时提

出服务请求，CPU 就要按照事件的轻重缓急，事先给各个中断源安排一个中断优先级顺序。响应中断时，CPU 按照优先级顺序，从高往低，依次为各个中断源服务。采用优先级管理方式，CPU 可以及时处理那些重要事件。

8086 中断系统的中断优先级排列从高往低依次为：

（1）除法错中断、溢出中断、INT n、断点中断；

（2）非屏蔽中断（NMI）；

（3）可屏蔽中断（INTR）；

（4）单步中断。

其中可屏蔽中断的优先级顺序，可由软件程序来设定，也可由硬件优先权排队电路来实现，现在大多由专用的中断控制器（如可编程中断控制器 8259A）来实现。8086/8088 计算机系统多采用一片 8259A 管理 8 级可屏蔽中断，80286 以上计算机系统多用两片 8259A 级联，管理 15 级可屏蔽中断，包括串口、时钟、键盘、硬盘、打印机等外设的中断请求。

正在运行的中断服务程序，在开中断的情况下，能被高优先级的中断源中断，实现中断嵌套。

8.2.3 中断向量与中断向量表

1. 中断向量与中断向量表

8086 采用向量中断，能处理 256 类中断，中断类型码为 0~0FFH，每个中断都对应一个中断服务程序。所谓中断向量就是中断服务程序的入口地址，因此每个中断都对应一个中断向量。每个中断向量包含 4 个字节：中断服务程序入口地址的段地址 CS 和偏移地址 IP，各占 2 个字节。256 个中断向量共占用 1024 个字节的存储空间。

在内存中分配一段存储区域，按照中断类型码的顺序存放 256 个中断向量，这个存储区域就是中断向量表。8086 中断系统把中断向量表存放在内存 0 段的 0~3FFH 区域，共 1024 个字节，每 4 个字节存放一个中断向量，其中较高地址的 2 个字节存放中断服务程序入口地址的段地址 CS，较低地址的 2 个字节存放中断服务程序入口地址的偏移地址 IP，高地址存放高字节，低地址存放低字节，4 个字节单元中的最低地址就是中断向量地址，等于中断类型号乘以 4。

例如，类型号为 16H 的 BIOS 键盘中断，其中断向量地址为 $16H \times 4=58H$，对应的中断向量存放在中断向量表 0000：0058H 开始的 4 个字节中，即 0058H、0059H 两字节存放的是中断服务程序入口地址的偏移地址，005AH、005BH 两字节存放的是中断服务程序入口地址的段地址。如果这 4 个字节中依次存放 20H、30H、12H 和 34H，那么 16H 中断对应的中断服务程序入口地址为 3412：3020H。

又如，某一个中断服务程序的入口地址为 1234：5678H，被分配为 8 号中断对应的中断服务程序，就要把该地址存入中断向量表 0000：0020H（$8 \times 4=20H$）开始的 4 个字节中，即偏移地址 5678H 存入 0 段内存的 0020H、0021H 两个字节单元，段地址 1234H 存入 0 段内存的 0022H、0023H 两个字节单元。

再如用 Debug 查看内存时，情况如下：0000:0030 21 36 54 12 07 08 09 12-34 45 5A 34 0B 34 78 89，则 0CH 号中断对应的中断服务程序入口地址为 1254：3621H。

8086 中断向量表的结构如图 8.4 所示。可以看出，256 个中断的 0~4 号中断是专用中断，有固定的定义和处理功能，包含除法错中断、单步中断、非屏蔽中断、断点中断和溢出中断；5~31 号中断是为系统保留的中断，为了保持系统间及当前系统和未来系统间的兼容，用户一般不应该自行修改或定义这些中断；32~255 号中断是供用户定义的中断，但是有些中断已经被系统定义，比如 21H 号中断就是 DOS 功能调用，用户不能自定义。

用户可以利用中断向量表，编写自己的中断服务程序，用中断方式控制系统中的外设，提高 CPU 的效率，满足系统的实时性指标要求。

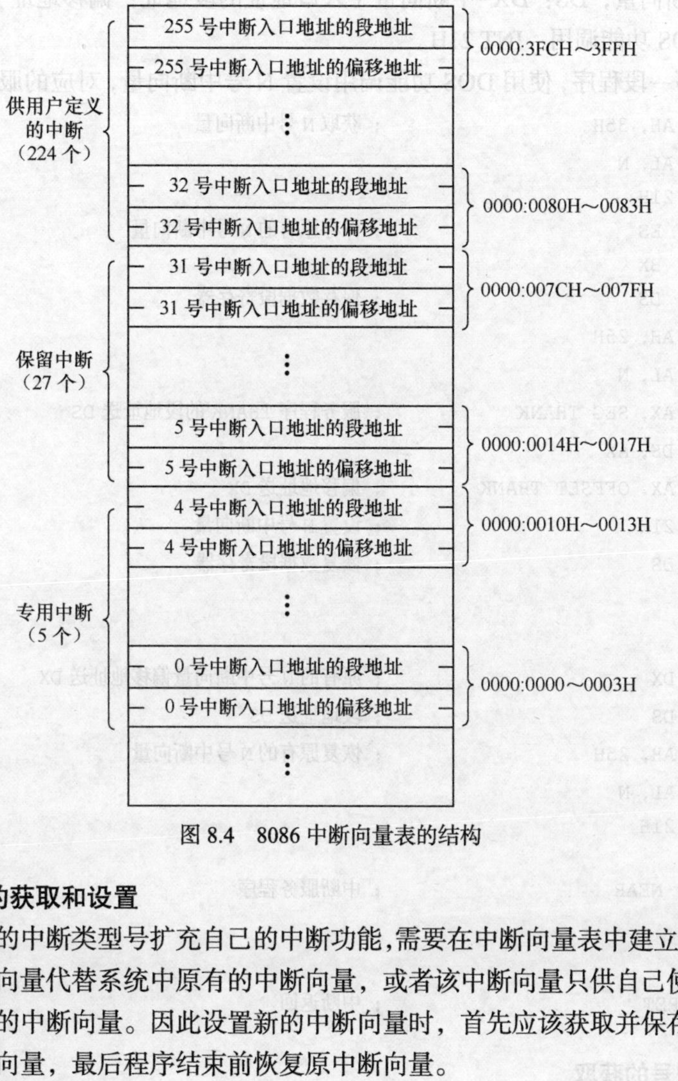

图 8.4　8086 中断向量表的结构

2. 中断向量的获取和设置

用户利用保留的中断类型号扩充自己的中断功能，需要在中断向量表中建立相应的中断向量。如果要用新的中断向量代替系统中原有的中断向量，或者该中断向量只供自己使用，就要注意保存和恢复系统原有的中断向量。因此设置新的中断向量时，首先应该获取并保存原中断向量，其次再设置新的中断向量，最后程序结束前恢复原中断向量。

（1）中断向量的获取和保存

中断向量的获取是把指定的中断类型的中断向量从中断向量表中取出，可采用从中断向量表直接读出的方法，也可采用 DOS 功能调用（21H）的方法来实现。实际应用中一般使用 DOS 功能调用的 35H 子功能完成，步骤如下：

首先设置子功能号和中断类型号：AH=35H，AL=中断类型号；

其次执行 DOS 功能调用：INT 21H；

最后返回中断向量，出口参数为 ES：BX=中断向量（段地址：偏移地址）。

中断向量的保存就是把 ES 和 BX 入栈，保存原有的中断向量，以便恢复。

（2）中断向量的设置

中断向量的设置是把中断服务程序的入口地址对应写入中断向量表，可采用把中断服务程序的入口地址直接写入中断向量表的方法，也可采用 DOS 功能调用的方法来实现。实际应用中一般使用 DOS 功能调用的 25H 子功能完成，步骤如下：

首先设置子功能号和中断类型号：AH=25H，AL=中断类型号；

其次设置中断向量，DS：DX=中断向量（入口地址的段地址：偏移地址）；

最后执行 DOS 功能调用：INT 21H。

例 8.1 编写一段程序，使用 DOS 功能调用设置 N 号中断向量，对应的服务程序为 THANK。

```
        MOV  AH, 35H                    ；获取 N 号中断向量
        MOV  AL, N
        INT  21H
        PUSH  ES                        ；保存原有的 N 号中断向量
        PUSH  BX
        PUSH  DS                        ；保存数据段寄存器
        MOV  AH, 25H
        MOV  AL, N
        MOV  AX, SEG THANK              ；服务程序 THANK 的段地址送 DS
        MOV  DS, AX
        MOV  AX, OFFSET THANK           ；偏移地址送 DX
        INT  21H                        ；设置 N 号中断向量
        POP  DS                         ；恢复数据段寄存器
          :
          :
        POP  DX                         ；原有的 N 号中断向量偏移地址送 DX
        POP  DS                         ；段地址送 DS
        MOV  AH, 25H                    ；恢复原有的 N 号中断向量
        MOV  AL, N
        INT  21H
        RET
THANK   PROC  NEAR                      ；中断服务程序
          :
          :
          IRET                          ；中断返回
THANK   ENDP
```

3. 中断类型号的获取

中断发生时，8086 中断系统用两种方法自动获取中断类型号。

对于内部中断和非屏蔽中断，8086CPU 可以用指令直接获取。CPU 已经规定了 5 个专用中断（0~4 号中断）的中断源及中断类型号，识别中断源后，即可直接获取中断类型号；INT n 类型的软件中断可以通过指令直接得到中断类型号。

对于外部硬件的可屏蔽中断，需要由硬件通过 INTR 引脚向 CPU 提出中断请求，CPU 响应中断时，由硬件电路提供中断类型号。当 CPU 检测到 INTR 引脚是高电平，同时中断允许标志位 IF=1 时，执行完当前指令后，便开始执行一个中断响应时序。

8086 的中断响应时序包含两个 $\overline{\text{INTA}}$ 中断响应总线周期，中断响应信号 $\overline{\text{INTA}}$ 两次有效。第一个总线周期，CPU 通知外设，准备响应中断，总线处于封锁状态，不能传送数据和地址信息；第二个总线周期，地址锁存允许信号 ALE 无效，只允许数据线工作，外设通过中断请求电路发送

中断类型码，由低 8 位数据总线传送给 CPU。

8.2.4 中断服务程序

中断过程由硬件和软件共同完成，软件包括主程序和中断服务程序。中断服务程序应该存放在内存，其入口地址必须保存到中断向量表对应的存储单元中。而设置中断向量，使其指向中断服务程序的入口地址，设置中断屏蔽寄存器，开放中断都必须由主程序完成。中断屏蔽寄存器的 I/O 端口地址为 21H，对应控制 8 个外设，如图 8.5 所示，设置某位为 0 表示允许该设备的中断请求，某位为 1 表示禁止该设备的中断请求。

7	6	5	4	3	2	1	0
打印机	软盘	硬盘	串口 1	串口 2	保留	键盘	定时器

图 8.5　中断屏蔽寄存器

例如，系统要新增加定时器中断，可用以下指令实现：

```
IN     AL, 21H                    ；读中断屏蔽寄存器
AND    AL, 11111110B
OUT    21H, AL                    ；允许定时器中断
```

CPU 是否响应外设的中断请求，还与中断允许标志位 IF 有关，IF=1 时，CPU 才能开放中断，响应外设的中断请求。用指令 STI 开放中断，CLI 关闭中断。

编写中断程序时，主程序中应该设置中断向量和中断屏蔽寄存器，开放中断，确定哪些外设允许使用中断方式来控制。

响应中断后，CPU 能自动完成以下过程：

（1）取中断类型号 N；

（2）PUSHF，标志寄存器内容入栈；

（3）设置 TF=0，IF=0；

（4）CS 寄存器内容入栈；

（5）IP 寄存器内容入栈；

（6）（N×4）送给 IP，（N×4+2）送给 CS。

最后一步完成后，CPU 开始执行设计人员编写的中断服务程序。

中断服务程序的编写，除返回指令外，均和子程序类似，通常包括以下内容：

（1）保存用到的寄存器；

（2）处理中断；

（3）恢复寄存器内容；

（4）中断返回（IRET）。

进入中断服务程序时，中断允许标志 IF 已经被清 0，如果允许中断嵌套，就需要再次开放中断，以响应其他外设的中断请求。

例 8.2　编写一个中断处理程序，要求按下小写字母“p”后，每隔 10 秒钟，在屏幕上显示信息“HOW ARE YOU!”。

分析：主程序首先等待键盘输入，如果输入的不是小写字母“p”，则退出；如果输入的是小写字母“p”，则继续执行主程序，设置并等待中断。

中断服务程序中，每隔 10 秒，显示一次字符串。10 秒的定时可以通过系统的定时器中断（中

断类型号为 8）来实现。在系统的定时器中断服务程序中，有一条中断指令 INT 1CH，每发生一次定时器中断，都要调用一次 1CH 中断服务程序，即每秒钟调用 18.2 次，中断 182 次就是 10 秒钟。因此可以用自行设计的中断服务程序代替原有的 1CH 中断程序，对中断计数，每中断 182 次，就显示一次字符串。

用户首先在主程序中获取并保存 1CH 中断向量，再设置新的 1CH 中断向量，指向自己的中断服务程序。主程序结束前必须恢复系统原有的 1CH 中断向量。

程序流程图如图 8.6 所示。

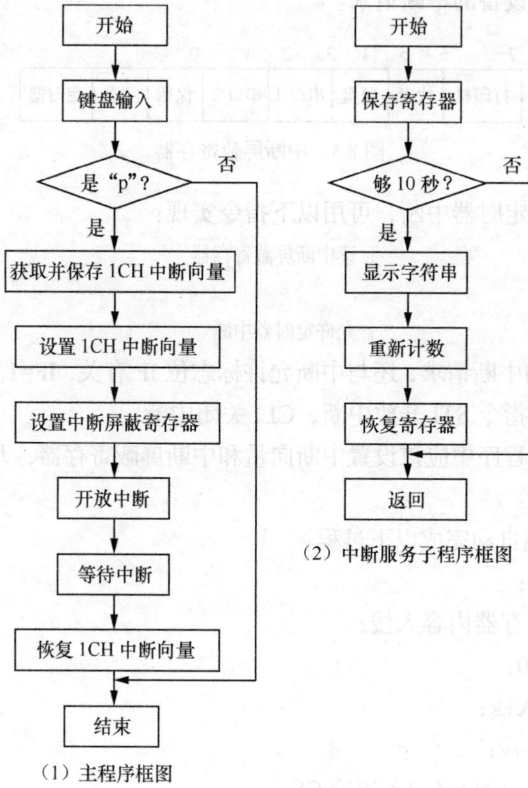

图 8.6　例 8.2 程序流程图

程序清单如下：

```
DATA    SEGMENT                                  ; 定义数据段 DATA
        MESSG   DB  'HOW ARE YOU! ', 0DH, 0AH, '$'
        COUNT   DW  1
DATA    ENDS
CODE    SEGMENT;                                 ; 定义代码段 CODE
MAIN     PROC  FAR
        ASSUME  CS: CODE, DS: DATA
START:  PUSH     DS                              ; DS: 00 入栈
        SUB   AX, AX
        PUSH  AX
        MOV  AX, DATA                            ; 置数据段
        MOV  DS, AX
        MOV  AH, 01H                             ; 等待键盘输入
```

```
        INT  21H
        CMP  AL, 70H                   ; 判断输入是不是“P”
        JE   ZD                        ; 输入“P”，执行程序
        JMP  EXIT1                     ; 输入的不是“P”，退出
  ZD:   MOV  AL, 1CH                   ; 获取 1CH 中断向量
        MOV  AH, 35H
        INT  21H
        PUSH ES                        ; 保存 1CH 中断向量
        PUSH BX
        PUSH DS                        ; 保存 DS 段寄存器的值
        MOV  AX, SEG TIME              ; DS: DX 指向子程序 TIME 的入口地址
        MOV  DS, AX
        MOV  DX, OFFSET TIME
        MOV  AL, 1CH                   ; 设置新中断 1CH，指向子程序 TIME
        MOV  AH, 25H
        INT  21H
        POP  DS                        ; 恢复 DS 段寄存器的值
        IN   AL, 21H                   ; 读中断屏蔽寄存器
        AND  AL, 11111110B
        OUT  21H, AL                   ; 允许定时中断
        STI                            ; IF=1，开放中断
        MOV  DI, 2000
DELAY:  MOV  SI, 3000
DELAY1: DEC  SI
        JNZ  DELAY1                    ; 延时
        DEC  DI
        JNZ  DELAY
        POP  DX                        ; 原 1CH 中断出栈
        POP  DS
        MOV  AL, 1CH                   ; 恢复原 1CH 中断
        MOV  AH, 25H
        INT  21H
EXIT1:  RET                            ; 返回 DOS
MAIN    ENDP
TIME    PROC  NEAR                     ; 中断服务程序
        PUSH DS                        ; 保存寄存器的值
        PUSH AX
        PUSH CX
        PUSH DX
        MOV  AX, DATA                  ; DS 指向数据段 DATA
        MOV  DS, AX
        DEC  COUNT
        JNZ  EXIT                      ; 不足 10 秒，退出中断服务程序
        MOV  DX, OFFSET MESSG          ; 每够 10 秒，显示字符串
        MOV  AH, 09H
        INT  21H
        MOV  COUNT, 182                ; 控制 10 秒的计数值
```

```
EXIT:   POP    DX                    ; 恢复寄存器的值
        POP    CX
        POP    AX
        POP    DS
        IRET                         ; 中断返回
TIME    ENDP
CODE    ENDS
END     START
```

8.3 中断控制器 8259A

8086 中断系统包括硬件中断和软件中断，硬件中断又包含多个可屏蔽中断。多中断源系统通过可编程中断控制器 8259A 接受外部的可屏蔽中断请求，并按优先级顺序依次响应。CPU 进入中断服务程序后，中断控制器 8259A 仍负责对外部中断请求的管理。

Intel 8259A 是与 8080/8085 系列以及 8086/8088 系列兼容的可编程的中断控制器。它采用 NMOS 工艺，双列直插的 DIP28 封装结构，使用单一 5V 直流电源，管理外部的可屏蔽中断请求，主要功能如下：

（1）一片 8259A 可以接受并管理 8 级可屏蔽中断请求，最多 9 片级联可扩展至 64 级可屏蔽中断优先权控制。

（2）每一级中断都可以通过程序来屏蔽或允许。

（3）在中断响应周期，可为 CPU 提供相应的中断类型号。

（4）具有多种工作方式，并可通过编程来选择。

8.3.1　8259A 的内部结构及外部引脚

1. 8259A 的内部结构

8259A 的内部结构如图 8.7 所示，包含 8 个功能模块。

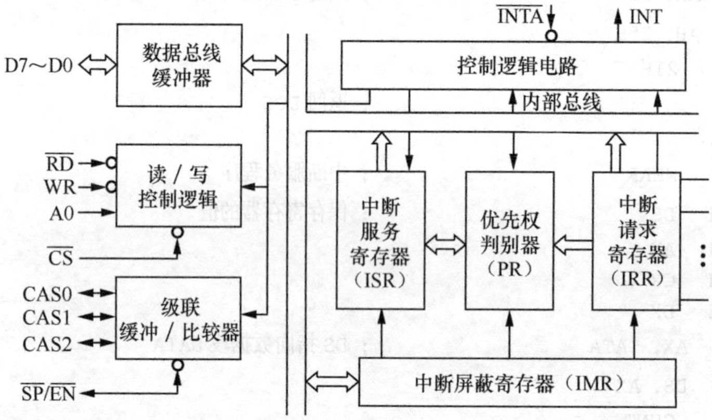

图 8.7　8259A 内部结构

（1）中断请求寄存器（IRR）

中断请求寄存器用于保存外设通过 IR7~IR0 提出的可屏蔽中断请求。当 IR7~IR0 的某端提出中断请求时，中断请求寄存器相应位被置“1”；中断请求被响应时，相应位被清“0”。

（2）中断服务寄存器（ISR）

中断服务寄存器用于保存所有正在被响应的可屏蔽中断。当 IR_7~IR_0 的某一中断请求被响应时，中断服务寄存器相应位被置“1”。中断嵌套时，ISR 会有多位同时为“1”。

（3）中断屏蔽寄存器（IMR）

中断屏蔽寄存器用于屏蔽或允许 IR_7~IR_0 提出的中断请求，某位置“1”时，相应的中断请求被屏蔽；置“0”时，相应的中断请求被开放。

（4）优先权判别器（PR）

多个中断源同时提出服务请求时，优先权判别器按照优先级顺序，选出级别最高的中断，使高优先级中断首先被响应。

（5）控制逻辑电路

控制逻辑电路根据程序设定的方式管理和控制 8259A，负责向 CPU 发送可屏蔽中断请求信号，并接收 CPU 的中断响应信号。

（6）级联缓冲/比较器

级联缓冲/比较器用于控制多片 8259A 的级联，扩充系统中断。最多可 9 片级联，扩展至 64 级可屏蔽中断优先权控制。级联时，其中一片为主片，其余为从片。

（7）读/写控制逻辑

通过读/写控制逻辑，8259A 可以接收 CPU 发出的读/写控制指令，对 8259A 进行读写操作。

（8）数据总线缓冲器

连接 CPU 的数据总线，根据读/写控制逻辑，接收 CPU 的控制命令，发送 8259A 的状态信息和中断类型码。

2. 8259A 的外部引脚

8259A 共有 28 个引脚，其排列如图 8.8 所示，主要引脚功能如下。

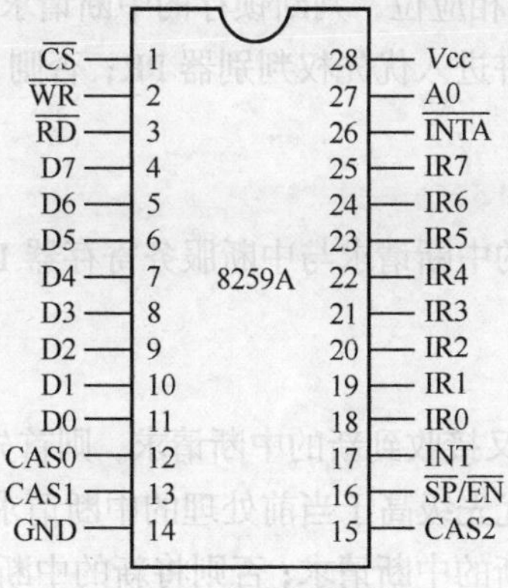

图 8.8　8259A 引脚排列

（1）电源引脚

Vcc：+5V 电源输入线。

GND：接地线。

（2）与 CPU 的接口引脚

D7~D0：三态数据输入输出引脚，与数据总线连接。

$\overline{RD}$：读控制信号输入引脚，与 CPU 的 $\overline{IOR}$ 相连，对 8259A 内部寄存器进行读操作。

$\overline{\text{WR}}$：写控制信号输入引脚，与 CPU 的 $\overline{\text{IOW}}$ 相连，对 8259A 内部寄存器进行写操作。

INT：中断请求信号输出引脚，与 CPU 的 INTR 相连，向 CPU 发送中断请求信号。

$\overline{\text{INTA}}$：中断响应应答信号输入引脚，与 CPU 的 $\overline{\text{INTA}}$ 相连，接收 CPU 的中断响应信号。

$\overline{\text{CS}}$：片选信号输入引脚，与地址译码电路相连。

A0：片内端口选择信号输入引脚，一片 8259A 占用两个连续的端口地址。A0=0 时，选择偶地址端口；A0=1 时，选择奇地址端口。

（3）与外设的接口引脚

IR7~IR0：外设中断请求信号输入引脚，与外设的中断申请电路相连，向 CPU 提出中断请求。

（4）级联控制引脚

CAS2~CAS0：级联信号引脚，单片 8259A 时无效；级联时，主片 8259A 的级联信号是输出引脚，从片 8259A 的级联信号是输入引脚。

$\overline{\text{SP}}/\overline{\text{EN}}$：主从/允许缓冲信号引脚，具有双重功能。非缓冲方式下，为主从控制信号输入引脚，输入高电平时，为主片；输入低电平时，为从片。缓冲方式下，为允许信号输出引脚，作为外部数据总线缓冲器的启动信号。

8.3.2 8259A 对外部中断的处理过程

8259A 中断控制器能处理外部设备的可屏蔽中断，具体步骤如下：

1. 接收外部的中断请求

当外部事件通过中断请求电路，使 8259A 的中断请求输入引脚 IRi（i 为 0~7）变成高电平时，即向 CPU 提出了中断请求。中断请求寄存器 IRR 的相应位就被置“1”，接收并锁存外部的中断请求。

2. 判断中断请求是否被屏蔽

根据中断屏蔽寄存器 IMR 的相应位，判断锁存的中断请求是否被屏蔽。对应位为“0”时，相应的中断请求没有被屏蔽，允许进入优先权判别器 PR；否则，该中断请求被屏蔽，不允许进入优先权判别器 PR。

3. 优先级裁决

优先权判别器 PR 对新进入的中断请求与中断服务寄存器 ISR 中正在处理的中断进行优先级裁决。

4. 中断申请

中断处理期间，如果 8259A 又接收到新的中断请求，则首先与当前处理的中断请求的优先级进行比较。如果新的中断请求的优先级高于当前处理的中断请求，则 8259A 从 INT 引脚输出高电平，向 CPU 提出中断申请，处理新的中断请求；否则将新的中断请求放入中断请求寄存器，8259A 不向 CPU 提出中断申请。

5. 中断响应

如果中断允许标志位 IF 为“0”，则 CPU 不会响应该中断请求；当 IF 为“1”时，CPU 执行完当前指令后，从 $\overline{\text{INTA}}$ 引脚向 8259A 发出两个负脉冲，响应该中断请求。

第一个负脉冲到来时，8259A 将中断服务寄存器 ISR 的相应位置“1”，把中断请求寄存器 IRR 的相应位清“0”； 第二个负脉冲到来时，把中断类型码通过低 8 位数据总线 D7~D0 送给 CPU。根据设定的中断结束处理方式，可以在第二个负脉冲结束或中断过程结束时把中断服务寄存器

ISR 的相应位清“0”，表明 8259A 的中断处理结束。CPU 会自动保存断点，从中断向量表取出中断服务程序入口地址，执行中断服务程序。

用一个简单的例子可以说明 8259A 的中断处理过程。CPU 相当于市长，8259A 就是市长的秘书。好多人想见市长，恰巧市长正在开会，不便会客，就交给秘书先行接待。秘书就会把所有客人的情况予以登记，分类。有市长不愿接见的，就被屏蔽掉，直接被拒绝；有比会议更重要、更紧急的情况，秘书就会立刻向市长汇报，市长就会停止开会，立即处理；没有更紧急的事件，只能等散会后，秘书才向市长汇报，再做处理。

8.3.3 8259A 的扩充及应用

1. 8259A 的扩充

计算机系统采用级联方式对 8259A 进行扩充，提高中断处理能力。所谓级联，就是多片 8259A 构成主从方式，管理多级中断，其中包括 1 个主片，多个从片。微机系统最多可以扩充至 9 片级联，管理 64 级中断。在主从式结构中，主片的 INT 引脚与 CPU 的 INTR 引脚相连，向 CPU 提出中断申请；从片的 INT 引脚分别与主片 IR0~IR7 的某一引脚相连，按照优先权顺序管理各级中断。主片的 3 个级联信号引脚 CAS2~CAS0 与各个从片的级联信号引脚对应连接，主片为输出，从片为输入。主片的 $\overline{SP}/\overline{EN}$ 接+5V，从片的 $\overline{SP}/\overline{EN}$ 接地。

图 8.9 为 3 片 8259A 级联的连接图。图中从片 1、2 的 INT 引脚分别接至主片的 IR6 和 IR3，可管理 22 级中断。各级中断的优先权顺序从高往低依次为：

主片的 IR0、IR1、IR2

从片（2）的 IR0、IR1、IR2、IR3、IR4、IR5、IR6、IR7

主片的 IR4、IR5

从片（1）的 IR0、IR1、IR2、IR3、IR4、IR5、IR6、IR7

主片的 IR7

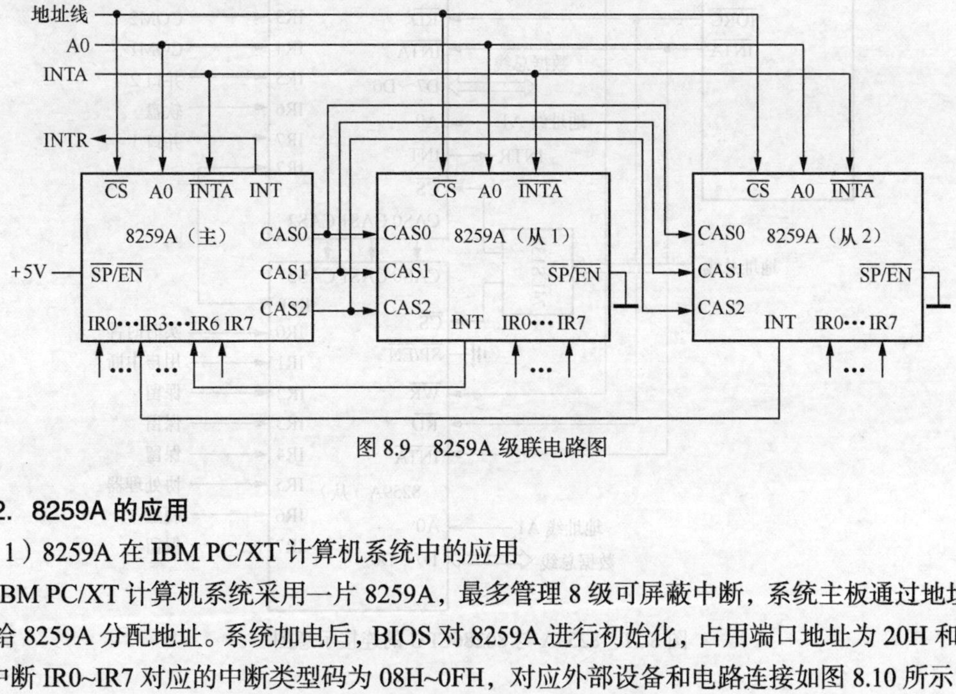

图 8.9 8259A 级联电路图

2. 8259A 的应用

（1）8259A 在 IBM PC/XT 计算机系统中的应用

IBM PC/XT 计算机系统采用一片 8259A，最多管理 8 级可屏蔽中断，系统主板通过地址译码电路给 8259A 分配地址。系统加电后，BIOS 对 8259A 进行初始化，占用端口地址为 20H 和 21H，8 级中断 IR0~IR7 对应的中断类型码为 08H~0FH，对应外部设备和电路连接如图 8.10 所示。

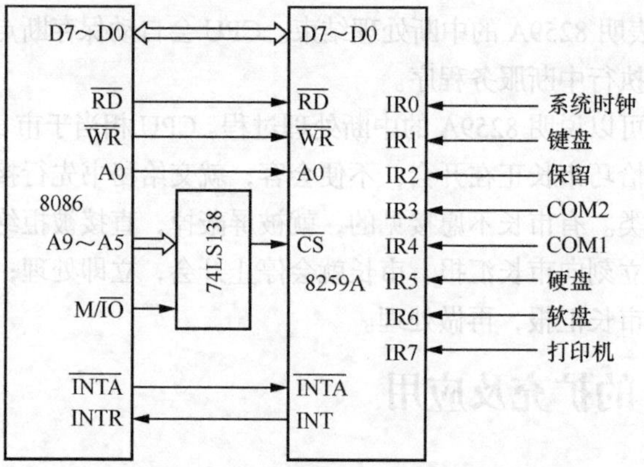

图 8.10　8259A 与 8086CPU 的连接示意图

图中 IR0 的优先权最高，IR7 的优先权最低。

（2）8259A 在 IBM PC/AT 计算机系统中的应用

为扩大中断处理能力，IBM PC/AT 计算机系统采用两片 8259A 级联，组成主从式中断控制系统，管理 15 级中断，对应外部设备及电路连接如图 8.11 所示，其中系统时钟是由定时/计数器产生的定时中断，每秒钟调用 18.2 次，主要用于校准计算机的时间基准；实时时钟是由 CMOS 内部的计时电路产生，为计算机提供时间基准。图中从片的中断请求输出引脚 INT 接主片 8259A 的中断请求输入引脚 IR2，相当于主片的 IR2 被扩展为 8 个可屏蔽中断。系统分配给主片 8259A 的端口地址仍为 20H 和 21H，中断类型码为 08H~0FH；从片 8259A 的端口地址为 0A0H 和 0A1H，中断类型码为 70H~77H。

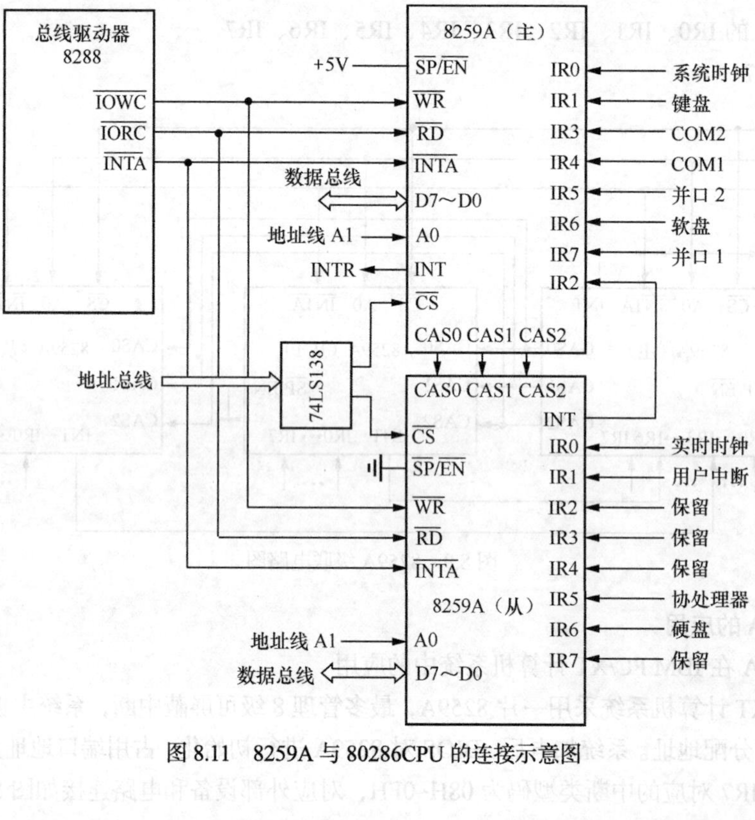

图 8.11　8259A 与 80286CPU 的连接示意图

15 级中断的优先权顺序从高往低依次为：

主片的 IR0、IR1

从片的 IR0、IR1、IR2、IR3、IR4、IR5、IR6、IR7

主片的 IR3、IR4、IR5、IR6、IR7

可编程中断控制器 8259A 按照优先权顺序管理多个外部设备，实现中断控制，在计算机系统中大量应用。使用 8259A 之前，必须对其进行初始化编程和工作方式编程，设置其工作方式，使用非常灵活。计算机系统启动后，BIOS 会自动完成 8259A 的初始化设置，其编程结构、编程方法、工作方式等内容，读者可参考相关书籍。

本章小结

本章主要介绍了 3 部分内容。第 1 部分为中断概述，包括中断、中断源等基本概念，中断功能及中断处理的一般过程等内容，是本章的基础；第 2 部分为 8086 中断系统，包括中断类型、中断优先级、中断向量与中断向量表、中断服务程序等内容，是本章的重点。通过这部分内容，可以了解 8086 中断系统的工作机制及中断服务程序的编写，以中断方式对外设进行控制；第 3 部分为中断控制器 8259A，主要包括 8259A 的结构及引脚、外部中断的过程及应用等内容，可以对外部中断进行管理和扩充。

第3篇
接口应用部分

第 9 章 8255A 可编程接口芯片及其应用

8255A 是 Intel 公司生产的一款常用的可编程外围接口（PPI）芯片，可实现微处理器 I/O 口扩展。可通过软件对 8255A 进行编程，因此在应用时不需要额外的外围逻辑电路。

9.1 8255 的内部结构和外部特性

9.1.1 8255 内部结构

从整体上看，8255A 是由 8 位的微处理器端数据总线和 6 根控制线组成，对 2 组外部设备端接口进行输入输出控制的接口芯片。它的内部结构如图 9.1 所示。

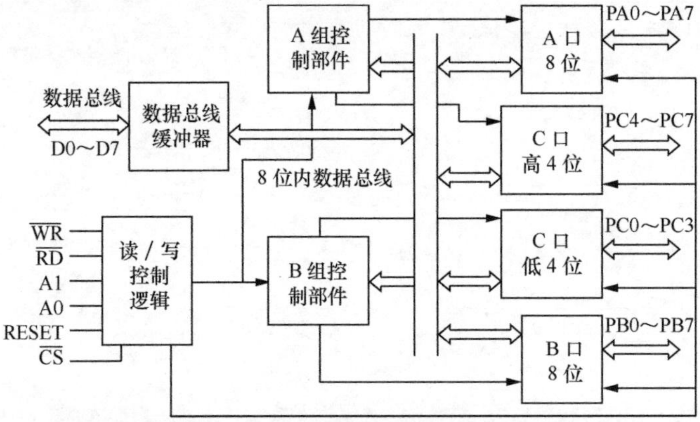

图 9.1 8255A 内部结构框图

根据上图，8255A 的内部可分为下列几个部分。

1. 数据端口 A、B、C

8255A 包含有 3 个 8 位端口（A、B 和 C），每一个端口都可单独使用，同时可通过软件设置进行多种协同工作。另外 8255A 的 A、B 和 C 端口也分为 A 组和 B 组，A 组包括 A 端口全部和 C 端口的高 4 位 PC4~PC7，B 组包括 B 端口全部和 C 端口的低 4 位 PC0~PC3。3 个端口并不完全相同，在结构中存在差别。

端口 A：包含 1 个 8 位的数据输出缓冲/锁存器和 1 个 8 位的数据输入锁存器。

端口 B：包含 1 个 8 位的数据输出缓冲/锁存器和 1 个 8 位的数据输入缓存器。

端口 C：包含 1 个 8 位的数据输出缓存/锁存器和 1 个 8 位的数据输入缓存器。

在此应该理解锁存器的重要作用。一方面通常 I/O 的速度不一样，会引起传输不同步；另一方面在电路设计时要求读出/写入的数据必须被保持一定时间，因此就需要用锁存器保持数据。1 位锁存器通常是一个 D 触发器，它是静态存储，没掉电和没写入新数据之前，它一直保持原有数据。如果甲方数据输出口有锁存器时，数据送到输出口后就不用等待乙方读取数据，而甲方就可以继续进行其他工作；如果甲方数据输入口有锁存器时，数据提供方乙方将数据送到甲方输入口后就不用等待甲方读取数据，而乙方便可继续进行其他工作。

2. 数据总线缓冲器

8255A 和系统数据总线相连的端口带有 8 位的双向 3 态缓冲器，通过该缓冲器 8255A 对 CPU 的输入/输出指令进行数据的发送和接收操作。控制字信息也是通过该数据缓冲器传输。

3. 读/写控制逻辑

读/写控制逻辑模块管理控制字及数据传输。它依次接收 CPU 端地址总线和控制总线上的信号，并将其转化为控制命令发送给 A 组和 B 组控制电路。

4. 控制电路（分为 A 组和 B 组）

在 8255A 中各端口的功能配置是由软件进行设置。本质上来说，就是由 CPU 向 8255A 输出一个“控制字”。这个控制字可包含“模式”、“位置高”和“位清零”等功能。控制逻辑正是从内部数据总线接收这些来自 CPU 的命令，并将其转化为向对应端口发出读/写、置位、清零等指令。

9.1.2　8255A 的外部特性

8255A 的引脚排列如图 9.2 所示，共有 40 个引脚。引脚功能如下。

1. CPU 端

8 位数据总线 D0～D7：双向数据总线，实现 8255A 与 CPU 间通信，传输数据和控制字信息。

$\overline{RD}$：低电平有效的读信号线。该信号为低电平时会将数据总线上的数据或状态信息读入 CPU。

$\overline{WR}$：低电平有效的写信号线。该信号为低电平时会将 CPU 给出的数据或控制字信息写入 8255A。

$\overline{CS}$：低电平有效的片选信号线，当该信号为低电平时允许 8255A 和 CPU 进行通信。

A1，A0：端口地址选择信号线。A0、A1 组合可提供 4 个有效地址，对应 3 个端口 A、B、C 和 1 个控制寄存器。其中：A1A0=00 组合选择 A 口，A1A0=01 组合选择 B 口，A1A0=10 组合选择 C 口，A1A0=11 组合选择控制寄存器。

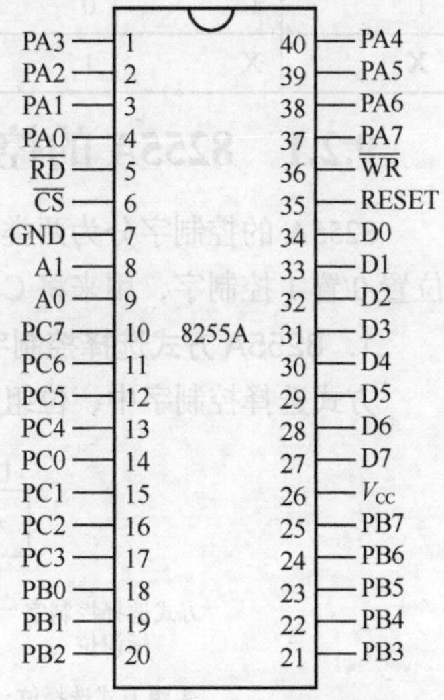

图 9.2　8255A 引脚排列

RESET：高电平有效的复位信号线。当该线号线为高电平时，清除控制寄存器并将 3 个端口全部设置为输入状态。

2. 外部设备端

PA0～PA7：A 口的 8 条输入输出信号线。通过软件编程可决定该口数据线的工作方式。

PB0～PB7：B 口的 8 条输入输出信号线。通过软件编程可决定该口数据线的工作方式。

PC0～PC7：C 口的 8 条输入输出信号线。通过软件编程可决定该口数据线的工作方式。

另外，*V*cc 和 GND 分别为+5V 电源正和电源负输入引脚。

9.2 8255A 的控制方法

在使用 8255A 之前，必须要对 8255A 进行编程，完成芯片的初始化，确定 3 个端口的工作方式。CPU 对 8255A 进行的操作可参看表 9.1。

表 9.1　　　　8255A 基本操作

A1	A0	$\overline{RD}$	$\overline{WR}$	$\overline{CS}$	输入操作（读）
0	0	0	1	0	端口 A→数据总线
0	1	0	1	0	端口 B→数据总线
1	0	0	1	0	端口 C→数据总线
					输出操作（写）
0	0	1	0	0	数据总线→端口 A
0	1	1	0	0	数据总线→端口 B
1	0	1	0	0	数据总线→端口 C
1	1	1	0	0	数据总线→控制寄存器
					禁用功能
X	X	X	X	1	数据总线→三态
1	1	0	1	0	非法条件
X	X	1	1	0	数据总线→三态

9.2.1 8255A 的控制字

8255A 的控制字分为两类。一类是方式选择控制字，设置各端口工作方式；另一类是端口 C 位置 0/置 1 控制字，用来将 C 端口中某一位单独置高/置低。

1. 8255A 方式选择控制字

方式选择控制字中，位组成及含义如图 9.3 所示。

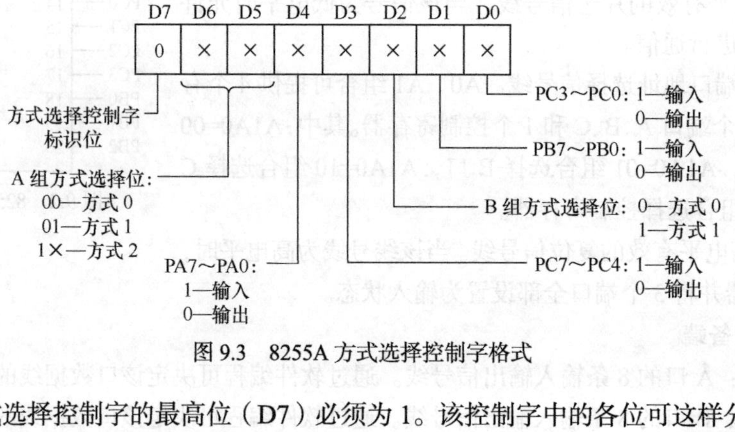

图 9.3　8255A 方式选择控制字格式

8255A 方式选择控制字的最高位（D7）必须为 1。该控制字中的各位可这样分类：

（1）最高位（D7）为方式选择控制字标识位，必须为 1，表明要对方式选择控制字进行操作，而不是对端口 C 位置 0/置 1 控制字进行操作。因为这两个控制字共用一个地址，即端口地址选择信号线 A1A0=11 组合。

（2）D6~D0 共 7 位，分成 A 组和 B 组。A 组包括 D6~D3 共 4 位实现对 8255A 的 B 组设置，B 组包括 D2~D0 共 3 位实现对 8255A 的 B 组设置。因为 A 组的工作方式有 3 种至少需要 2 个位来实现，而 B 组的工作方式有 1 种需要 1 个位就可实现，因此 A 组比 B 组多 1 个位。

（3）A 组、B 组从高位到低位都依次为：组工作方式、8 位口输入输出和 4 位口输入输出选择。A 组具体为：D6~D5 为 A 口的工作方式选择，D4 为 A 口 8 位全部的工作方式选择，D3 为 C 口的高 4 为工作方式选择；B 组具体为：D2 为 B 口的工作方式选择，D1 为 B 口 8 位全部的工作方式选择，D0 为 C 口的低 4 为工作方式选择。

在记忆 A、B、C 端口输入还是输出状态设置时，可这样理解：数字 1 和大写字母“I”外形很像，而“I”又可作为单词“Input”的缩写，“Input”的含义就是输入；数字 0 和大写字母“O”外形很像，而“O”又可作为单词“Output”的缩写，“Output”的含义就是输出。

2. 8255A 端口 C 位置 0/置 1 控制字

8255A 端口 C 位置 0/置 1 控制字的格式如图 9.4 所示。

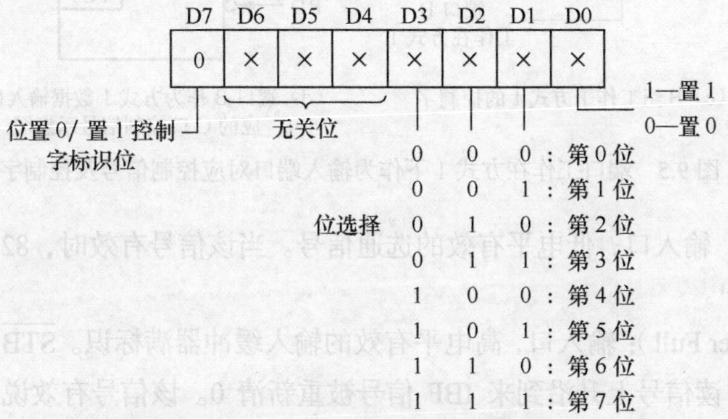

图 9.4　端口 C 位置 0/置 1 控制字格式

9.2.2　8255A 的工作方式

8255A 提供了多种端口工作方式，每个端口支持的工作方式有所不同。端口 A 有方式 0、方式 1 和方式 2；端口 B 有方式 0 和方式 1；端口 C 则仅有基本的输入输出操作方式。并且，当端口 A 和端口 B 工作在方式 0 以外时，端口 C 会作为端口 A 和端口 B 的联络控制信号。

1. 方式 0

方式 0 为基本输入输出方式。在这种方式下，端口仅作为简单的输入或输出端口使用，仅仅从指定的端口中读取数据或将数据写入指定的端口中。端口 A、B、C 都支持该方式，端口 A 和 B 通过方式选择控制选择方式 0。端口 C 的工作方式没有专门的寄存器控制，端口 C 在不作为端口 A、B 的联络控制信号时默认工作在方式 0。当端口 A 工作在方式 1 或方式 2，端口 B 工作在方式 1 时，端口 C 作为 A、B 端口的联络信号。

2. 方式 1

方式 1 是选通输入输出方式。在这种方式下，8255A 按 A 组和 B 组分 2 组工作。端口 A、B 仍旧作为数据输入输出口使用，端口 C 中的某些位提供数据输入输出时的选通信号和状态信息。在方式 1 下，数据端口无论是作为输入端口还是输入端口，均具有锁存功能。

图 9.5 所示是端口 A 和端口 B 工作在方式 1 下、作为输入端口时，各控制信号的示意图，还给出了相应的方式选择控制字。

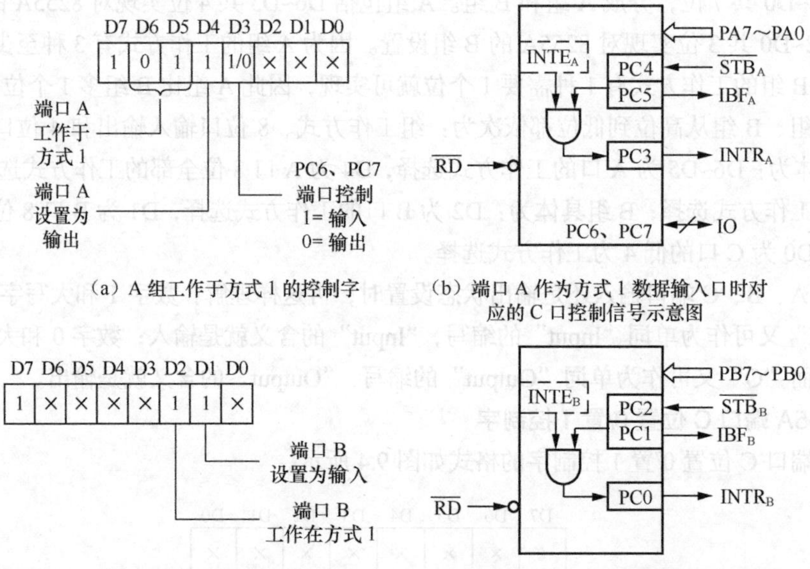

（a）A 组工作于方式 1 的控制字　（b）端口 A 作为方式 1 数据输入口时对应的 C 口控制信号示意图

（c）B 组工作于方式 1 的控制字　（d）端口 B 作为方式 1 数据输入口时对应的 C 口控制信号示意图

图 9.5　端口工作在方式 1 下作为输入端口对应控制信号及控制字

$\overline{STB}$（Strobe）：输入口，低电平有效的选通信号。当该信号有效时，8255A 将外设送来数据锁存入数据缓冲器中。

IBF（Input Buffer Full）：输入口，高电平有效的输入缓冲器满标识。$\overline{STB}$ 信号有效会引起 IBF 信号有效，直到 $\overline{RD}$ 读信号上升沿到来 IBF 信号被重新清 0。该信号有效说明数据已被锁存入输入缓冲器中，同时该数据还并未被 CPU 读取。

INTR（Interrupt Requeset）：输出口，高电平有效的中断请求信号。如果中断使能 INTE 被有效，且 $\overline{STB}$ 和 IBF 同时为 1，INTR 信号也将被有效，直到 $\overline{RD}$ 读信号的下降沿到来才重新被清 0。当外设向 CPU 请求写数数据时，该信号用来请求 CPU 中断以响应外设请求。

INTE（Interrupt Enable）：中断允许信号，用于选择中断使能和中断屏蔽。该信号没有外部引出脚，不存在实际的物理引脚。它通过软件对 C 端口中的特定位进行置 1/置 0 操作来控制。对 PC4 置 1 将使能 A 组中断，置 0 将屏蔽 A 组中断。对 PC2 置 1 将使能 B 组中断，置 0 将屏蔽 B 组中断。因此，如果要使用中断功能，应先用软件将相应中断允许位置 1。

下面通过例子来说明方式 1 的工作流程。一个外设通过 8255A 的 A 组数据端口主动向 CPU 写入一次数据。外设将数据送到 A 组的数据总线 PA7～PA0，并向 A 组对应的 $\overline{STB}$ 信号线发送一个低脉冲。接收到这个低脉冲 8255A 会同时进行 2 个操作，将数据总线 PA7～PA0 上的数据锁存到输入缓冲器中，同时将 IBF 信号置为有效。如果中断允许被打开，由于 $\overline{STB}$ 和 IBF 同时为 1，INTR 被置 1 向 CPU 请求中断。CPU 接收到该中断后，读走锁存在 8255A 输入缓冲器中的数据。读操作产生的 $\overline{RD}$ 低脉冲信号又会将 IBF 信号清零，接着又清零 INTR 信号。这样便完成了一次外设到 CPU 的方式 1 中断数据传输。

图 9.6 是端口 A 和端口 B 工作在方式 1、作为输出端口时，各控制信号的示意图，并给出了相应的方式选择控制字。

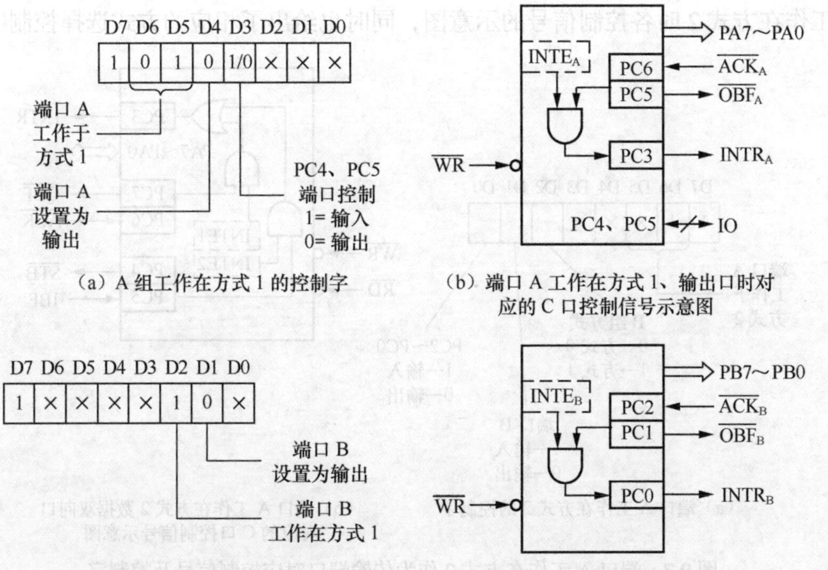

（a）A 组工作在方式 1 的控制字　（b）端口 A 工作在方式 1、输出口时对应的 C 口控制信号示意图

（c）B 组工作在方式 1 的控制字　（d）端口 B 工作在方式 1、输出口时对应的 C 口控制信号示意图

图 9.6　端口工作在方式 1、作为输出端口对应控制信号及控制字

$\overline{ACK}$（Acknowledge）：输入口，低电平有效的外设响应信号。当该信号有效时，说明端口 A 或者端口 B 上的数据被外设读取，即外设在成功接收数据之后对 8255A 的响应信号。

$\overline{OBF}$（Output Buffer Full）：输出口，低电平有效的输出缓冲器满标识。该信号有效表示 CPU 已向指定的端口写入数据。该信号在 $\overline{WR}$ 写信号的上升沿置 0 并在 $\overline{ACK}$ 信号变低后重新置 1。

INTR（Interrupt Requeset）：输出口，高电平有效的中断请求信号。如果中断允许 INTE 被使能。且 ACK 和 OBF 同时为 1，INTR 信号有效，直到 WR 写信号的下降沿到来才重新被清 0。当外设将端口 A 或端口 B 的数据成功接收后，该信号中断 CPU 提醒 CPU 外设已成功接收数据，可进行下一次操作。

INTE（Interrupt Enable）：中断允许信号，用于选择中断使能和中断屏蔽，该信号没有外部引出脚，不存在实际的物理引脚。它通过软件对 C 端口中的特定位进行置 1/置 0 操作来控制。对 PC6 置 1 将使能 A 组中断，置 0 将屏蔽 A 组中断。对 PC2 置 1 将使能 B 组中断，置 0 将屏蔽 B 组中断。因此，如果要使用中断功能，应先将相应中断允许位置 1。

下面通过例子来说明方式 1 的工作流程。CPU 通过 8255A 向外设发起一次数据写操作。CPU 向 8255A 的指定端口执行一次写操作，操作结束后 CPU 继续执行其他命令，8255A 将 CPU 给出的数据锁存在数据总线缓冲器中并将 $\overline{OBF}$ 标识有效。外设检测到 $\overline{OBF}$ 标识有效并对对应端口执行读操作，成功读取数据后向 8255A 发出响应信号 $\overline{ACK}$ 告知数据已经读取。8255A 接收到 $\overline{ACK}$ 有效信号后进行 2 个操作，将 $\overline{OBF}$ 信号置 1，接着有效 INTR 信号，通知 CPU 上次的写操作已处理完毕，可执行下一步操作。

3. 方式 2

方式 2 是双向传输模式。8255A 中仅端口 A 可工作在方式 2。当端口 A 工作在方式 2 时，外设既可通过端口 A 将数据传入 CPU 中，也可通过端口 A 接收 CPU 发送来的数据。与方式 1 相同，也需要占用端口 C 作为相应的控制及状态信号（共需 PC7～PC3，共 5 根线）。

要将 8255A 的端口 A 配置在方式 2，也需要通过软件向 8255A 写入方式选择控制字。图 9.7

是端口 A 工作在方式 2 时各控制信号的示意图，同时也给出了相应的方式选择控制字。

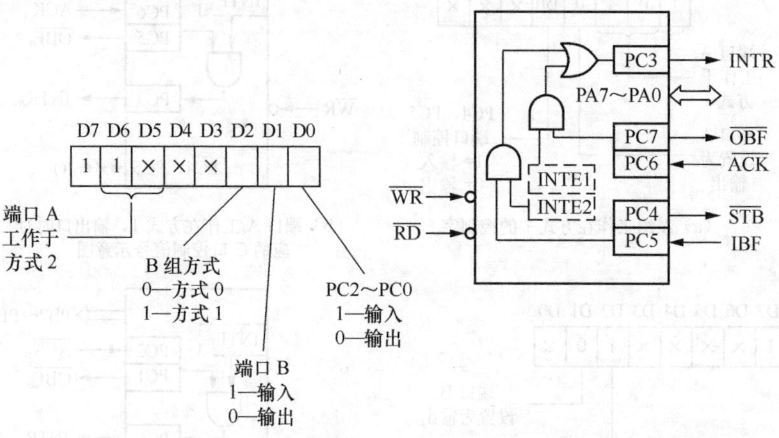

（a）端口 A 工作在方式 2 的控制字

（b）端口 A 工作在方式 2 数据双向口对应的 C 口控制信号示意图

图 9.7　端口 A 工作在方式 2 作为传输端口对应控制信号及控制字

$\overline{OBF}$（Output Buffer Full）：输出口，低电平有效的输出缓冲满标识。该信号有效表示 CPU 已向指定的端口写入了数据。该信号在 $\overline{WR}$ 写信号的上升沿置 0 并在 $\overline{ACK}$ 信号变低后重新置 1。

ACK（Acknowledge）：输入口，低电平有效的外设响应信号。当该信号有效时，8255A 端口 A 的输出缓冲器开启，向 PA7～PA0 信号线上送出数据，否则输出缓冲器处于高阻状态。

STB（Strobe）：输入口，低电平有效的选通信号。当该信号有效时，8255A 将外设送来数据锁存入数据缓冲器中。

IBF（Input Buffer Full）：输入口，高电平有效的输入缓冲器满标识。$\overline{STB}$ 信号有效会引起 IBF 信号有效，直到 RD 读信号的上升沿到来 IBF 信号被重新清 0。该信号有效说明数据已被锁存入输入缓冲器中，同时该数据还并未被 CPU 读取。

INTR（Interrupt Requeset）：输出口，高电平有效的中断请求信号。与 CPU 相连，同时为输入中断（CPU 读中断）和输出中断（CPU 写中断）提供中断请求。

INTE1（Iinterrupt Enable 1）：CPU 写中断允许位，用于选择中断使能和中断屏蔽。INTE1 是输出中断。当中断被允许时，一旦 8255A 数据输出缓冲器为空，就会向 CPU 发出中断请求。如果中断被禁用，则不会向 CPU 发出中断请求。中断使能通过软件对 C 端口中的 PC6 置 1、置 0 来控制，当 PC6 为 1，使能中断；PC6 为 0，禁止中断。

INTE2（Interrupt Enable 2）：CPU 读中断允许位，用于选择中断使能和中断屏蔽。INTE2 是输入中断。当中断被允许时，一旦 8255A 数据输入缓冲器满，就会向 CPU 发出中断请求。如果中断被禁用，则不会向 CPU 发出中断请求。中断使能通过软件对 C 端口中的 PC4 置 1、置 0 来控制，当 PC4 为 1，使能中断；PC4 为 0，禁止中断。

端口 A 方式 2 和方式 1 相似，是方式 1 输入端口和方式 1 输出端口的结合。这里不再具体叙述。另外，当端口 A 工作于方式 2 时，端口 B 可工作在方式 1，也可工作在方式 0，端口 B 工作在方式 1 需要的控制与状态线与端口 A 工作在方式 2 所需的控制与状态线互不冲突。

4. 举例

介绍完 8255A 的功能、控制字和工作方式后，给出一个利用 8255A 实现流水灯的例子。例中，8255A 数据总线端与 8086 相连。PB 端与 8 只发光二极管相连，实现 8255A 控制下的流水灯实验。

连接电路图如图 9.8 所示。

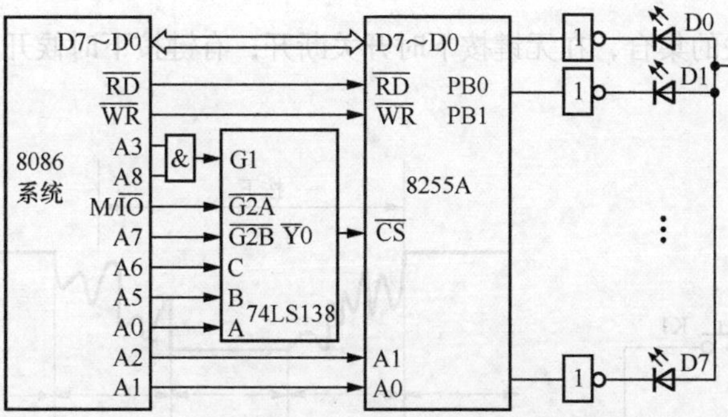

图 9.8 8255A 控制流水灯电路图

实现功能：初始时 D0 亮，其余灯不亮，D0 在亮 1 秒之后熄灭，D1 灯亮，其余不变。以此类推，每隔 1 秒移位 1 次，每移动 7 次作为 1 个循环，一共循环 7 次结束。假定延时 1 秒的子程序入口地址为 DELAY 1S。

分析：由图 9.8 可知，8255A 方式选择控制字地址为 10EH，B 口地址为 10AH，假定没有用到的地址线为 0，且 B 口工作在方式 0 输出方式即可。因此，8255A 方式选择控制字应赋值 80H。B 口引脚输出高电平灯亮，输出低电平熄灭。

参考程序如下：

```
        MOV    AL, 80H  ；方式选择控制字待赋值
        MOV    DX, 10EH ；方式选择控制字地址
        OUT    DX, AL
        MOV    CX, 7
        MOV    AL, 1
        MOV    DX, 10AH；（B 口地址）
NEXT1:  OUT    DX, AL
        CALL   DELAY1S
        DEC    CX,
        JZ     NEXT2
        ROL    AL, 1
        JMP    NEXT1
NEXT2:  HLT
```

8086 系统有 16 根数据线，而 8255A 只有 8 根数据线，为了软件读写方便，一般将 825A 的 8 根数据线与 8086 的低 8 位数据线相连。8086 在进行数据传送时，总是将总线低 8 位对应偶地址端口，因此 8086 要求 8255A 的 4 个端口地址必须为偶地址，即 8086 在寻址 8255 时 A0 脚必须为低。实际使用时，总是将 8255A 的 A0、A1 脚分别接 8086 的 A1、A2 脚，而将 8086 的 A0 脚空出不接或控制要求低电平的信号，使 8086 访问 8255A 时总是使用偶地址。

9.3 8255A 在键盘设计中的应用

键盘是微机系统中常见的输入设备之一。通过键盘可向微机系统输入指令和数据，实现人机

通信。在本节中，讲解使用 8255A 进行键盘设计的方法，键盘去抖、按键确认及键盘扫描等内容。

1. 键盘的工作原理

键盘就是一组按键开关的集合，在无键按下时开关断开，有键按下时候开关接通。如图 9.9 所示。

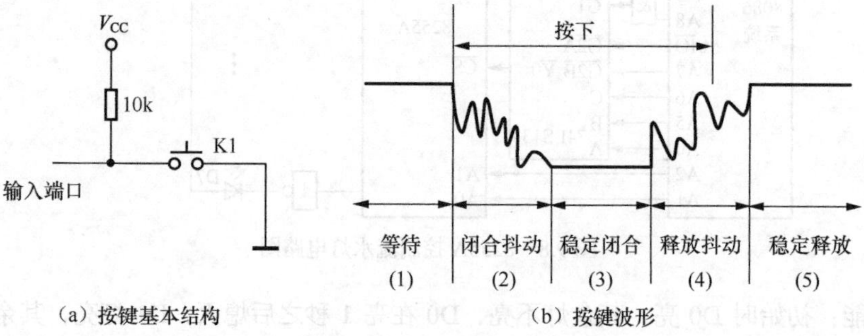

图 9.9　按键结构和波形

图 9.9（a）和图 9.9（b）分别是一个按键的基本结构和按键按下一次后生成的波形。当按键未按下时，向端口输入高电平；当按键按下时，向端口输入低电平。通常按键开关都是机械开关，断开、闭合状态不能迅速切换，在断开按键和闭合按键瞬间都会产生按键抖动，如图 9.9（b）所示的（2）和（4）阶段。这种按键抖动根据机械的结构不同，时间长短也有所不同，但一般在 5～10ms 左右。如此长的时间完全可被微机系统捕捉到，因此会产生一次按键被微机系统多次捕捉而响应多次的现象。所以，在键盘系统设计时，一般要进行按键去抖设计。

一般可通过硬件和软件来进行键盘去抖设计。硬件设计采用外加电路去除抖动干扰，如图 9.10 所示，利用积分电路去除抖动，只要电阻 R 和电容 C 的参数选取合适，就可很好地实现键盘去抖。软件设计采用是通过延迟来去除抖动干扰。在微机获得端口为低的信息后，不是立刻认定按键开关被按下，而是延迟 10ms 或者更长的时间再次检测端口，可避开按键按下的抖动时间。同理，在释放按键时也需要做同样处理。两种处理方法各有特点，软件处理节省硬件，处理灵活。硬件处理可节省 CPU 时间。在具体的应用系统中应根据需要，选择合适的处理方法。

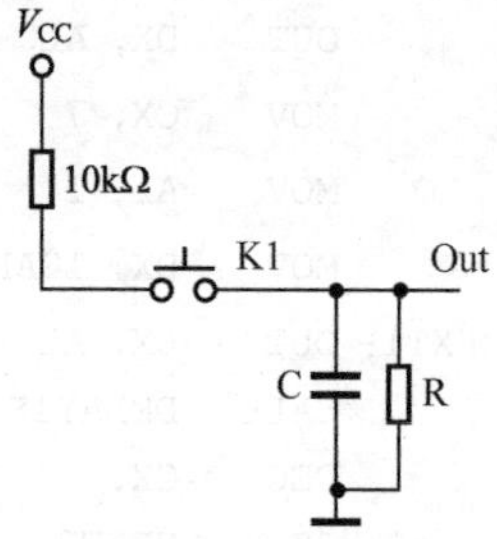

图 9.10　滤波消抖电路

从结构上，键盘分为独立按键和矩阵按键。独立按键就是将多个图 9.9（a）所示的按键组合在一起，每个键对应一个独立的 I/O 端口。通过不断读取端口的电平状态，就可实现键盘扫描。虽然独立按键结构和扫描都较为简单，但它会占用大量的 I/O 端口，16 只键盘占用 16 个 I/O 端口，大大浪费了硬件资源。矩阵键盘采用行列结构，可大大降低因按键对 I/O 端口资源的占用，$n \times m$ 个按键，只需占用 $n+m$ 个 I/O 端口。

2. 举例

下面，通过一个矩阵键盘的例子分析 8255A 在键盘设计中的应用，电路图如图 9.11 所示。

分析：8255A 的端口 C 应工作在方式 0，即 A 组和 B 组都工作在方式 0。使用 C 口的 8 根数据线，实现了 4×4 位键盘。8255A 方式选择控制字地址为 306H，C 口地址为 304H，假定没有用到的地址线为 0。对矩阵键盘按键识别，可使用扫描法和反转法。下面以图 9.11 所示的 4×4 矩阵键盘为例，分别介绍使用这两种方法进行矩阵键盘按键识别。

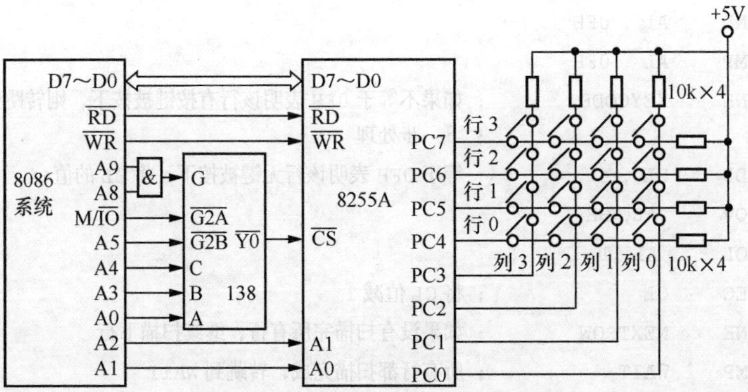

图 9.11　矩阵式键盘接口电路图

（1）扫描法

扫描分为粗扫描和细扫描 2 步。粗扫描用来判断是否有键按下，细扫描用来确认是哪个键被按下。通过粗扫描判断是否有必要进行细扫描，从而可提高系统效率。通过细扫描可完成按键预定义的功能。

第一步：粗扫描，其方法是让所有行线输出低电平，然后读取各列线值；若不全为高电平，则说明有键按下。

第二步：细扫描，其方法是行线的电平逐行置低，其余行置高，同时检测各列线电平；若某列对应的电平为低，则说明该行该列交叉点处的键被按下。

下面给出图 9.11 对应的采用扫描法对矩阵键盘按键的识别的程序，另外结合电路，PC4~PC7 应设置为输出端口，而 PC0~PC3 应设置为输入端口。因此，8255A 方式选择控制字应赋值 81H。参考程序如下：

```
INIT:     MOV     DX , 306H          ; 将 8255A 控制端口的地址写入 DX
          MOV     AL , 81H           ; 将 81H 写入 AL，81H 是方式选择控制字
          OUT     DX , AL            ; 将方式选择控制字写入 8255A 的控制地址
WAIT:     MOV     AL , 00H
          MOV     DX , 304H          ; 将 C 口的地址写入 DX 中
          OUT     DX , AL            ; 将 PC7~PC4 全部置 1，以便粗扫描
          IN      AL , DX            ; 读回 PORTC 端口值（列值）
          AND     AL , 0FH           ; 将无关的 PC7~PC4 口值清 0
          CMP     AL , 0FH           ; 判断是否有按键按下
          JE       WAIT              ; 如果没有按键被按下继续重新转跳到 WAIT
          CALL     DELAY             ; 有按键被按下，调用延迟程序消抖
KEYSCAN:  MOV     BL , 0             ; BL 中保存键盘识别最终结果，首先将其初值设置为 0（将 16 个按键
                                     ; 标识为第 0~15 号）
          MOV     BH , 0EFH          ; 用来保存逐行扫描的端口值
          MOV     CL , 4             ; CL 用来保存还需扫描行数，总行数 4
NEXTROW:  MOV     AL , BH
          MOV     DX , 304H
          OUT     DX, AL             ; 将当前要扫描行置 0，其余行置 1
          ROL     DL , 1             ; 修改逐行扫描的端口值，使下一行端口输出 0
          IN      AL , DX
```

```
          AND    AL , 0FH
          CMP    AL , 0FH
          JNE    KEYCODE          ; 如果不等于 0FH 表明该行有按键被按下，则转跳到 KEYCODE 进行
                                  ; 下一步处理
          ADD    BL , 4           ; 等于 0FH 表明该行无键被按下，将 BL 的值+4
          MOV     AL, BH
          ROL     AL, 1
          DEC    CL               ; 将 CL 值减 1
          JNE    NEXTROW          ; 如果没有扫描完所有行，继续扫描下行
          JMP    WAIT             ; 所有行都扫描完成，转跳到 WAIT
KEYCODE:  RCR     AL , 1          ; 循环右移，将 AL 中最低的一位放入 CF 中
          JNC    PROCE            ; 如果 CF 中的值等于 0（该列的按键被按；下），则执行 PROCE
          INC      BL             ; BL=BL+1
          JMP    KEYCODE          ; 转跳到 KECODE 继续执行
PROCE:    ...                     ; 对按键进行具体的处理，具体哪个按键被
          ...                     ; 键值保存在 BL 中
DELAY:    ...                     ; 延迟 10～20ms
          ...
```

另外，通常还将扫描法分为行扫描和列扫描。行扫描法是行线为输出，列线为输入。扫描时，CPU 先向行线输出只有 1 行为低电平、其余行线为高电平的数据，然后读取所有列线值，再逐列判断是否有列线为低电平，直至扫描完所有的行和所有的列。列扫描法是列线为输出，行线为输入，扫描时 CPU 先向列线输出只有 1 行为低电平、其余列线为高电平的数据，然后读取所有行线值，再逐行判断是否有行线为低电平，直至扫描完所有的列和所有的行。行扫描和列扫描从方法上没有本质区别，多属于编程人员习惯取向。前面已经介绍了行扫描，对于列扫描这里不再赘述。

（2）反转法

该方法不需要逐行扫描，仅用两步就可找到被按下的按键。步骤如下：

第一步：将 PC7～PC4 设置为输出，PC3～PC0 设置为输入。将 PC7～PC4 全部输出低电平，然后读取端口 PC3～PC0。如果 PC3～PC0 中有某个引脚是低电平，则说明该引脚代表的列有按键被按下，并存储此值作为列值。如果 PC3～PC0 中没有低电平，则说明没有按键被按下。

第二步：将输入口与输出口“反转”，即将 PC7～PC4 设置为输入，PC3～PC0 设置为输出。将 PC3～PC0 输入第一步存储的列值，然后读取端口 PC7～PC4。如果 PC7～PC4 中某个引脚是低电平，则说明该引脚代表的行有按键被按下，并存储此值作为行值。通过行值和列值，可简单找到被按下的键。

下面给出与图 9.11 对应的采用反转法对矩阵键盘按键的识别的程序。参考程序如下：

```
START:      MOV     AL , 81H        ; 81H 是方式选择控制字
            MOV     DX, 306H
            OUT     DX, AL          ; 将方式选择控制字写入 8255A 中
            MOV     AL , 0
            MOV     DX, 304H
            OUT     DX , AL         ; 将行线输出 0（C 口中高 4 位输出 0）
WAIT1:      IN      AL , DX         ; 读取列线状态（C 口中低 4 位值）
            AND     AL , 0FH        ; 将获取的 C 口中无关位清零
```

```
        CMP     AL , 0FH            ; 查看是否有按键被按下
        JE      WAIT1               ; 没有按键被按下，转跳到 WAIT1
        MOV     AH , AL             ; 保存列值
        MOV     AL , 88H            ; 88 是方式选择控制字
        MOV     DX, 306H
        OUT     DX , AL             ; 将方式选择控制字写入 8255A 中
        MOV     DX, 304H
        MOV     AL , AH
        OUT     DX, AL              ; 把列值反向输出到列线上
        IN      AL , DX             ; 读取行线（C 口高 4 位）状态
        AND     AL , 0F0H           ; 保留高四位
        OR      AL , AH             ; 组合行值和列值
        < 查表求出按键的键号>
        …
```

9.4　8255A 在 LED 设计中的应用

LED 数码管显示器是由发光二级管按一定结构的组合。它具有显示清晰、亮度高、寿命长和接口方便等特点。在微机应用系统中，经常使用 LED 数码管作为简单的显示设备。

通常使用的是 8 段式 LED 数码管显示器，它分为共阴和共阳两种类型，如图 9.12 所示。

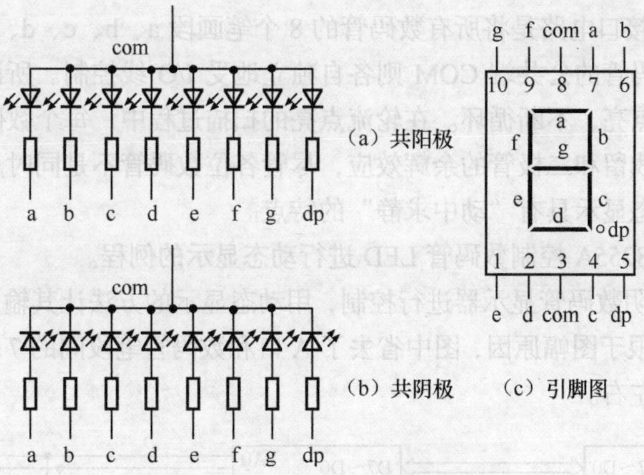

图 9.12　8 段式 LED 数码管结构

图 9.12（a）所示的是共阳极结构，8 个发光二极管的阳极连接在一起，阴极端分开控制，使用时公共端接电源，需要哪根发光二极管亮，则对应阴极端接低电平。图 9.12（b）所示的是共阴极结构，8 个发光二极管的阴极连接在一起，阳极端分开控制，使用时公共端接地，需要哪根发光二极管亮，则对应阳极端接高电平。图 9.12（c）所示的是引脚图，a~g 引脚输入不同的 8 位二进制编码，可显示不同的数字或字符。通常把控制发光二极管的 7 或 8 位二进制编码称为字段码。不同数字或字符的字段码不一样。对于同一个字符或数字，共阴极和共阳极连接的字段码互为反码。常见字符和数字的共阴极与共阳极的字段码如表 9.2 所示，其中段码的最高位 b7 到最低位 b0 依次对应 dp、g、f、e、d、c、b 和 a。

表 9.2　　常见的字符和数字的共阴极与共阳极的字段码

显示字符	共阴极字段码	共阳极字段码	显示字符	共阴极字段码	共阳极字段码
0	3FH	C0H	A	77H	88H
1	06H	F9H	B	7CH	83H
2	5BH	A4H	C	39H	C6H
3	4FH	B0H	D	5EH	A1H
4	66H	99H	E	79H	86H
5	6DH	92H	F	71H	8EH
6	7DH	82H	P	73H	8CH
7	07H	F8H	L	38H	C7H
8	7FH	80H	灭	00H	FFH
9	6FH	90H			

数码管的显示有两种方法，动态显示和静态显示。

1. 静态显示

“静态显示”就是指位选线同时选通，每位的端选线分别与一个 8 位锁存器输出相连，各位相互独立。各位的显示一旦输出，将会保置不变，直到显示下一个字符为止。静态显示具有“静中有动”的特点。

静态显示的优点是具有较高的亮度和简单的软件编程；缺点是占用 I/O 线资源太多。所以，在实际应用中，经常会添加一些外部芯片来进行辅助。

2. 动态显示

LED 动态显示的接口电路是将所有数码管的 8 个笔画段 a、b、c、d、e、f、g、dp 同名端连接在一起，而每个数码管的公共端 COM 则各自独立地受 I/O 线控制。所谓动态显示，实际上就是指每个数码管分时点亮，不断循环。在轮流点亮的扫描过程中，每个数码管的点亮时间是很短的，但由于人的视觉残留和二极管的余辉效应，尽管各位数码管不是同时点亮，人们仍旧感觉是一组稳定的显示。动态显示具有“动中求静”的特点。

下面给出一个用 8255A 控制数码管 LED 进行动态显示的例程。

通过 8255A 对共阴数码管显示器进行控制，用动态显示的方法让其输出 2 个不同字符。电路连接如图 9.13 所示，限于图幅原因，图中省去了 A 口和数码管笔段间的 7 个限流电阻，其阻值在几百欧姆到 1 千欧姆左右。

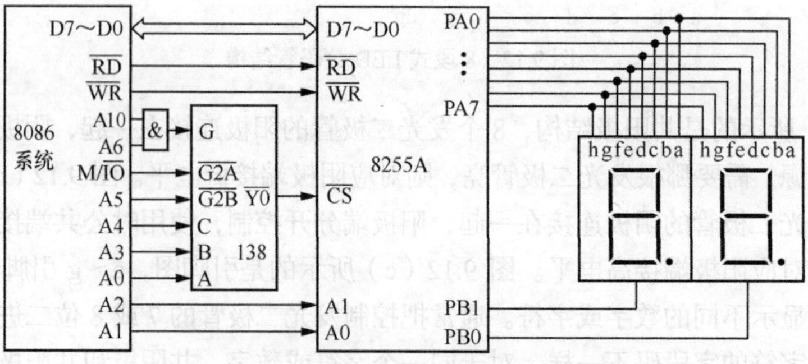

图 9.13　2 位动态 LED 数码管显示电路图

分析：8255A 的 A 口、B 口应工作在方式 0，且都应设置为输出。因此，8255A 方式选择控制字应赋值 80H。结合电路，8255A 方式选择控制字地址为 446H，A 口地址为 440H，A 口地址为 442H，假定没有用到的地址线为 0。

参考程序如下：

```
DATA    SEGMENT
        BUFFER      DB      1, 2, 3, 4, 5, 6        ; 要显示的非压缩 BCD 码
        DISPTABLE   DB      3FH, 6, 5BH, 4FH        ; 字模 0～3
                    DB      66H, 6DH, 7DH, 7        ; 字模 4～7
                    DB      7FH, 6FH, 77H, 7CH      ; 字模 8～B
                    DB      39H, 5EH, 79H, 71H      ; 字模 C～F
DATA    ENDS
CODE    SEGMENT
        ASSUME      CS: CODE, DS: DATA
MAIN    PROC        FAR
        START:      PUSH    DS                      ; 保存程序的返回地址
                    MOV     AX, 0
                    PUSH    AX
                    MOV     AX, DATA
                    MOV     DS, AX                  ; 设置数据段寄存器
                    MOV     AL, 80H
                    MOV     DX, 446H
                    OUT     DX, AL                  ; 初始化 8255A
        REPEAT:     CALL    DISPLAY                 ; 调用显示程序
                    JMP     REPEAT
MAIN    ENDS
DISPLAY PROC        NEAR
                    MOV     AH, 0FEH                ; 字位控制码
        DISP1:      LEA     SI, BUFFER              ; 设置指针
                    MOV     CH, 2                   ; 显示位数计数器
        DISP2:      MOV     BL, [SI]                ; 取显示字符
                    AND     BX, 000FH
                    MOV     AL, DISTABLE[BX]        ; 取得字模码
                    MOV     DX, 440H
                    OUT     DX, AL                  ; 字模码输出到 8255A 端口 A
                    MOV     AL, AH
                    MOV     DX, 442H
                    OUT     DX, AL                  ; 输出字位码
                    INC     SI                      ; 调整指针，准备下 1 个数据
                    ROR     AH, 1                   ; 调整字位控制字
                    CALL    DELAY                   ; 延时
                    DEC     CH                      ; 全部显示完成?
                    JNZ     DISP2                   ; 没有显示完，继续运行显示
                    JMP     DISP1                   ; 显示完，从第一个开始显示
DISPLAY ENDP
DELAY   PROC        NEAR                            ; 延迟程序
                    PUSH    BX                      ; 保护现场
```

```
                PUSH    CX
                MOV     BX, 10
                MOV     CX, 0
     DELAY1:    LOOP    DELAY1
                DEC     BX
                JNZ     DELAY1
                POP     CX
                POP     BX
                RET
DELAY    ENDP
CODE     ENDS
         END            START
```

由上面的程序可以看出，动态显示一直不停地对数码管各位进行扫描。它显示所用的 I/O 接口信号线少，线路简单，但软件开销大；占用了大量的 CPU 时间。

静态扫描尽管占用 CPU 时间较少，但占用 I/O 口线较多；动态扫描尽管占用 I/O 口线较少，但占用 CPU 时间较多。两者各有优缺点，如果采用八位串入并出移位寄存器 74HC164 串联，可兼具两者的优点而抛弃其缺点，做到既占用 CPU 时间较少，又占用 I/O 口线较少。另外，在实际应用时，市场上还有一些专用的 LED 扫描驱动显示模块，如 74HC48（共阴）、74HC47（共阳）、MAX7219、HD7279、ZLG7290 等，内部都集成有译码功能，也可供设计者使用。

本章小结

本章主要介绍了 4 部分内容。第 1 部分为 8255A 的内部结构和外部特性，介绍了 8255A 的内部结构及外部引脚，是本章的基础；第 2 部分为 8255A 的控制方法，包括 8255A 的控制字、各个端口的工作方式等内容，是本章的重点。通过这部分内容，可以了解 8255A 的工作方式、通过程序对 8255A 的各个端口进行控制；第 3 部分和第 4 部分详细介绍了 8255A 在键盘及 LED 设计中的应用，可以实现 I/O 口的扩展，在微控制器系统中应用广泛。

第 10 章 定时器/计数器 8253

在计算机系统中经常要用到定时信号，如动态存储器的刷新定时、系统日历时钟的计时，系统定时中断以及喇叭的声源等都是用定时信号来产生的。又如在计算机实时控制和处理系统中，可以在多任务的分时系统中提供精确的定时信号，以实现各任务的切换。计算机主机需要每隔一定的时间就对处理对象进行采样，再对采集到的数据进行比较处理，并按已知的控制规律，决定下一步的控制过程。这些活动都离不开定时信号。

微机系统实现定时功能，主要有以下三种方法。

（1）软件延时。利用处理器执行一个延时程序段实现。子程序中全部指令执行时间总和就是该子程序的延时时间。在 CPU 的时钟频率一定时，子程序的延时时间是固定的，这种方法的优点是节省硬件。这种方法在实际应用中经常使用，尤其是在已有系统上做软件开发，以及延时时间较小而重复次数有限时，常用软件方法来实现定时。这种方法的主要缺点是执行延迟程序期间，CPU 一直被占用，所以降低了 CPU 的效率，也不容易提供多作业环境；另外，设计延时程序时，要用指令执行时间来拼凑延时时间，显得比较麻烦。

（2）不可编程的硬件定时。可采用数字电路中的分频器将系统时钟进行适当分频，产生需要的定时信号；也可以采用单稳电路或简易定时电路（如常用的 555 定时器），由外接 RC 电阻、电容电路控制定时时间。这样的定时电路较简单，利用分频不同或改变电阻阻值、电容容值，还可以使定时时间在一定范围内改变。缺点是单稳延时电路存在的时间常数由外接的电阻电容 RC 值决定，而不便加以改变。同时随着时间的延长，电阻电容器件老化，电阻电容值不稳定，导致单稳电路延时脉冲宽度随之改变。

（3）可编程的硬件定时。在微机系统中，常采用软硬件结合的方法，用可编程定时器芯片构成定时电路。在简单软件控制下，产生准确的时间延迟。这种电路不仅定时值和定时范围可用程序确定和改变，而且还具有多种工作方式，可以输出多种控制信号，具备较强的功能。本章学习 IBM PC 系列机使用的 Intel 公司的 8253 可编程定时器。

定时器由数字电路中的计数器电路构成，通过记录高精度晶振脉冲信号的个数，输出准确的时间间隔。计数电路如果记录外设提供的、具有一定随机性的脉冲信号时，主要反映脉冲的个数（进而获知外设的某种状态），又称为计数器。例如，微机控制系统中往往使用计数器对外部事件计数。因此，人们统称它们为定时/计数器。

8253 可编程定时/计数器芯片是 Intel 公司生产的微型计算机通用外围芯片之一，采用 24 引脚，双列直插式封装，其主要特性如下。

（1）采用 NMOS 工艺，用单一的+5V 电源供电；

（2）片内有 3 个独立的 16 位减法计数器（或计数通道），每个计数器又可分为两个 8 位的计数器；

（3）计数频率为 0～2.6MHz；

（4）两种计数方式，即二进制和 BCD 方式计数；

（5）六种工作方式，既可对系统时钟脉冲计数实现定时，又可对外部事件进行计数。可由软件或硬件控制开始计数或停止计数。

10.1　8253 的内部结构和外部特性

10.1.1　8253 的内部结构

8253 由数据总线缓冲器、读/写逻辑、控制字寄存器、3 个独立的功能相同的计数器 0、1、2 和内部总线等组成，其内部结构如图 10.1 所示。

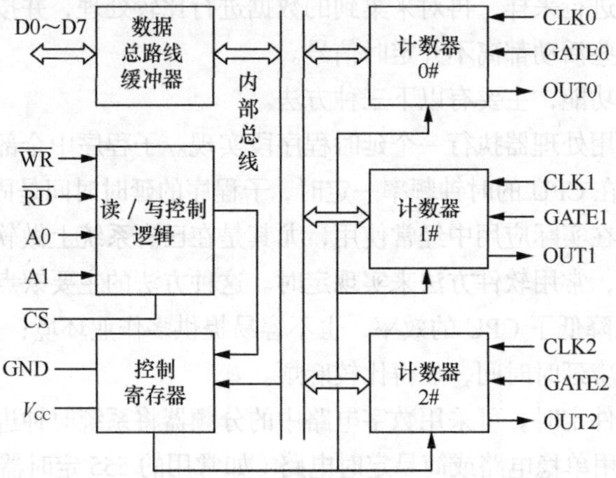

图 10.1　8253 内部结构

1. 数据总线缓冲器

数据总线缓冲器是 8253 与 CPU 数据总线连接的 8 位双向三态缓冲器。CPU 通过数据总线缓冲器向 8253 写入数据和命令，或从数据总线缓冲器读取数据和状态信息。数据总线缓冲器有三个基本功能：向 8253 写入确定 8253 工作方式的命令；向 8253 计数寄存器装入计数值；读出计数值。

2. 读/写控制逻辑

读/写控制逻辑是 8253 内部操作的控制部分，它接收来自系统总线的信息，产生控制整个芯片工作的控制信号。由 $\overline{CS}$ 信号决定读/写逻辑的工作。当 CS 为高电平（无效）时，禁止读/写逻辑工作；当 $\overline{CS}$ 为低电平（有效）时，允许读/写逻辑工作。

3. 控制寄存器

在 8253 初始化编程时，CPU 写入芯片的控制字就存放在控制寄存器中，以决定通道的工作方式。控制寄存器只能写入，不能读出。

4. 计数器 0、1、2

计数器 0、1、2 是 3 个完全独立的定时/计数器通道，他们的结构完全相同，各自可按不同的方式工作。每个计数器通过 3 个引脚和外部联系，1 个时钟输入端 CLK，1 个门控信号输入端 GATE，另一个为输出端 OUT。每个计数器内部都包含一个 16 位初始值寄存器，一个可预置数减法计数器和一个锁存器。可预置数减法计数器实际是一个 16 位减法计数器，它从初始值寄存器处得到初值后开始进行减 1 操作，此时锁存器跟随可预置数减法计数器的内容而变化。当有一个锁存命令出现后，锁存器便锁定当前计数，直到被 CPU 读走，它又随可预置数减法计数器的变化而变化。计数器采用二进制还是 BCD 码格式计数，其输入、选通和输出均是由方式选择字控制的。每个计数器都有六种工作方式。

10.1.2　8253 的外部特性

8253 的外部引脚定义如图 10.2 所示，其各引脚的意义如下。

1. D7～D0 数据总线

D7～D0 数据总线，三态输入/输出线，用于将 8253 与系统数据总线相连，是 8253 与 CPU 接口数据线，供 CPU 向 8253 进行读写数据、命令和状态信息。

2. $\overline{RD}$ 读信号

$\overline{RD}$ 读信号，输入，低电平有效。该信号有效时，表示 CPU 正在对 8253 的一个计数器进行读计数当前值的操作。

3. $\overline{WR}$ 写信号

$\overline{WR}$ 写信号，输入，低电平有效。该信号有效时，表示 CPU 正在向 8253 的控制寄存器写入控制字，或向一个计数器置计数初值。

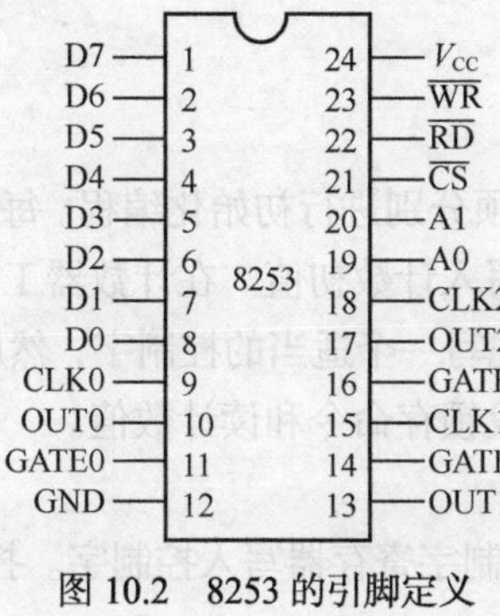

图 10.2　8253 的引脚定义

4. $\overline{CS}$ 片选信号

$\overline{CS}$ 片选信号，输入，低电平有效。只有该信号有效，才说明系统选中该芯片。此时，才能对被选中的 8253 进行读/写操作。$\overline{CS}$ 由 CPU 输出的地址信号经译码产生。

5. A1、A0 地址码

A1、A0 地址码，输入，与 CPU 的地址总线相连。当片选信号有效时，地址码用来对 3 个计数器和控制寄存器寻址，由 A1 和 A0 的四种编码来选择四个端口之一，三个计数器的控制寄存器共用一个公共端口。8253 内部寄存器与地址码 A1、A0 的关系如表 10.1 所示。

6. CLK0～CLK2 时钟信号

计数器 0、1、2 的时钟输入，系统要求输入的时钟周期应大于 380ns。时钟信号的作用是在 8253 进行定时或计数工作时，每输入一个时钟脉冲信号，便使定时或计数值减 1。

7. GATE0、GATE1、GATE2 门控信号

计数器 0、1、2 的门控输入，控制启动定时或计数工作的开始。对于 8253 的六种工作方式，

GATE 信号的有效方式不同，有用电平控制的，也有用上升沿控制的。

8. OUT0、OUT1、OUT2 计数器输出信号

计数器 0、1、2 的输出信号。其输出波形取决于工作方式。这个信号既可用于定时、计数控制，也可用作定时、计数到的状态信号供 CPU 检测，还可以作为中断请求信号使用。

表 10.1 各种寻址信号组合功能

$\overline{CS}$	A1	A0	$\overline{RD}$	$\overline{WR}$	功 能
0	0	0	1	0	写计数器 0
0	0	1	1	0	写计数器 1
0	1	0	1	0	写计数器 2
0	1	1	1	0	写控制寄存器
0	0	0	0	1	读计数器 0
0	0	1	0	1	读计数器 1
0	1	0	0	1	读计数器 2
0	1	1	0	1	无效

10.2 8253 的工作方式

10.2.1 8253 的编程

8253 的三个计数器在工作前必须分别进行初始化编程。每个计数器的编程步骤均由写入控制字开始，选定一种工作方式，然后写入计数初值。在计数器工作过程中，若要更换计数初值，或者要读取计数器的当前值，也需要先写一个适当的控制字，然后再进行写或者读操作。8253 的编程主要包括设置控制字、赋初值、发锁存命令和读计数值。

1. 设置控制字

在 8253 工作之前，应首先向控制字寄存器写入控制字。控制字的格式及各位的含义如下：

D7	D6	D5	D4	D3	D2	D1	D0
SC1	SC0	RW1	RW0	M2	M1	M0	BCD

（1）SCl、SC0 选择计数器

SCl、SC0 用于指明送给哪一个计数器的控制字。

00——选择计数器 0；

01——选择计数器 1；

10——选择计数器 2；

11——无意义。

（2）BWl、BW0 计数器读/写格式选择

BWl、BW0 计数器读/写格式选择，具体规定如下。

00——使锁存器的输出锁定为计数器的当前计数值，注意，RW1 RW0=00 是控制字的特殊形式，相应的控制字被称为“专用控制字”；

01——只选计数器的低八位字节（LSB）进行读/写；

10——只选计数器的高八位字节（MLB）进行读/写；

11——先读/写低 8 位字节，再读/写高 8 位字节。

（3）M2、M1、M0 设定计数器的工作方式

8253 的每个计数器都有 6 种工作方式可供选择。

0 0 0——方式 0；

0 0 1——方式 1；

0 1 0——方式 2；

0 1 1——方式 3；

1 0 0——方式 4；

1 0 1——方式 5。

（4）BCD 计数方式选择

可采用二进制计数或二—十进制（BCD 码）计数，即“0”表示二进制计数；“1”表示二—十进制计数。

2. 赋初值

设置控制字后，就要给计数器赋初值。赋初值时必须符合控制字的有关规定，即只写低位字节，还是只写高位字节或高低位字节都写。若初值的高 8 位为 0，低 8 位不为 0，则可令控制字的 D5D4=01，这样，只写入低 8 位，而高 8 位自动置 0；若初值的高 8 位不为 0，低 8 位为 0，则可令 D5D4=10，即只写入高 8 位，而低 8 位自动置 0；若初值的高、低位均不为 0，则应使 D5D4=11，即先写入低 8 位，再写入高 8 位。

在二进制计数时，初值的范围为 0000H～FFFFH。其中，0000H 为最大数，表示 $2^{16}=65536$；而在二—十进制计数时，初值可在 $(0000)_{BCD}$～$(9999)_{BCD}$ 之间选择，其中，$(0000)_{BCD}$ 为最大数，表示 $10^4=10000$。

3. 锁存命令

在读计数值时，应先用锁存命令将计数器当前的计数值在锁存器中锁定，然后再加以读取。目的是为了获取正确的当前计数值。

8253 的每个计数器都是由控制寄存器、初值寄存器、计数执行部件和锁存器组成。控制寄存器用于控制计数器的工作方式、赋初值的格式以及计数时所采用的进制；初值寄存器用于存放计数初值；计数执行部件从初值寄存器中获得计数初值，它在 CLK 输入端的脉冲信号作用下进行减 1 计数；锁存器的输出会随计数执行部件的内容而变化，当计数器收到一个锁存命令时，锁存器的输出将保持当前的计数值不再发生变化（尽管计数执行部件仍在进行计数），而当 CPU 读取计数值后，锁存器的输出将再次随计数执行部件而变。

所谓发锁存命令就是向控制字寄存器中写入一个如下格式的专用控制字。

D7	D6	D5	D4	D3	D2	D1	D0
SC1	SC0	RW1	RW0	M2	M1	M0	BCD

其中，SC1、SC0 用来指示具体的计数器。D5D4=00，表明要进行锁存器输出锁定操作。而 D3～D0 的状态无关紧要。

4. 读计数值

读计数值即 CPU 通过执行输入指令来获取指定计数器的当前计数值。读计数值时，必须符合控制字的有关规定，即只读低位字节还是只读高位字节，或高低位字节都读。

10.2.2 8253的工作方式

8253的计数器有6种工作方式供选择。不同的工作方式下，计数过程的启动不同，OUT端的输出波形不同，自动重复功能、GATE的控制作用以及更新计数初值的影响也不完全一样。同一芯片中的三个计数器，可以分别编程选择不同的工作方式。

1. 方式0——计数结束时中断

（1）方式0是一种软件启动，不能自动重复的计数方式，如图10.3所示。

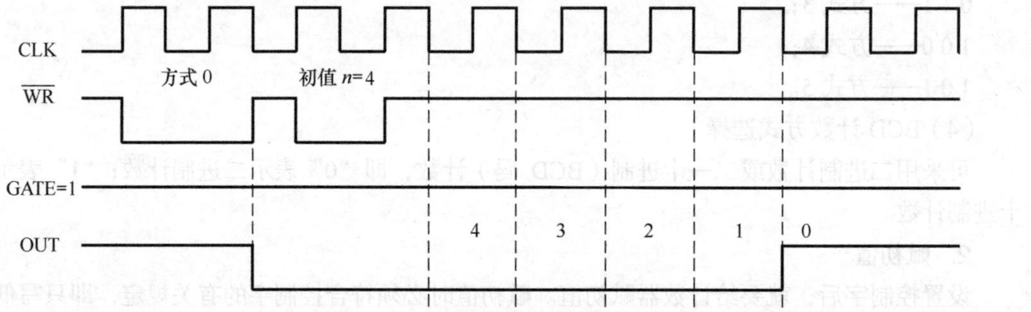

图10.3 8253方式0的波形

（2）对计数器写入方式0的控制字CW后，其输出端OUT变低。再写入计数初值，在写信号WR以后经过CLK的一个上升沿和一个下降沿，初值进入计数器计数。计数器减到零后，OUT成为高电平。此信号可以接至8259A的IR端，作为中断请求。

（3）在整个计数过程中，GATE始终应保持为高电平。若GATE=0则暂停计数，待GATE=1后，从暂停时的计数值继续往下递减，此过程如图10.4所示。

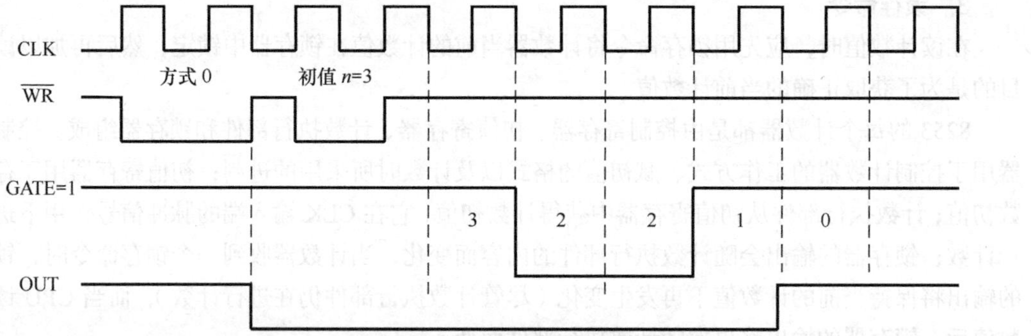

图10.4 8253方式0时GATE信号作用波形

（4）在方式0，每赋一次初值，只计数一个周期。OUT端在计数结束后维持高电平，直至赋以新的初值。

（5）在计数过程中，随时可以写入新计数初值。即使原来的计数过程尚未结束，计数器也用新的初值重新计数（若新初值是16位，则在送完第一字节后中止现行计数，送完第二字节后才更新计数）。

2. 方式1——可编程单脉冲

（1）方式1是一种硬件启动，不自动重复的计数方式。

（2）在写入方式1的控制字后OUT成为高电平，待写入计数初值后，要等GATE信号出现正跳变才启动计数。此时 OUT 端立即变低，直至计数器减到零才回到高，其间隔为计数初值 N 乘以 CLK 的周期 T_{CLK}。也就是说 OUT 端产生一个宽度为 $N * T_{CLK}$ 的负脉冲，其中 N 为编程的计数初值，所以称之为可编程单脉冲。以上过程如图 10.5 所示。

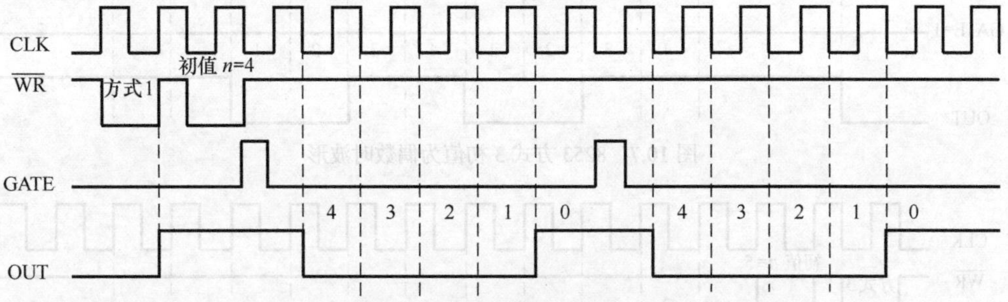

图 10.5　8253 方式 1 的波形

（3）在计数过程启动之后而完成之前，若 GATE 又发生正跳变，则计数过程又从初值启动，OUT 端的低电位不变，两次的计数过程合在一起，OUT 输出的负脉冲加宽了。

（4）在方式 1 计数过程中若写入新计数初值，也只是写到初值寄存器中，并不马上影响当前计数过程。同样要等到下一个 GATE 的启动信号，计数器才开始接收新初值的工作。即写入新初值是为下次计数过程使用。

3. 方式 2——速率发生器

（1）方式 2 计数既可以用软件启动，也可以用硬件启动。启动后，计数器可以自动重复工作。

（2）若先有 GATE=1，则由写入计数初值启动；若送初值时 GATE 信号为低电平，则等 GATE 信号由低变高启动。两个必备条件中，后满足要求的一个作启动信号。

（3）方式 2 一旦在写入方式 2 的控制字后，OUT 变高。设先有 GATE=1,写入计数初值后，计数器即对 CLK 计数。当计数器的值为 1，OUT 变低。完成一次计数后输出端 OUT 又变为高电平，开始一个新的计数过程。方式 2 的工作波形如图 10.6 所示。

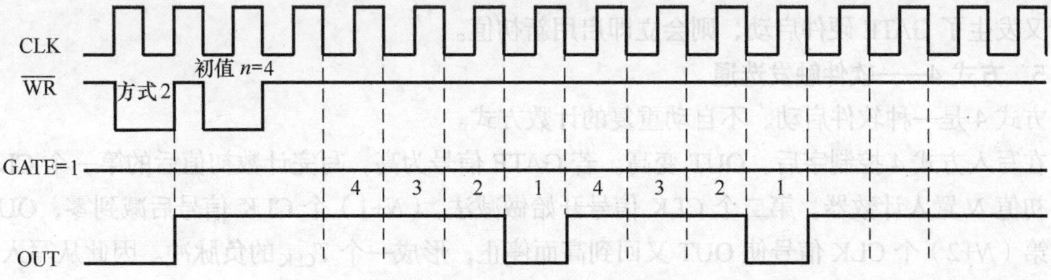

图 10.6　8253 方式 2 的波形

（4）方式 2 在计数过程中需要 GATE 信号保持高电位。GATE=0 则计数终止。在 GATE 再变高后，计数器又被置入初值重新计数，以后的情况和软件启动的相同。

（5）方式 2 在计数过程中若写入新的计数初值，也同方式 1 一样只写到初值寄存器中，不影响当前计数过程。本次计数结束，下一周期开始时使用新计数初值。

4. 方式 3——方波发生器

（1）方式 3 也兼有两种启动方式，而且计数也能自动重复，但其 OUT 端的波形不是负脉冲，而是方波，如图 10.7 和图 10.8 所示。

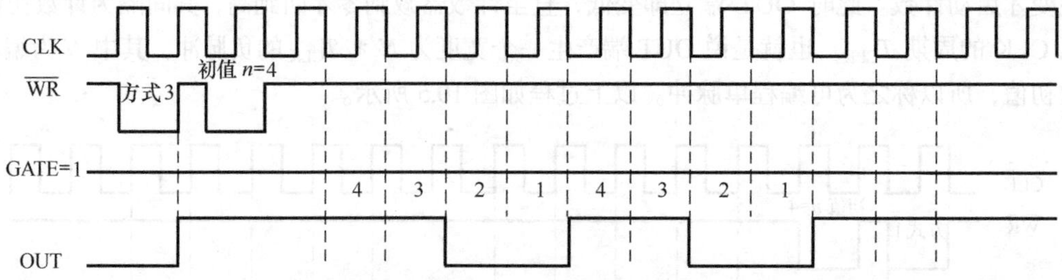

图 10.7　8253 方式 3 初值为偶数时波形

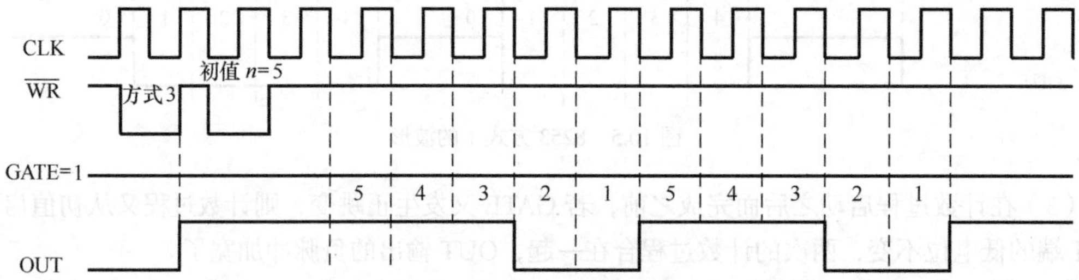

图 10.8　8253 方式 3 初值为奇数时波形

（2）在写入方式 3 的控制字后，计数器 OUT 端立即变高。若 GATE 信号为高，在写完计数初值 N 后，开始对 CLK 信号计数。计到 $N/2$ 时，OUT 端变低，计完余下的 $N/2$，OUT 又变回高，如此自动重复，OUT 端产生周期为 $N \times T_{CLK}$ 的方波。若计数初值为奇数，计数的前半周期为（N+1）/2，后半周期为（N–1）/2。

（3）在写入计数初值时，如果 GATE 信号为低，计数器并不开始计数。当 GATE 变成高后，才启动计数过程。在计数过程中，应始终使 GATE=1。若 GATE=0，不仅中止计数，而且 OUT 端马上变高。当恢复 GATE=1 时，产生硬件启动，计数器又从头开始计数。

（4）在方式 3 计数过程中，对计数器写入新计数初值，不影响当前半周期的计数。在当前的半个周期结束（OUT 电位发生变化）时，启用新初值。显然，计数过程中，若新送了计数初值，接着又发生了 GATE 硬件启动，则会立即启用新初值。

5. 方式 4——软件触发选通

方式 4 是一种软件启动、不自动重复的计数方式。

在写入方式 4 控制字后，OUT 变高。若 GATE 信号为高，写完计数初值后的第一个 CLK 信号将初值 N 置入计数器。第二个 CLK 信号开始做减法，（N+1）个 CLK 信号后减到零，OUT 变低。第（N+2）个 CLK 信号使 OUT 又回到高而停止，形成一个 T_{CLK} 的负脉冲。因此从写入计数初值算起整个过程为（N+2）$\times T_{CLK}$。方式 4 的工作波形如图 10.9 所示。

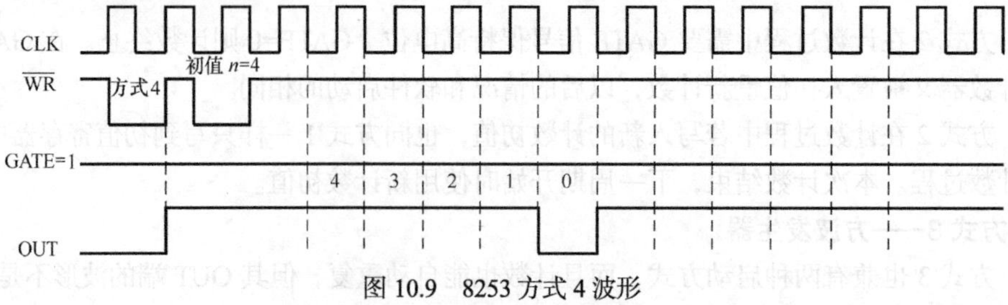

图 10.9　8253 方式 4 波形

在方式 4 下，每给计数器写一次初值，开始一次计数，计数到零则停止，等下一次送初值又重新启动。GATE 信号可控制计数过程是否进行下去。一般而言，在计数过程中，应保持 GATE=1。若出现 GATE=0，则立即中止计数，当恢复 GATE=1 后，又继续原来的计数过程直至结束。

方式 4 的计数过程中，写入新的计数初值，需要本次计数结束,下一周期开始时才使用。

6. 方式 5——硬件触发选通

方式 5 是硬件启动，不自动重复的计数方式。在写入方式 5 控制字后，OUT 变高，写入计数初值时即使 GATE 信号原来为高，计数过程也仍不启动，而是要求 GATE 信号出现一个由"0"到"1"的上升沿，下一个 CLK 信号才开始计数。计数器减到零时，OUT 变低，经一个 CLK 信号后变高且一直保持。以上过程如图 10.10 所示。

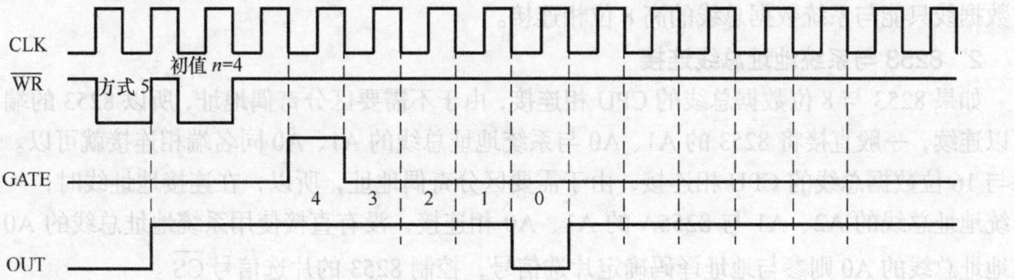

图 10.10　8253 方式 5 波形

由于方式 5 是由 GATE 的上升沿启动计数，同方式 1 一样，启动后，即使 GATE 变成低电平，也不影响计数过程的进行。但若 GATE 信号又产生了正跳变，则不论计数是否完成，又将给计数器置入初值，重新开始一轮计数。

在计数过程中给计数器写入新初值，只写入到初值寄存器中，不影响当前计数，当 GATE 信号重新启动之后才置入计数器使用。

8253 六种工作方式总结：

（1）终止计数。在计数过程中，如果 GATE=0，则方式 0、方式 2、方式 3、方式 4 停止计数，整个计数过程中 GATE 应当保持高电平。而在启动计数后，方式 1 和方式 5 不受 GATE=0 的影响。

（2）启动计数。方式 0、方式 4 为软件启动；方式 2、方式 3 为软硬件启动。当 GATE=1 时写入计数值后，经过一个 CLK 周期后开始减 1 计数。GATE=0 停止计数，当恢复 GATE=1 后计数器重新计数。而方式 1 和方式 5 是每次 GATE 上升沿到便开始重新计数。

（3）自动重复。方式 0、方式 1、方式 4、方式 5 不自动重复，而方式 2 和方式 3 能够自动重复。

（4）更新初值。更新初值后方式 0 和方式 4 立即在下一个时钟周期，将计数值写入计数执行部件，利用新的计数值开始减 1 计数。而方式 1、方式 2、方式 3、方式 5 在下一轮才有效。

（5）输出波形。方式 0 是延时时间可变的上跳沿，方式 1 是周期为 $N\times T_{CLK}$ 的单一负脉冲。方式 2 为周期 $N\times T_{CLK}$,宽度为 T_{CLK} 的连续负脉冲。方式 3 为周期 $N\times T_{CLK}$ 的连续方波，方式 4 和方式 5 是 T_{CLK} 的单一负脉冲，注意和方式 2 的区别。

10.3　8253 的应用

10.3.1　8253 与系统总线的连接

1. 8253 与系统数据总线的连接

由于 8253 用于传输数据的引脚只有 8 个，所以在连接系统总线时，如果 CPU 的数据总线只有 8 位，则连接时情况比较简单，只要将对应线连接在一起就可以。但是，如果 CPU 的数据线是 16 位时，情况就比较复杂，需要确定 8253A 的数据线到底与系统数据总线的哪 8 根线相连接，是连接到高 8 位还是连接到低 8 位？这就要分析 CPU 在使用数据总线时的具体规定来连接。例如，8086 CPU 的外部数据总线宽度为 16 位，它在访问存储器和 I/O 接口时，既可以按 16 位访问，又可以按 8 位访问。在按 8 位访问 I/O 接口时，如果访问的 I/O 端口地址是偶地址，则使用低 8 位数据总线；而如果 I/O 端口地址是奇地址时，则使用的是高 8 位数据总线。所以，在给 8086 CPU 扩展 8253 时，必须首先确定所要扩展的 8253 的 4 个端口是占用偶地址还是奇地址。如果占用偶地址，则 8253 的数据线只要和系统数据总线的低 8 位对应相连接即可；如果占用奇地址，则 8253 的数据线只能与系统数据总线的高 8 位相连接。

2. 8253 与系统地址总线连接

如果 8253 与 8 位数据总线的 CPU 相连接，由于不需要区分奇偶地址，所以 8253 的端口地址可以连续，一般直接将 8253 的 A1、A0 与系统地址总线的 A1、A0 同名端相连接就可以。但是如果与 16 位数据总线的 CPU 相连接，由于需要区分奇偶地址，所以，在连接地址线时，一般是将系统地址总线的 A2、A1 与 8255A 的 A1、A0 相连接，没有直接使用系统地址总线的 A0，而系统地址总线的 A0 则参与地址译码确定片选信号，控制 8253 的片选信号 $\overline{CS}$ 。

3. 端口地址范围的确定

在扩展接口芯片时，都要涉及一个器件占用的端口地址范围的问题。一片 823 器件要占用 4 个端口地址，这 4 个端口地址如何确定呢？要由具体的地址译码（即产生 8253 器件的片选信号 $\overline{CS}$ ）方式来确定。在实际使用中，经常用的方法如下。

（1）线选法：使用高位地址总线的某一根直接连接在 8253 的 $\overline{CS}$ 引脚，这样在 CPU 执行 OUT 或 IN 指令时，只要指令提供的端口地址满足该位地址线为 0（低电平），就可以访问该器件的某个端口。这样的连接方式因为只要求地址信息的这一位为 0（低电平），其他位为任意状态，所以势必会造成该 8253 器件占用许多端口地址，造成 I/O 端口地址空间的极大浪费。例如，使用系统地址总线的 A15 连接 8253A 的 $\overline{CS}$ ，则端口地址在 0000H～7FFFH 之间的任意地址都可以访问该 8253，该 8253 共占用了 32768 个端口地址。

（2）部分译码法：使用高位地址总线的某几根经过特定的逻辑组合后，连接在 8253 的 $\overline{CS}$ 引脚。这样在 CPU 执行 OUT 或 IN 指令时，只有指令提供的端口地址满足这几位地址线为该特定组合时，该 8253 的 $\overline{CS}$ 引脚才能为低电平，才可以访问该器件。这样可以减少一片 8253 占用的地址范围，减少端口地址浪费，但是，没有从根本上解决端口地址浪费问题。

（3）全译码方法：将所有未直接连接到 8253 地址引脚 A1A0 的地址线，经过特定的逻辑组合后，连接在 8253 的 $\overline{CS}$ 引脚。这样在 CPU 执行 OUT 或 IN 指令时，只有指令提供的端口地址满足这几位地址线为该特定组合时，该 8253 的 $\overline{CS}$ 引脚才能为低电平，才可以访问该器件。8086/8088 CPU 访问 I/O 端口时使用 A15～A0 共 16 根地址线，由于连接 8253 的 A1A0 使用了两根地址线，则利用剩余的 14 条地址线参与译码连接到 8253 的 $\overline{CS}$ 引脚。只有它们为某一特定组合时才能使 8253 的 $\overline{CS}$ 引脚为低电平，8253 才能被读写，这样一片 8253 只占用 4 个端口地址。

4. 其他控制信号的连接

在系统总线中有 I/O 扩展需要的所有信号，其中有地址总线 A15～A0、数据总线 D15～D0（8088 CPU 为 D7～D0）、控制信号 $\overline{IOR}$ 、 $\overline{IOW}$ 等。

其中 $\overline{IOR}$ 用于在访问 I/O 接口时，CPU 从 I/O 接口中读取数据； $\overline{IOW}$ 用于将 CPU 输出的数据写入到 I/O 接口中。根据 CPU 的时序，IOR 可以直接与 8253 的 *RD* 相连接，而 IOW 则可直接与 8253 的 $\overline{WR}$ 相连。

例 10.1 在一个微机系统中（CPU 为 8088），通过系统总线扩展一片 8253A 定时/计数器，该 8253A 占用的端口地址为 FF04H~FF07H 任选，画出设计原理图。

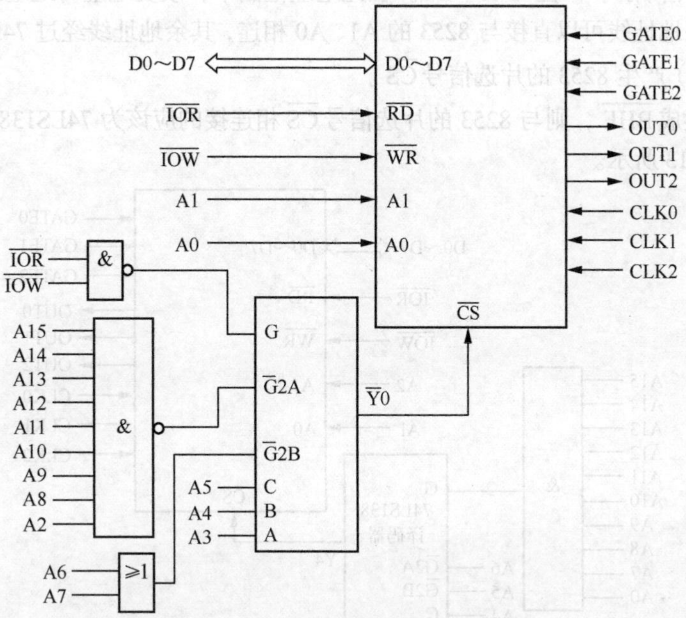

图 10.11 8253A 与 8088 系统总线的连接

例 10.2 在一个微机系统中（CPU 为 8086），通过系统总线扩展一片 8253 定时/计数器，该 8253 占用的端口地址为 0FF90H～0FF9FH 的偶地址任选，画出设计原理图。

由于 8086 系统的数据总线有 16 位，并且存在奇偶地址之分，所以在进行扩展时，不能使用连续地址。题目规定使用偶地址，故采用端口地址 0FF90H～0FF96H 范围内的偶地址为该 8253 的端口地址。系统数据线必须采用低 8 位 D7～D0。在此地址范围中，改变地址时地址线发生改变的只有 A2 和 A1，这两根地址线可以直接与 8253 的 A1、A0 相连，其余地址线经过 74LS138 译码器（A0 必须参加）产生 8253 的片选信号 $\overline{CS}$。系统原理图如图 10.12 所示。

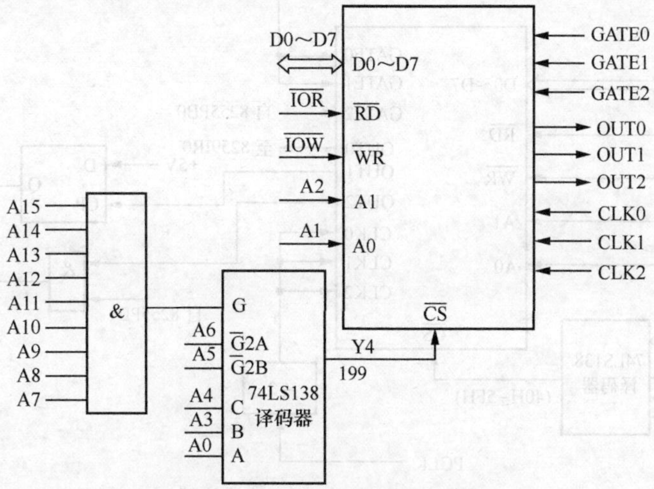

图 10.12 8253 与 8086 系统总线的连接

例 10.3 在一个微机系统中（CPU 为 8086），通过系统总线扩展一片 8253 定时/计数器，该 8253 占用的端口地址为 0FF90H～0FF9FH 的奇地址任选，画出设计原理图。

题目规定使用奇地址，故采用端口地址 0FF91H～0FF97H 范围内的奇地址为该 8253 的端口地址，数据线必须采用高 8 位 D15～D8。在此地址范围中，改变地址时地址线发生改变的只有 A2 和 A1，这两根地址线可以直接与 8253 的 A1、A0 相连，其余地址线经过 74LS138 译码器（A0 或 $\overline{BHE}$ 必须参加）产生 8253 的片选信号 $\overline{CS}$。

若将 A0 替换成 $\overline{BHE}$，则与 8253 的片选信号 $\overline{CS}$ 相连接的应该为 74LS138 的 $\overline{Y_4}$ 输出端。系统原理图如图 10.13 所示。

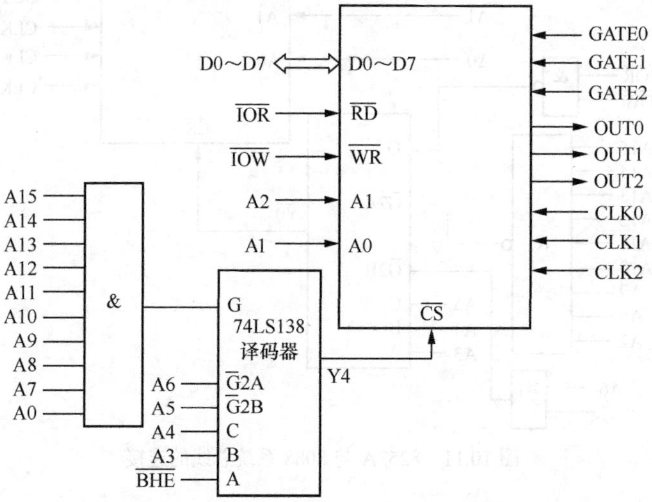

图 10.13 8086 奇地址扩展 8253 原理图

10.3.2 IBM PC 机中的 8253

在 IBM PC 机中，8253 的 3 个时钟端 CLK0、CLK1 和 CLK2 的输入频率都是 1.1931817MHz，计数器 0 和计数器 1 的门控 GATE0 和 GATE1 接+5V，计数器 2 的 GATE2 与 8255 端的端口 PB0 相连，如图 10.14 所示。

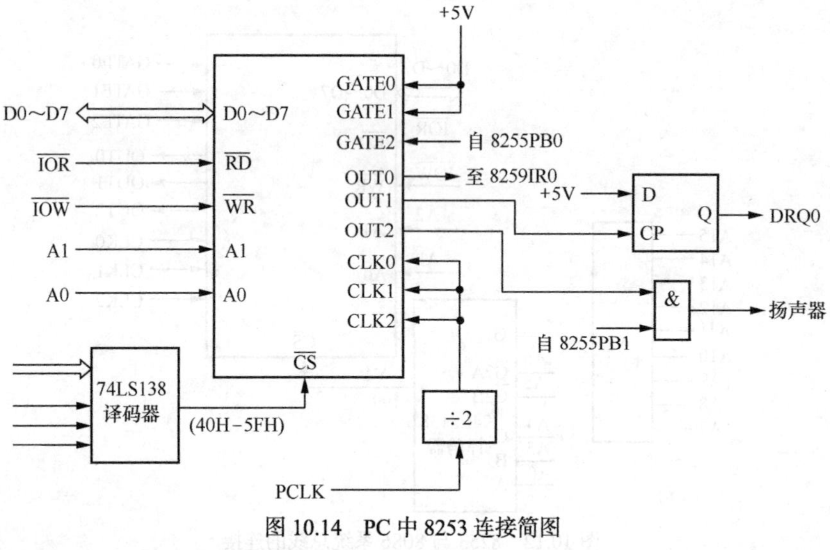

图 10.14 PC 中 8253 连接简图

计数器 0 作为定时器，为系统日历时钟提供计时基准。计数器 0 的输出端 OUT0 与中断控制器 8259A 的中断请求段 IRQ0 相连，为 IRQ0 提供每秒 18.2 次中断信号。也就是说，OUT0 的输出频率应当是 18.2Hz，这正是 CLK0 的输入频率 1.1931817MHz 与 2^{16} 相除的结果，因此计数器 0 的初值为 0。计数器 0 的操作模式选择 Mode3。控制字应当是 00110110B=36H 在 IBM PC BIOS 中，计数器 0 的初始化程序如下。

```
TIMER   EQU  40H
MOV     AL，36H
OUT     TIMER+3，AL
MOV     AL，0
OUT  TIMER，AL
OUT  TIMER，AL
```

计数器 1 作为定时器使用，其输出脉冲用作 DRAM 刷新的定时信号，DRAM 要求每隔 15μs 刷新一次，这样，OUT1 输出脉冲频率是 66.2KHz。因为 CLK1 的输入频率为 1.19318MHz，所以计数初值应是 18（1.19318MHz/18=66.2KHz）。在操作模式 2 下，OUT1 连续输出周期为 15μs 的定时信号，这个定时信号就作为 DRAM 的刷新请求信号。

IBM BIOS 中，有关计数器 1 的初始化程序如下。

```
MOV AL，54H
OUT 43H，AL
MOV AL，18
OUT 41H，AL
```

计数器 2 用来控制扬声器发声。在 IBM BIOS 中有个 BEEP 子程序，它在模式 3 下，能产生频率为 896Hz 的声音，装入计数器 2 的计数初值为 533H（1.19318MHz/896Hz=1331=533H），这样，得到的控制字为 10110110B=0B6H。

BIOS 中计数器 2 的初始化程序如下。

```
MOV AL，0B6H
OUT 43H，AL
MOV AL，33H
OUT 42H，AL
MOV AL，05
OUT 42H，AL
```

10.3.3 8253 的编程

对 8253 的编程也称为对 8253 的初始化。它包括两部分，一是写各计数器的方式控制字，二是设置计数初值。初始化的方式有两种。

（1）以计数器为单位逐个进行初始化。即对某个计数器，先写入方式控制字，接着写入计数初值（一个字节或两个字节）。先初始化哪一个计数器没有关系，但对某一个计数器来说，则必须按照先写入方式控制字、写入计数值低字节、计数值高字节的顺序进行初始化，如图 10.15 所示。

（2）先写入所有计数器的方式控制字，再装入各计数器的计数值。这种初始化的方式就是先分别写入 CNT0、CNT1、CNT2 的方式控制字，再分别写入每个计数器的初值。计数器的初值应该注意，是只写低字节，或是写高字节，还是先写入低字节然后再写入高字节，如图 10.16 所示。

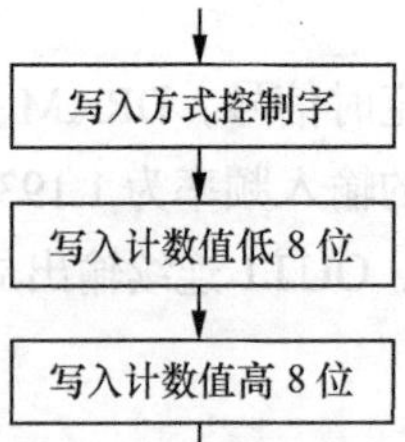

图 10.15　1 个计数器的初始化顺序

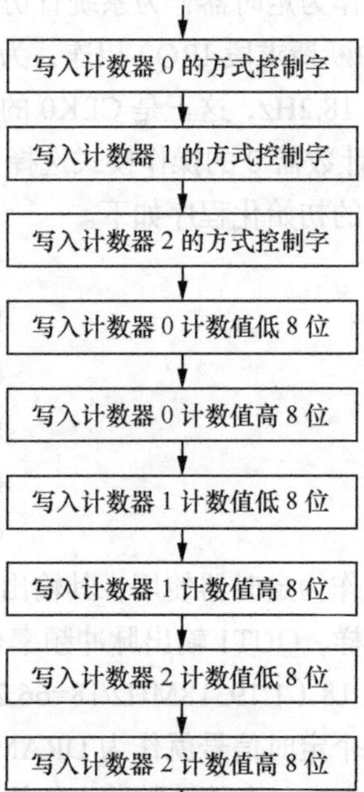

图 10.16　另一种初始化顺序

可编程定时器/计数器 8253 可与各种微型计算机系统相连并构成完整的定时、计数或脉冲发生器。在使用 8253 时有两项工作要做，一是要根据实际应用要求，设计一个包含 8253 的硬件逻辑电路或接口；二是对 8253 进行初始化编程，只有初始化后 8253 才可以按要求正常工作。下面举例说明 8253 的一些应用。

10.3.4　8253 的应用

例 10.4　将 8253 的计数器 1 作为 5ms 定时器，设输入时钟频率为 200kHz，试编写 8253 的初始化程序。

1. 计数初值 *N* 计算

已知输入时钟 CLK 频率为 200kHz，则时钟周期为 T=1/f=1/200kHz=5us，于是计数初值 N 为：N=5ms/T=1000。

2. 确定控制字

按题意选计数器 1，按 BCD 码计数，工作于方式 0。由于计数初值 N=1000，控制字 D5D4 应为 11，于是 8253 的控制字为：01110001B=71H。

3. 选择 8253 各端口地址

设计数器 1 的端口地址为 3F82H，控制口地址为 3F86H。

4. 初始化程序如下

```
MOV  AL,71H           ; 控制字
MOV  DX,3F86H         ; 控制口地址
OUT  DX,AL            ; 控制字送 8253 控制寄存器
MOV  DX,3F82H         ; 计数器 1 端口地址
MOV  AL,00            ; 将计数初值 N=1000 的低 8 位写入计数器 1
OUT  DX,AL
```

```
MOV  AL,10              ；将 N 的高 8 位写入计数器 1
OUT  DX,AL
```

例 10.5　某一自动计数系统如图 10.17 所示。当工件从光源与光敏电阻之间通过时，CLK_0 端即可接收到一个脉冲信号，由计数器 0 计数。每当有 80 个工件通过后，由输出端 OUT_0 输出一个负脉冲作为中断请求信号通知 CPU。CPU 在处理该中断的中断服务程序中启动计数器 1，由 OUT_1 产生 2000Hz 的方波驱动蜂鸣器发声，提示工件已满 80 个，5 秒后扬声器停止发声。

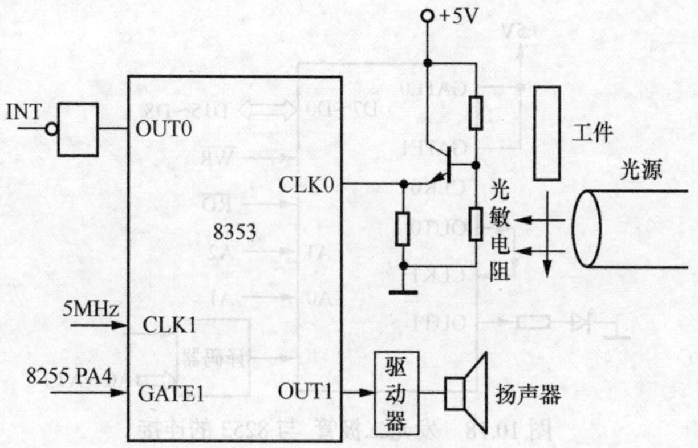

图 10.17　自动计数系统

分析：根据控制要求，8253 计数器 0 工作于方式 2，计数器 1 工作于方式 3。因 CLK1 为 5MHz，故计数器 1 的计数初值为：$5\times10^6/2000=2500$。

设计：程序清单如下：

```
        MOV AL, 15H        ；写方式控制字（设计数器 0 工作于方式 2）
        OUT 43H,AL
        MOV AL, 80         ；设计数器 0 的计数初值为 80
        OUT 40H,AL
        STI                ；置 IF=1，开中断
LOOP:   HLT
        JMP LOOP
   …                       ；中断服务程序
        MDV AL, 01H        ；置 GATE1=1（80H 为 8255PA 口地址）
        OUT 80H,AL
        MOV AL, 77H        ；写方式控制字（设计数器 1 工作于方式 3）
        OUT 43H,AL
        MOV AL,0           ；写计数初值低位
        OUT 41H,AL
        MOV AL, 25         ；写计数初值高位
        OUT 41H,AL
        CALL D5S           ；调 5 秒延时
        MOV AL,0
        OUT 80H,AL         ；置 GATE0=1，使计数器 1 停止工作
```

例 10.6　已知 8253 的数据线与 CPU 高 8 位数据线 D8~D15 相连，8253 的各端口的地址为 80H-88H 任选。8253 控制 LED。要求：LED 点亮 10 秒，熄灭 10 秒。

分析：8253 的数据线与 CPU 高 8 位数据线 D8~D15 相连，因此 8253 的各端口的地址为奇地址，定时器计数器 0 地址为 81H、定时器计数器 1 地址为 83H、定时器计数器 2 地址为 85H、控

制寄存器的地址为 87H。

当时钟频率为 2MHz 时，时钟周期为 0.5μs，16 位计数通道的最大定时时间为：0 .5μs×65536=32.768ms。一次一个计数器是不满足要求的，可以采用计数器级连的方式实现。即计数器 0 工作于方式 2，且每次定时 2.5ms，其输出 OUT0 连接到计数器 1 的 CLK1 上，作为计数器 1 的计数时钟，其周期为 2.5ms。因此计数器 0 初值=2.5 ms/0.5μs=5000。计数器 1 工作于方式 3，输出频率应为 0.05Hz 方波。因此计数器 0 初值=20s/2.5 ms =8000。连接图如图 10.18 所示。

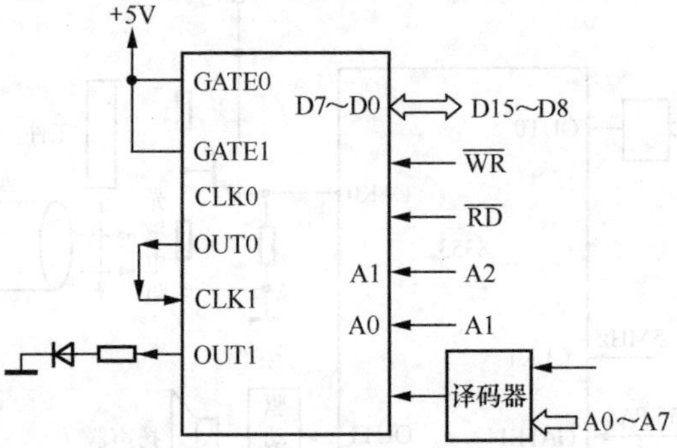

图 10.18 发光二极管 与 8253 的连接

初始化程序如下：

```
；通道 0 初始化程序
MOV     AL， 00110101B
OUT     87，AL
MOV     AL，00H
OUT     81，AL
MOV     AL，50H
OUT     81，AL
；通道 1 初始化程序
MOV     AL， 01110111B
OUT     87，AL
MOV     AL，00H
OUT     83，AL
MOV     AL，80H
OUT     83，AL
```

本章小结

本章主要介绍了 3 部分内容。第 1 部分为 8253A 的内部结构和外部特性，介绍了 8253A 的内部结构及外部引脚，是本章的基础。第 2 部分为 8253A 的工作方式，包括 8253A 的控制字及工作方式等内容，是本章的重点。通过这部分内容，可以了解 8253A 的工作原理，选择正确的工作方式，合理使用 8253A。第 3 部分详细介绍了 8253A 的各种应用，方便读者更好地理解和运用 8253A。

第 11 章 模/数及数/模转换

利用模/数（A/D）和数/模（D/A）转换技术，可以完成模拟量和数字量之间的相互转换，实现计算机和生产过程之间模拟量的输入输出，是数据采集和计算机控制系统设计的关键技术，在过程控制、动态测试、机电控制、电气工程及自动化、计算机应用、化工自动化、机械自动化等各个领域都得到了广泛的应用。

本章重点介绍 A/D 和 D/A 转换的基本原理，常用 A/D 和 D/A 转换器的内部结构、引脚功能、控制方法，目标是能根据系统的设计要求，选择并熟练应用 A/D 和 D/A 转换器件，实现生产过程的数据采集和实时控制。

11.1 模拟设备测控概述

在数据采集和控制系统中，为实时监测设备的某些工作参数及运行状态，实现生产过程的自动控制，需要把各种参数送给计算机，经过计算机存储、运算、显示、打印后，又要通过执行机构，控制被控参数，完成控制任务。这些需要测试和控制的参数中往往包含了许多时间和幅值上都连续变化的模拟量，比如温度、压力、流量、加速度、倾角、重量、液位等。控制系统中许多执行机构，比如直流电机、电动执行机构等，也只能接收模拟量。而计算机只能识别和处理时间上离散、幅值上也离散的数字量，因此数据采集系统和计算机控制系统中，模拟量必须转换成数字量，才能送给计算机；同样，数字量也必须转换成模拟量，才能控制相应的执行部件。把模拟电信号转换成数字信号的器件称为模数（A/D）转换器，把数字信号转换成模拟电信号的器件称为数模（D/A）转换器。完成模拟量和数字量之间的转换后，才能实现计算机和生产过程的信息交换。

计算机闭环控制系统的典型结构如图 11.1 所示。

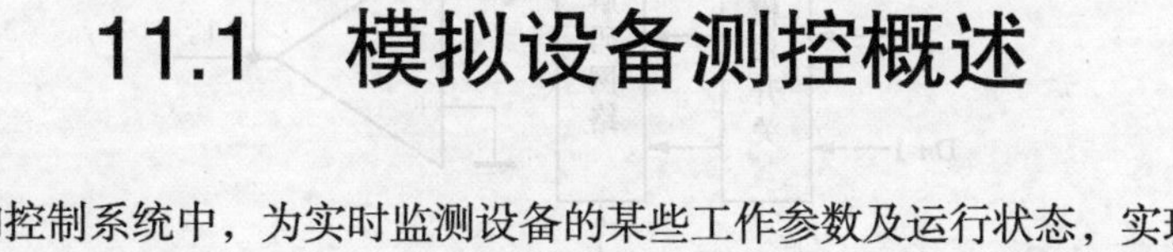

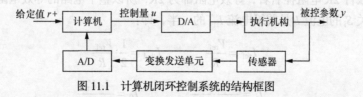

图 11.1 计算机闭环控制系统的结构框图

闭环系统中传感器把各种非电的物理量转换为电压或电流信号；变换发送单元把传感器输出的小信号进行放大；计算机只能接收和发送数字信息，因此必须把模拟电信号经过 A/D 转换器转换成数字信号，才能反馈给计算机；计算机把反馈信号与给定值进行比较、判断、加工后输出数字信息形式的控制量；此控制量必须经过 D/A 转换器转换成模拟信号，才能控制执行机构产生动作，使系统的被控参数达到预定的控制要求。A/D 转换器和 D/A 转换器是数据采集和控制系统的重要组成部分，与计算机控制系统的精度、速度、控制质量息息相关。

11.2 D/A 转换器

D/A 转换器的功能是把计算机输出的二进制编码数字信号转换为模拟电信号，以控制执行机构，是计算机控制系统的重要组成部分。

11.2.1 D/A 转换原理

D/A 转换器主要由参考电源、模拟开关、解码网络、运算放大器组成，其结构如图 11.2 所示。D/A 转换的基本原理就是用计算机输出的 *n* 位二进制数控制模拟开关，在解码网络的输出端产生与数字量成比例的电流，再经反馈电阻及运算放大器转换为电压输出。有些 D/A 转换器是电流输出，需要外接运算放大器，才能输出模拟电压。参考电源为解码网络提供参考电压 V_{ref}。

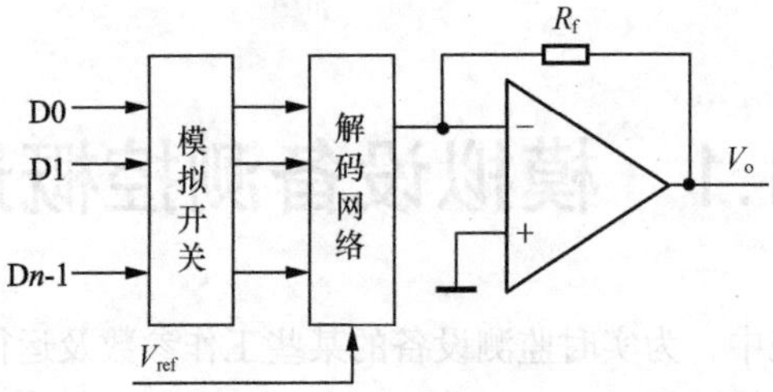

图 11.2 D/A 转换器框图

解码网络是 D/A 转换器的核心部件，常用的解码网络有权电阻解码网络和 T 型电阻解码网络。T 型电阻解码网络只有 R 和 2R 两种电阻，制作工艺比较简单，有利于提高转换精度，因此 D/A 转换器大都使用这种解码网络。

T 型电阻网络 D/A 转换器原理如图 11.3 所示，串联臂上的电阻为 R，并联臂上的电阻为 2R，整个电路由 *n* 个相同的环节组成，每个环节包括两个电阻和一个二选一的模拟开关。每个开关由一位数字信号来控制，该位为“0”时，开关与地信号接通，产生的电流不作为 D/A 转换器的输出；该位为“1”时，开关与运算放大器的反相输入端（虚地点）接通，产生的电流作为 D/A 转换器的输出，经运算放大器转换为输出电压。

从每个并联臂 2R 电阻往右看，等效电阻都为 2R，所以整个电路的等效电阻为 $2R//2R=R$，流过每个模拟开关 S_i 的电流 I_i 是前级电流 I_{i+1} 的一半，即：

$$I_{ref}=\frac{V_{ref}}{R} \qquad I_{n-1}=\frac{1}{2}\cdot\frac{V_{ref}}{R}$$

$$I_i=\frac{1}{2^{n-i}}\cdot\frac{V_{ref}}{R} \qquad I_0=\frac{1}{2^n}\frac{V_{ref}}{R} \tag{11.1}$$

D_i=“1”时，对应模拟开关上的电流 I_i 就被叠加到输出电流上，因此 D/A 转换器输出的总电流为：

$$I_f=\sum_{i=0}^{n-1}\frac{Di}{2^{n-i}}\cdot\frac{V_{\text{ref}}}{R}=\frac{N}{2^n}\cdot\frac{V_{\text{ref}}}{R} \tag{11.2}$$

式中 Di=“0”或“1”，表示数字量的第 i 位；N 表示 n 位数字量的值。

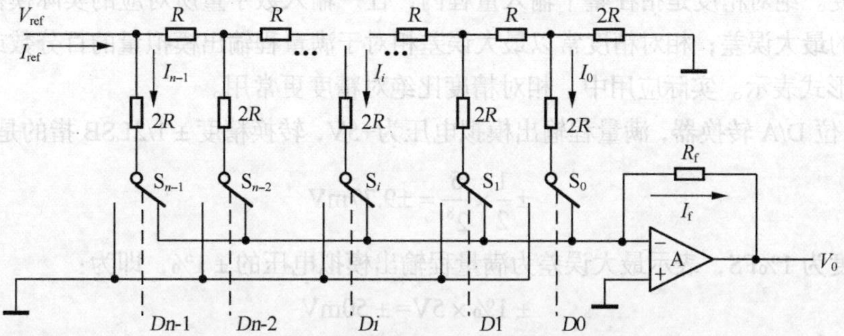

图 11.3　T 型电阻网络 D/A 转换器原理图

D/A 转换器对应的输出电压 V_o 为：

$$V_o=-I_f\cdot R_f=-\frac{N}{2^n}\cdot\frac{V_{\text{ref}}}{R}\cdot R_f \tag{11.3}$$

可见 D/A 转换器的输出与数字量的大小、参考电压、反馈电阻以及转换位数有关。

例 11.1　设 8 位 D/A 转换器中参考电压 $V_{\text{ref}}=-5\text{V}$，反馈电阻 R_f=R，试计算数字量 N 分别为 00H，80H，0FFH 时，D/A 转换器的输出电压。

解：由式（11.3）可知，D/A 转换器的输出电压为：

$$V_o=-\frac{N}{2^n}\cdot\frac{V_{\text{ref}}}{R}\cdot R_f=-\frac{N}{256}\times(-5)=\frac{5}{256}N$$

把 N=00H，80H，0FFH 代入上式，得到其输出分别为 0V、2.5V 和 4.98V

11.2.2　D/A 转换器的性能指标

D/A 转换器是计算机控制系统的关键部件，其性能直接影响着控制系统的质量。不同的 D/A 转换器在转换精度、速度、输出范围等方面差异很大，适用范围也不同，下面介绍 D/A 转换器常用的几个性能指标。

1. 分辨率

分辨率是指 D/A 转换器能产生的最小模拟量增量，即二进制数每增加 1 时，转换器输出的模拟量增量，通常用数字量最低有效位（LSB）所对应的模拟量来表示。设 n 位的 D/A 转换器信号满量程输出模拟电压为 V_{ref}，则其分辨率为：

$$1\text{LSB}=\frac{V_{\text{ref}}}{2^n} \tag{11.4}$$

例如，8 位 D/A 转换器满量程输出模拟电压为+5V，则其分辨率为：

$$\frac{5V}{2^8}=19.5\text{mV} \tag{11.5}$$

由式（11.4）可知，D/A 转换器的位数越多，能分辨的模拟量就越小，分辨率就越高，因此也常用 D/A 转换器的位数来表示分辨率。

2. 转换精度

转换精度是指D/A转换器的实际输出与理想输出之间的偏差，用来表示D/A转换的精确程度。由式（11.2）可知，D/A 转换精度与参考电源、转换位数、芯片结构有关。转换精度分为绝对精度和相对精度。绝对精度是指在整个输入量程内，任一输入数字量所对应的实际模拟量输出值与理论值之间的最大误差；相对精度常以最大误差相对于满量程输出模拟量的百分数或最低有效位 LSB 的分数形式表示。实际应用中，相对精度比绝对精度更常用。

比如，8 位 D/A 转换器，满量程输出模拟电压为+5V，转换精度 ± 1/2LSB 指的是最大误差为：

$$\pm\frac{1}{2}\times\frac{5}{2^8}=\pm 9.77\text{mV}$$

转换精度为 1%FS，表示最大误差为满量程输出模拟电压的 ± 1%，即为：

$$\pm 1\% \times 5\text{V}=\pm 50\text{mV}$$

注意

分辨率和转换精度是两个不同的概念，分辨率取决于满量程模拟量输出值和转换位数，而转换精度与参考电源、模拟开关、运算放大器、电阻等器件的精度及芯片结构相关，高分辨率不一定对应高精度。

3. 线性度

D/A 转换器的理想转换特性应该是线性的，输出模拟量和输入数字量成直线关系，但是实际的转换特性是非线性的。线性误差是在量程范围内，实际转换特性曲线与理想转换特性直线之间的最大偏差。常以相对于满量程输出的百分数表示，如±2%是指实际输出值与理论值之差在满刻度的±2%以内。线性误差越小，表明 D/A 转换器的线性度越好。实际应用时，如果转换器的线性度太差，应该先进行校正。

4. 建立时间

建立时间指完成一次转换所需要的时间，就是数字量从 0 变到满刻度时，D/A 转换器输出模拟量稳定在额定值 ± 1/2LSB 所需要的时间。建立时间一般从几微秒到几毫秒，表明 D/A 转换的速度。

5. 温度灵敏度

温度灵敏度表明 D/A 转换器受温度变化影响的特性，是指输入不变，输出模拟量随温度变化的情况。D/A 转换器的各项指标一般是在 25℃的环境温度下测定，温度变化会影响 D/A 转换器的性能。应用时首先在 25℃环境温度下调整零点和满刻度输出点，然后验证 D/A 转换器在整个温度范围内的漂移，对特殊的环境要求，应用前一般要进行高低温试验。

实际应用中，除了以上性能指标外，还要考虑 D/A 转换器的输出极性和范围、数字量输入的编码形式及工作温度范围等，综合各项因素选择 D/A 转换器。

11.2.3 常用的 D/A 转换器

集成的 D/A 转换芯片有多种形式，按转换位数分有 8 位、10 位、12 位、16 位；按转换速度有高速、中速、低速之分；按输出形式分为电流型和电压型；按数字量输入形式有串行和并行；从结构上来看，有的内部设置有数据寄存器，可直接与微机系统总线相连；而有的内部没有数据寄存器，需要外部接口芯片与微机系统总线相连。不同的 D/A 转换器，内部结构和引脚功能不相同，性能指标也不相同。下面介绍两种常用的 D/A 转换器。

1. 8 位 D/A 转换器 DAC0832

DAC0832 是电流输出型 8 位 D/A 转换器，采用 CMOS 工艺和 T 型电阻解码网络，建立时间为 1μs，转换精度为 ±1LSB，功耗为 20mW，内部有两个数据寄存器，可以和微机系统总线直接相连。

（1）DAC0832 的内部结构及引脚功能

DAC0832 的内部结构如图 11.4 所示，主要包括 8 位输入寄存器、8 位 DAC 寄存器和一个 8 位 D/A 转换器及控制电路。两个数据寄存器可由外部引脚控制其工作于直通或锁存状态，8 位 D/A 转换器采用 T 型电阻解码网络，有两个电流输出端，需要外接运算放大器才能转换为电压输出，内部有反馈电阻。

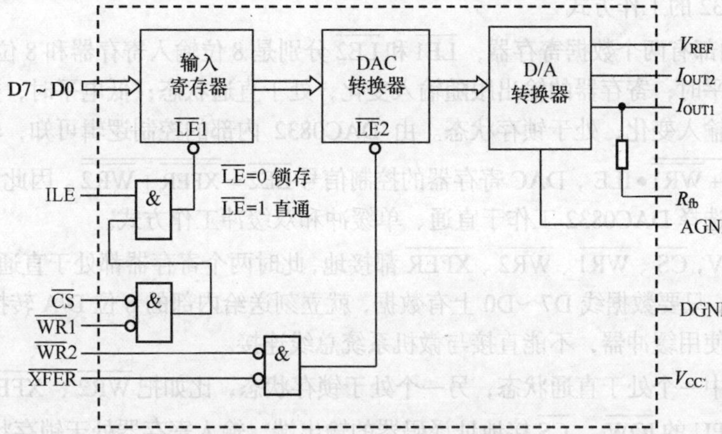

图 11.4　DAC0832 内部结构

DAC0832 有 20 个引脚，引脚排列如图 11.5 所示。主要引脚功能如下：

V_{CC}：芯片电源输入线，范围 5V～15V。

V_{REF}：参考电压输入线，范围-10V～10V。

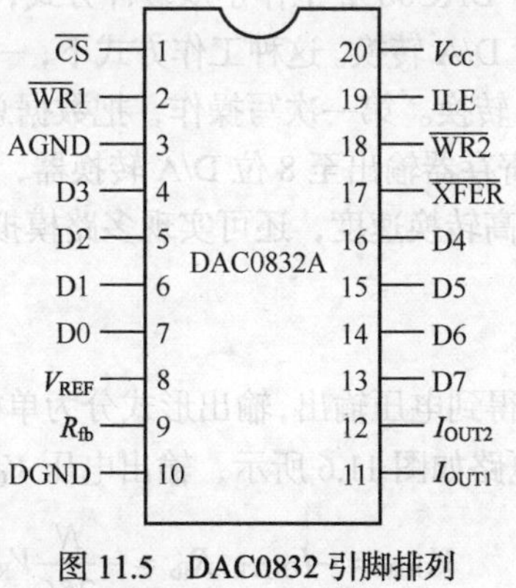

图 11.5　DAC0832 引脚排列

AGND：模拟地，芯片模拟电路接地线。

DGND：数字地，芯片数字电路接地线。

D7～D0：8 位数字量输入引脚，与 CPU 数据总线连接。

ILE：输入锁存允许信号，高电平有效。

$\overline{CS}$：片选信号，输入引脚，低电平有效，与地址译码电路的输出相连，可以决定 D/A 转换器的端口地址。

$\overline{WR1}$：写信号 1，输入引脚，低电平有效，与 ILE 和 $\overline{CS}$ 一起控制输入寄存器的工作方式。

$\overline{WR2}$：写信号 2，输入引脚，低电平有效，与 $\overline{XFER}$ 一起控制 DAC 寄存器的工作方式。

$\overline{XFER}$：数据传送控制信号，低电平有效。

I_{OUT1}：模拟电流输出引脚 1，与 8 位输入数字量成正比。

I_{OUT2}：模拟电流输出引脚 2，$I_{OUT1}+I_{OUT2}$=常数，一般情况下，I_{OUT2} 接地。

R_{fb}：反馈电阻接出端，在芯片内部与 I_{OUT1} 连接，其值为 15kΩ，可作为外部运算放大器的反馈电阻。

（2）DAC0832 的工作方式

DAC0832 内部有两个数据寄存器，$\overline{LE1}$ 和 $\overline{LE2}$ 分别是 8 位输入寄存器和 8 位 DAC 寄存器的控制引脚。高电平时，寄存器的输出跟随输入变化，处于直通状态；低电平时，数据锁存在寄存器中，输出不随输入变化，处于锁存状态。由 DAC0832 内部的控制逻辑可知，输入寄存器的控制信号 $\overline{LE1}=\overline{\overline{CS}+\overline{WR1}\bullet ILE}$，DAC 寄存器的控制信号 $\overline{LE2}=\overline{\overline{XFER}+\overline{WR2}}$。因此用外部引脚控制其工作状态，可选择 DAC0832 工作于直通、单缓冲和双缓冲工作方式。

把 ILE 接+5V，$\overline{CS}$、$\overline{WR1}$、$\overline{WR2}$、$\overline{XFER}$ 都接地，此时两个寄存器都处于直通状态，DAC0832 工作于直通方式，只要数据线 D7～D0 上有数据，就立刻送给内部的 8 位 D/A 转换器进行 D/A 转换。直通方式不使用缓冲器，不能直接与微机系统总线连接。

两个寄存器中一个处于直通状态，另一个处于锁存状态，比如把 $\overline{WR2}$、$\overline{XFER}$ 接地，ILE 接+5V，$\overline{WR1}$ 接 CPU 的 $\overline{IOW}$，$\overline{CS}$ 接地址译码器的输出端，输入寄存器处于锁存状态，DAC 寄存器处于直通状态，DAC0832 就工作于单缓冲方式，数据总线上的数据经过一级缓冲送给内部的 8 位 D/A 转换器进行 D/A 转换。这种工作方式下，一个 DAC0832 只分配一个端口地址，执行一次写操作，就能完成 D/A 转换。这种方式，使用最为广泛。

两个寄存器都处于锁存状态时，比如把 $\overline{WR1}$、$\overline{WR2}$ 接 CPU 的 $\overline{IOW}$，ILE 接+5V，$\overline{XFER}$ 和 $\overline{CS}$ 接地址译码器的两个输出端，DAC0832 工作于双缓冲方式，数据总线上的数据经过二级缓冲送给内部的 8 位 D/A 转换器进行 D/A 转换。这种工作方式下，一个 DAC0832 分配两个端口地址，执行两次写操作，才能完成 D/A 转换。第一次写操作，把数据总线上的数据从输入寄存器输出；第二次写操作，把数据从 DAC 寄存器输出至 8 位 D/A 转换器，进行 D/A 转换。双缓冲方式在转换过程中可以接收下一数据，提高转换速度，还可实现多路模拟量同时输出，控制两个执行部件同时动作。

（3）DAC0832 的输出形式

DAC0832 外接运算放大器，得到电压输出，输出形式分为单极性电压输出和双极性电压输出。

DAC0832 单极性电压输出电路如图 11.6 所示，输出电压 V_{OUT} 为：

$$V_{OUT}=-I_{OUT1}\cdot R_{fb}=-\frac{N}{256}V_{REF} \tag{11.6}$$

输出电压的极性与参考电压的极性相反，大小与数字量成正比。

单极性输出电路输出单一极性的电压，只能控制执行部件单方向动作。而控制系统中经常需要控制执行部件的运动方向，比如伺服电机、直流电机的转向控制，因此需要双极性电压输出。

DAC0832 双极性电压输出电路如图 11.7 所示，在单极性输出端再加一级运算放大器 A2，把

单极性输出电压 V_{OUT1} 反向放大 2 倍，然后再偏移 V_{REF}，因此双极性输出电压 V_{OUT2} 为：

$$V_{OUT2}=-2V_{OUT1}-V_{REF}=\frac{2N}{256}V_{REF}-V_{REF}=\frac{N-128}{128}V_{REF} \tag{11.7}$$

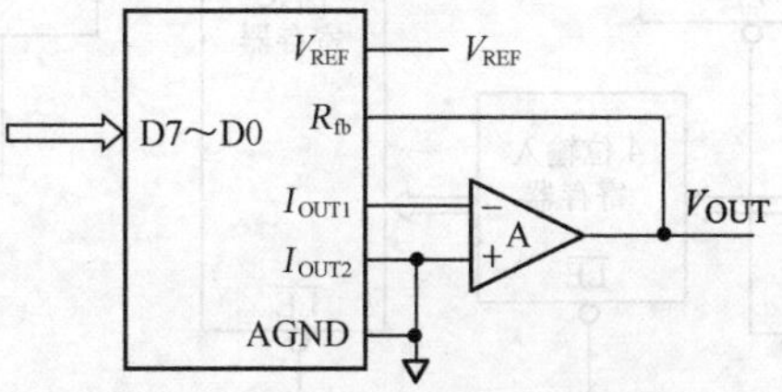

图 11.6　DAC0832 单极性电压输出电路

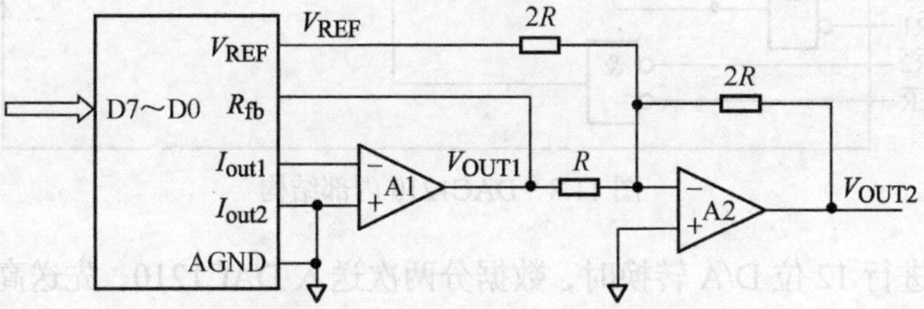

图 11.7 DAC0832 双极性电压输出电路

数字量 $N>128$ 时，双极性输出电压的极性与参考电压相同；$N<128$ 时，双极性输出电压的极性与参考电压相反；$N=128$ 时，双极性输出电压为 0V。

$V_{REF}=-10V$ 时，数字量 0～0FFH 对应的单极性输出电压与双极性输出电压如表 11.1 所示。

表 11.1　　$V_{REF}=-10V$ 时，8 位数字量与输出电压的对应关系

数字量（16 进制）	$V_{REF}=-10V$	
	单极性输出电压（V）	双极性输出电压（V）
00H	0	10
01H	0.039	9.922
7FH	4.961	0.078
80H	5	0
81H	5.039	–0.078
0FFH	9.961	–9.922

2. 12 位 D/A 转换器 DAC1210

DAC1210 是电流输出型 12 位 D/A 转换器，建立时间为 1μs，功耗为 25mW，电源输入范围 5V～15V，参考电压范围–25V～25V。

DAC1210 内部结构如图 11.8 所示，主要包括 12 位输入寄存器、12 位 DAC 寄存器和一个 12 位 D/A 转换器及控制电路。与 DAC0832 类似，DAC1210 内部有两个数据寄存器，可以和微机系统总线直接相连。为便于和 8 位微控制器连接，12 位输入寄存器被分成一个 8 位输入寄存器和一个 4 位输入寄存器，因此内部有三个寄存器。

DAC1210 有 12 个数字量输入引脚，被分成高 8 位和低 4 位。与 8 位微控制器连接时，D11～D4 与 8 位数据总线相连，D3～D0 与 8 位数据总线的低 4 位相连。引脚 $B1/\overline{B2}$ 是 8 位和 4 位输入寄存器选择端，$B1/\overline{B2}$ = “1” 时，数据写入 8 位输入寄存器；$B1/\overline{B2}$ = “0” 时，数据写入 4 位输入寄存器。其他引脚与 DAC0832 相同。

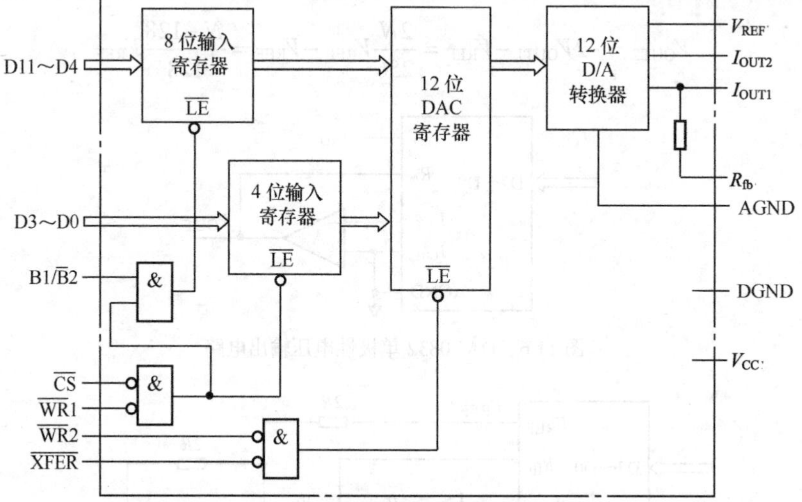

图 11.8　DAC1210 内部结构

8 位微控制器进行 12 位 D/A 转换时，数据分两次送入 DAC1210，先送高 8 位，再送低 4 位，最后进行 12 位 D/A 转换。

11.2.4　D/A 转换器应用

D/A 转换器在控制系统中通过输出模拟电压控制执行部件，作为波形发生器，可以产生频率、幅值可调的多种波形，还可输出不同幅值的电压，给测试系统提供模拟信号源，检验测试系统的性能。此外，还是 A/D 转换器的重要组成部分，应用非常广泛。

1. 信号源

D/A 转换器的模拟量输出随输入的数字量变化，利用 D/A 转换器能输出频率、幅值可调的多种模拟信号，为设计师和测试工程师在设计验证中提供模拟环境，以检验产品的性能指标。按照幅值和频率要求，设计接口电路，循环进行 D/A 转换，即可设计出所需的信号源。

例 11.2　设在一个 8088 系统中，DAC0832 工作于单缓冲方式单极性输出，其端口地址为 200H，参考电压为−5V，试设计电路并编写程序，分别输出锯齿波、三角波和方波。

解：

（1）地址译码电路设计

DAC0832 的端口地址为 200H，用二进制表示为：10 0000 0000B，需要 A9～A0 共 10 根地址线参与译码。选用 3-8 译码器 74LS138，地址译码电路如图 11.9 所示。

地址线 A9～A3 连接至译码器 74LS138 的三个使能端，为 1000000 B 时，译码器使能端有效。低 3 位地址线 A2～A0 作为输出选择端，为 000B 时，Y0 输出有效，此时对应的端口地址为 200H。

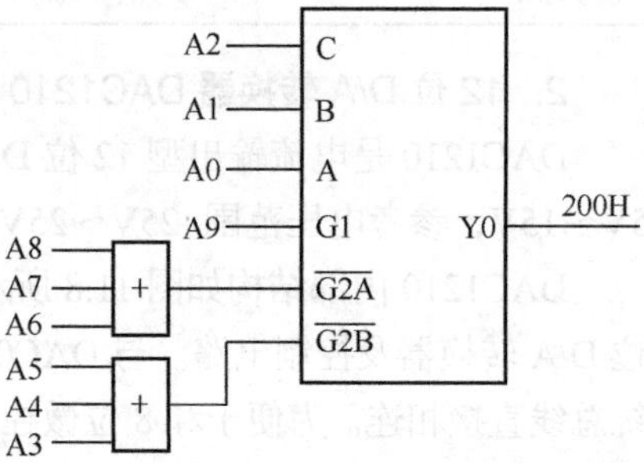

图 11.9　地址译码电路

（2）D/A 转换电路设计

D/A 转换电路如图 11.10 所示，$\overline{CS}$ 接地址译码电路的输出端 Y0，DAC0832 工作于单缓冲方式单极性输出，V_{REF}=−5V，输出 V_{OUT} 范围为 0～4.98V。

（3）程序设计

输出锯齿波的程序段如下：

```
        MOV    DX, 200H               ; 设置 D/A 端口地址
        MOV    AL, 0                  ; 转换初值 0，波形最小电压 0V
AA:     OUT    DX, AL                 ; 启动 D/A 转换
        INC    AL                     ; 转换值+1，输出电压增大
        JMP    AA                     ; 循环转换，输出下一波形
```

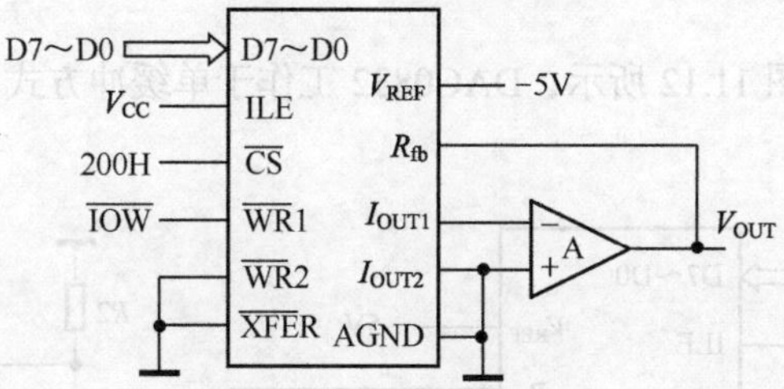

图 11.10　D/A 转换电路

输出三角波的程序段如下：

```
        MOV    DX, 200H               ; 设置 D/A 端口地址
        MOV    AL, 0                  ; 转换初值 0，波形最小电压 0V
UP:     OUT    DX, AL                 ; 启动 D/A 转换
        INC    AL                     ; 转换值+1，输出电压增大
        JNZ    UP                     ; 循环转换
        MOV    AL, 0FEH               ; 重置转换初值为 0FEH
DOWN:   OUT    DX, AL                 ; 启动 D/A 转换
        DEC    AL                     ; 转换值-1，输出电压减小
        JNZ    DOWN                   ; 循环转换
        JMP    UP                     ; 循环输出下一波形
```

输出方波的程序段如下：

```
        MOV    CX, 50                 ; 设置方波个数
        MOV    DX, 200H               ; 设置 D/A 端口地址
AGAIN:  MOV    AL, 0                  ; 转换初值 0，波形最小电压 0V
        OUT    DX, AL                 ; 启动 D/A 转换
        CALL   DELAY                  ; 延时
        MOV    AL, 0FFH               ; 设置转换值 0FFH，波形最大电压+4.98V
        OUT    DX, AL                 ; 启动 D/A 转换
        CALL   DELAY                  ; 延时
        LOOP   AGAIN                  ; 循环输出下一波形
```

各输出波形如图 11.11 所示。

实际得到的锯齿波和三角波会有多个小台阶，每个台阶的宽度就是完成一次 D/A 转换的时间。因为时间很短，所以宏观来看，仍为连续的锯齿波和三角波。

例 11.3　设计模拟试验装置，输出不同幅值的电压，给测试系统提供信号源，检验测试系统的性能。

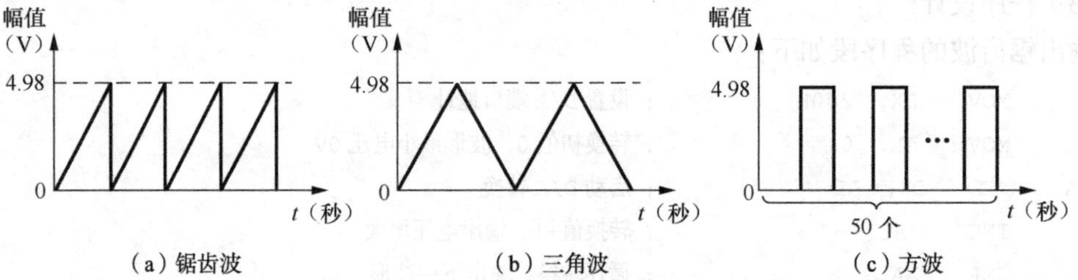

图 11.11　例 11.2 输出波形

解：模拟试验电路如图 11.12 所示，DAC0832 工作于单缓冲方式，单极性输出电压经过分压和跟随器后输出模拟电压。

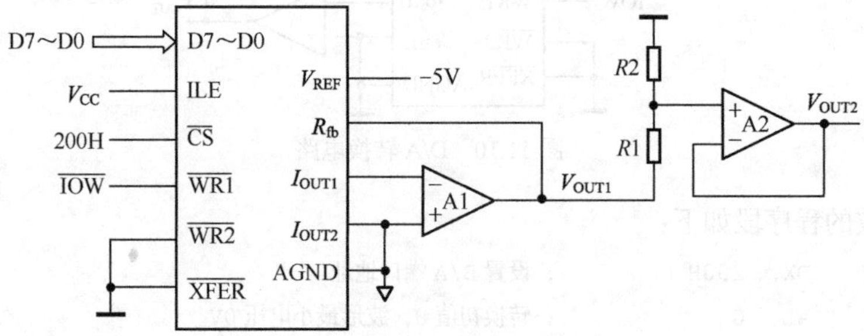

图 11.12　多幅值电压输出模拟试验电路

输出电压 V_{OUT2} 为：$V_{OUT2}=\dfrac{R_2}{R_1+R_2}V_{OUT1}$

编写转换程序，使 D/A 转换器输出幅值恒定的模拟电压，经多路不同的电阻分压后，可输出多路不同幅值的电压。

2. 双缓冲方式同步输出

两个 DAC0832 同步输出，必须工作于双缓冲方式，电路如图 11.13 所示。图中两个 DAC0832 都采用单极性输出，第一个 DAC0832 的输入寄存器端口地址为 200H，DAC 寄存器端口地址为 201H；第二个 DAC0832 的输入寄存器端口地址为 202H，DAC 寄存器端口地址为 201H，因此两个 DAC0832 共占用 3 个端口地址。

两个 D/A 转换器同步转换，需要执行三条输出指令。第一条输出指令，把第一个数据从第一个 DAC0832 的输入寄存器输出；第二条输出指令，把第二个数据从第二个 DAC0832 的输入寄存器输出；第三条输出指令，把两个数据分别从两个 DAC 寄存器输出，同时进行 D/A 转换，因此两个模拟电压 V_{OUT1} 和 V_{OUT2} 同步输出。

双缓冲方式同步输出程序段如下：

```
MOV   DX, 200H        ; 设置第一个输入寄存器地址
MOV   AL, 0           ; 第一个转换数据 0
OUT   DX, AL          ; 输出第一个转换数据
MOV   DX, 202H        ; 设置第二个输入寄存器地址
MOV   AL, 0FFH        ; 第二个转换数据 0FFH
OUT   DX, AL          ; 输出第二个转换数据
MOV   DX, 201H        ; 设置两个 DAC 寄存器地址
OUT   DX, AL          ; 两个 DAC0832 同步转换
```

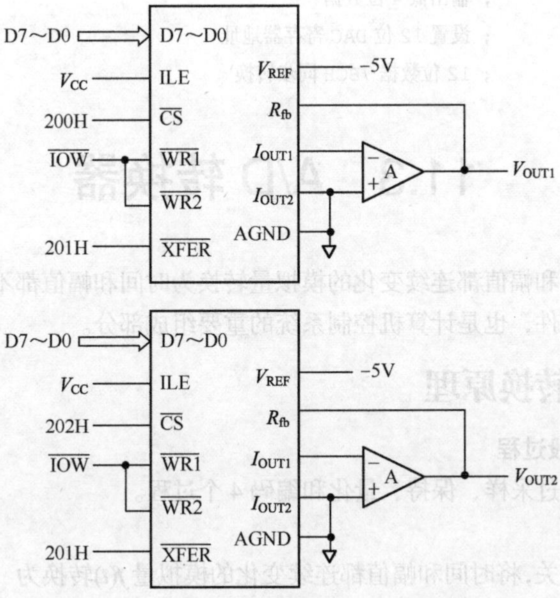

图 11.13　两个 DAC0832 双缓冲方式同步输出电路

3. 12 位 D/A 转换

12 位 D/A 转换器 DAC1210 单极性输出转换电路如图 11.14 所示，高 8 位数据 D11～D4 与 8 位数据总线相连，低 4 位数据 D3～D0 与 8 位数据总线的低 4 位相连。引脚 B1/ B2 接地址线 A0，$\overline{CS}$ 对应的端口地址为 206H，则 4 位输入寄存器的端口地址为 206H，8 位输入寄存器的端口地址为 207H，12 位 DAC 寄存器的端口地址为 208H，占用 3 个端口地址。

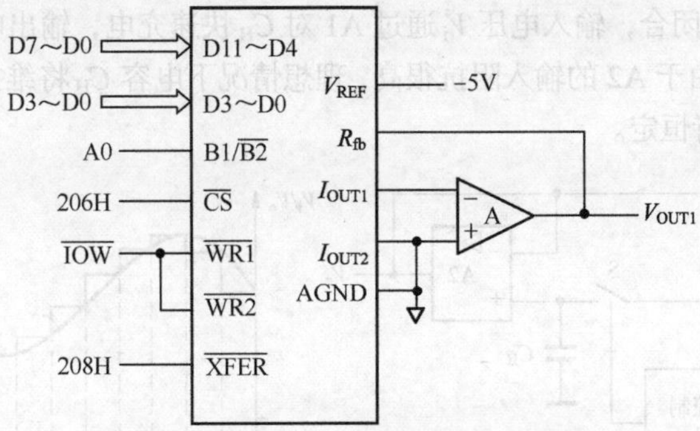

图 11.14　DAC1210 单极性输出转换电路

完成一次 D/A 转换，需要执行三条输出指令。第一条输出指令，把高 8 位数据从 8 位输入寄存器输出；第二条输出指令，把低 4 位数据从 4 位输入寄存器输出；第三条输出指令，把 12 位数据从 12 位 DAC 寄存器输出，进行 12 位 D/A 转换。

DAC1210 转换程序段如下：

```
MOV   DX,  207H      ; 设置高 8 位寄存器地址
MOV   AL,  7BH       ; 高 8 位数据
OUT   DX,  AL        ; 输出高 8 位数据
MOV   DX,  206H      ; 设置低 4 位寄存器地址
MOV   AL,  0CH       ; 低 4 位数据
```

```
OUT   DX, AL      ; 输出低4位数据
MOV   DX, 208H    ; 设置12位DAC寄存器地址
OUT   DX, AL      ; 12位数据7BCH同步转换
```

11.3 A/D 转换器

A/D 转换器将时间和幅值都连续变化的模拟量转换为时间和幅值都不连续变化的数字量，是数据采集系统的核心部件，也是计算机控制系统的重要组成部分。

11.3.1 A/D 转换原理

1. A/D 转换的一般过程

A/D 转换一般要经过采样、保持、量化和编码 4 个过程。

（1）采样和保持

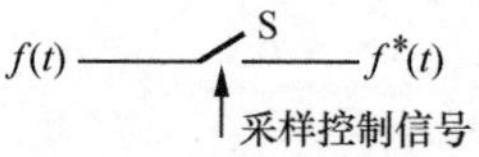

图 11.15 采样电路

采样是通过采样开关，将时间和幅值都连续变化的模拟量 $f(t)$ 转换为时间不连续（离散）但幅值连续变化的模拟量 $f^*(t)$。采样电路如图 11.15 所示，采样开关 S 在采样控制信号的作用下每隔一定的时间（采样周期）闭合一次，对模拟信号进行采样，此时 $f^*(t)=f(t)$；模拟开关断开时，$f^*(t)=0$。

A/D 转换需要一定的时间，为保证转换精度，转换期间必须输入稳定的模拟信号，因此需要通过保持电路维持采样得到的瞬态模拟值，保证 A/D 转换期间模拟信号保持不变。

采样和保持通常是通过采样保持电路完成的，图 11.16 给出了采样保持电路的原理图和采样、保持后的输出波形。采样保持器由输入输出缓冲放大器 A1、A2、模拟开关 S 和保持电容 C_H 等组成。采样期间，开关 S 闭合，输入电压 V_i 通过 A1 对 C_H 快速充电，输出电压 V_o 跟随 V_i 变化；保持期间，开关 S 断开，由于 A2 的输入阻抗很高，理想情况下电容 C_H 将维持采样时刻的电压不变，因而输出电压 V_o 也保持恒定。

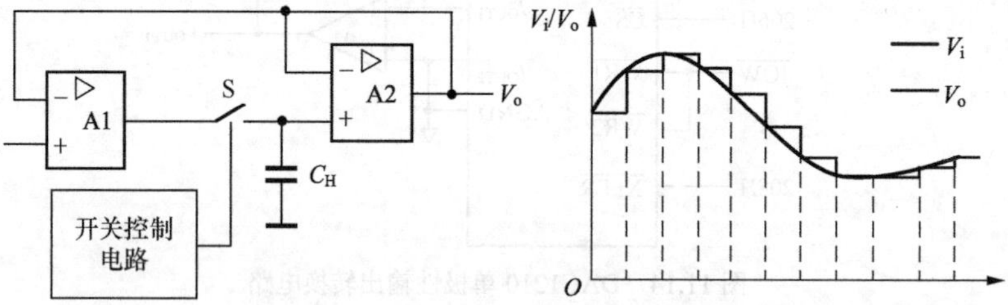

图 11.16 采样-保持电路及输入输出波形

（2）量化与编码

量化与编码就是用 n 位二进制数逼近模拟电压的幅值。

数字信号在时间和幅值上都是不连续的，任何一个数字量都是某个最小数量单位的整数倍。把模拟信号转换为数字信号，必须把采样保持电路的输出电压，以某种近似方式归化到与之相对应的离散电平上，这一过程称为量化。

量化过程中的最小数值单位称为量化单位，用 q 表示，它是数字信号为 1 时所对应的模拟量，即 1LSB。量化过程中，所有模拟电压都要被近似表示为量化单位 q 的整数倍。如果采样电压不

是量化单位的整数倍，量化后必然存在误差，称为量化误差。量化误差是原理性误差，只能通过增加转换位数减小，但不能完全消除。

量化方法有两种：只舍不入和四舍五入。只舍不入方式量化后的电平总是小于或等于量化前的电平，即量化误差始终大于 0，最大量化误差为 1LSB。采用四舍五入量化方式时，量化误差有正有负，最大量化误差为 1/2LSB。显然，后者量化误差小，因此被大多数 A/D 转换器所采用。

量化后的电平值为量化单位的整数倍，这个整数用二进制数码、BCD 码或其他码来表示即为编码。量化和编码由 A/D 转换器完成。

2. A/D 转换原理

A/D 转换的方式很多，常用的有计数器式、双积分式、逐次逼近式等。

（1）计数器式 A/D 转换

计数器式 A/D 转换器由计数器、比较器和 D/A 转换器组成，逻辑框图如图 11.17 所示。

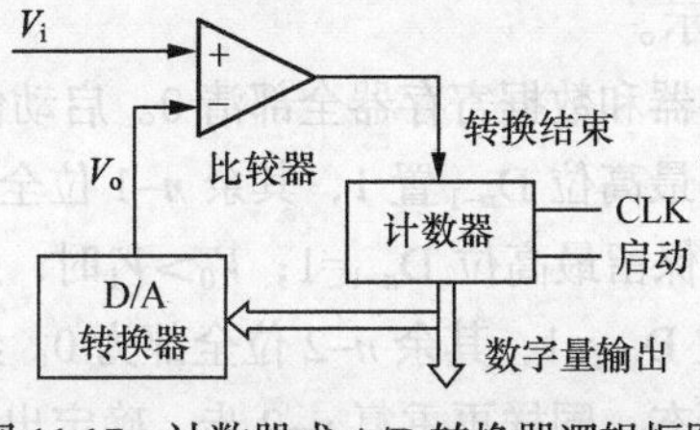

图 11.17　计数器式 A/D 转换器逻辑框图

启动信号有效时，开始 A/D 转换，计数器从零开始对时钟加 1 计数。计数值经过 D/A 转换，输出模拟电压 V_o，V_o 与待转换的模拟电压 V_i 进行比较，$V_o < V_i$ 时，计数器加 1 计数；直到 $V_o \geqslant V_i$ 时，转换结束信号有效，计数器停止计数。此时计数器的输出值就是 A/D 转换的结果。

计数器式 A/D 转换器结构简单，价格低廉，但是转换时间随输入信号的幅值变化，输入信号越大，转换时间越长，速度越慢。

（2）双积分式 A/D 转换

双积分式 A/D 转换器由积分器、比较器、基准电压源、模拟开关、计数器及逻辑控制电路组成，逻辑框图如图 11.18 所示。启动信号有效时，开始 A/D 转换。模拟开关首先接模拟输入，用固定时间对模拟输入 V_i 进行积分。积分时间到达后，模拟开关接反极性基准电压源 V_{REF}，积分器

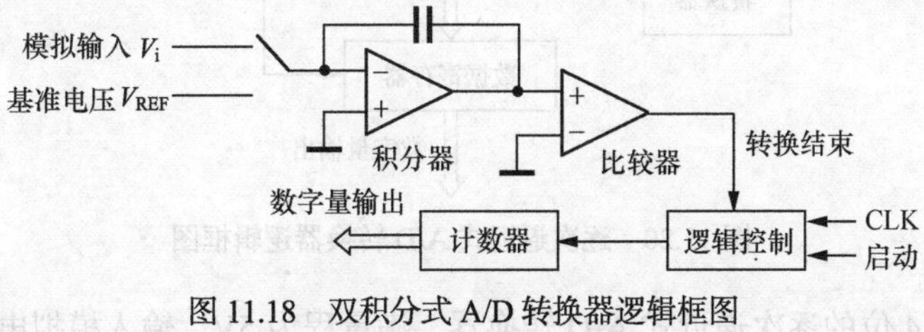

图 11.18　双积分式 A/D 转换器逻辑框图

按固定斜率放电。同时计数器开始计数，直到积分器输出 0V 后，转换结束信号有效，计数器停止计数，此时计数器输出的 n 位数字量就是 A/D 转换结果。

双积分式 A/D 转换器精度高，抗干扰能力强，价格也比较低，转换过程示意图如图 11.19 所示。转换分两步进行，A/D 转换时间包含积分时间和放电时间，输入模拟电压越大，其放电时间越长，因此 A/D 转换时间就越长，速度就越慢。

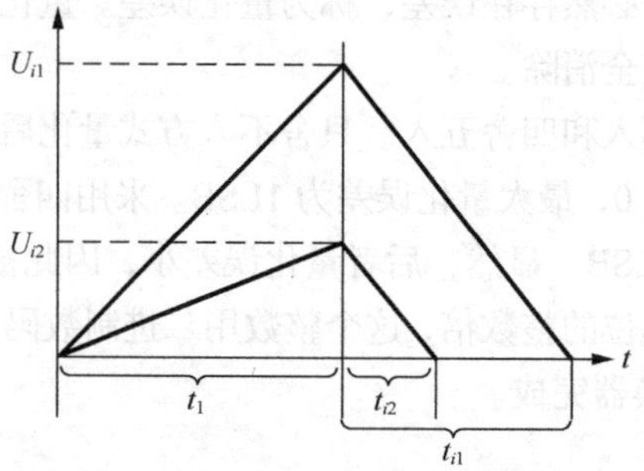

图 11.19 双积分式 A/D 转换过程示意图

（3）逐次逼近式 A/D 转换

逐次逼近式 A/D 转换器由比较器、D/A 转换器、逐次逼近寄存器、数据寄存器及逻辑控制电路组成，逻辑框图如图 11.20 所示。

A/D 转换前，逐次逼近寄存器和数据寄存器全部清 0。启动信号有效时开始 A/D 转换，通过逻辑控制电路把逐次逼近寄存器最高位 D_{n-1} 置 1，其余 n–1 位全部为 0。经 D/A 转换后，与输入模拟电压进行比较，$V_0 \leqslant V_i$ 时，保留最高位 D_{n-1}=1；$V_0 > V_i$ 时，最高位 D_{n-1} 清 0。确定并保留最高位 D_{n-1} 的状态后，再置次高位 D_{n-2}=1，其余 n–2 位全部为 0。经过 D/A 转换，比较，判断，确定逐次逼近寄存器中次高位的状态。同样再重复 n–2 步，确定出逐次逼近寄存器中其余各位的状态后，转换结束信号有效，数字量从数据寄存器输出，其内容就是 A/D 转换的结果。

逐次逼近式 A/D 转换器采用对分搜索原理实现 A/D 转换，转换时间与时钟频率和转换位数有关。不论输入模拟量多大，确定了频率和转换位数后，都需要经过相同的转换过程，因此转换时间相同。逐次逼近式 A/D 转换精度和速度都比较高，价格适中，易于集成，因此大量应用于 A/D 转换芯片。

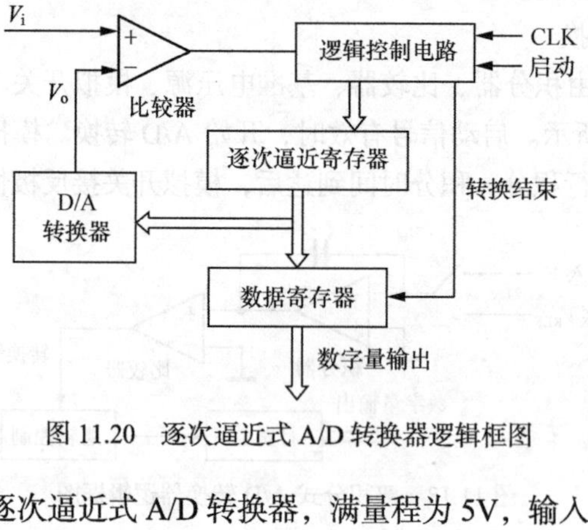

图 11.20 逐次逼近式 A/D 转换器逻辑框图

例 11.4 一个 4 位的逐次逼近式 A/D 转换器，满量程为 5V，输入模拟电压为 4.5V，试说明逐次逼近式 A/D 转换的过程。

解：量化单位为：$q = \frac{1}{16} \times 5 = 0.3125\text{V}$

转换位数为 4 位，所以完成一次 A/D 转换需要 4 步。

置数字量 D3D2D1D0=1000B，对应 V_o=0.3125×8=2.5V，$V_o < V_i$，保留最高位 D3=1；

置数字量 D3D2D1D0=1100B，对应 V_o=0.3125×12=3.75V，$V_o < V_i$，保留次高位 D2=1；

置数字量 D3D2D1D0=1110B，对应 V_o=0.3125×14=4.375V，$V_o<V_i$，保留 D1=1；
置数字量 D3D2D1D0=1111B，对应 V_o=0.3125×15=4.6875V，$V_o>V_i$，D0 清 0；
所以，转换结果为 D3D2D1D0=1110B，转换精度为 4.375V–4.5V=–0.125V。

11.3.2　A/D 转换器的性能指标

A/D 转换器与 D/A 转换器相同，应从分辨率、量程、转换精度、转换时间、线性度等多个方面综合考虑，进行选择。A/D 转换器主要的性能指标如下：

1. 分辨率

分辨率是指 A/D 转换器能分辨的最小模拟输入量，通常用转换后的位数或满量程输入的 $1/2^n$ 来表示。也就是说，模拟输入电压从 0V 增加到满量程输入的 $1/2^n$，输出数字量从 0 变为 1。如 8 位 A/D 转换器，满量程输入为 5V，则分辨率为：

$$\frac{5V}{2^8}=19.5\text{mV}$$

2. 量程

量程是指 A/D 转换器所能转换的电压范围，如–10V～+10V，–5V～+5V，0～10V，0～5V 等。

3. 转换精度

转换精度是指转换后所得到的结果相对于理论值的准确度，有绝对精度和相对精度两种表示方法。绝对精度是输出数字量所对应的实际模拟量输入值与理论值之间的最大误差；相对精度常以最大误差相对于满量程输入模拟量的百分数或最低有效位 LSB 的分数形式表示。

比如 8 位 A/D 转换器，满量程输入模拟电压为+5V，转换精度为±1LSB，则其绝对转换精度为±19.5mV，相对转换精度为 0.39%。

4. 转换时间

转换时间是指完成一次 A/D 转换所需要的时间，反映了 A/D 转换的速度，通常都是微秒级。

5. 线性度

理想的 A/D 转换特性曲线是线性的，但是实际转换特性存在非线性，用线性误差表示线性度。线性误差是指在满量程输入范围内，偏离理想转换特性的最大误差，常用 LSB 的分数形式表示。

实际应用中，除了上述指标外，还要结合具体设计要求，考虑工作环境、数字量编码形式、基准电压源、体积、成本等多个方面的因素，才能选择出满意的 A/D 转换器。

11.3.3　常用的 A/D 转换器

A/D 转换器种类繁多，从结构来看，有的内部带有数据输出锁存器，可以直接与 CPU 的数据总线连接，有的包含多路模拟开关，可实现多通道的 A/D 转换；从转换速度来看，有高速、低速之分；从封装形式来看，有陶瓷封装和塑料封装，应用环境也不相同；从分辨率来看，有 8 位、10 位、12 位、16 位等；精度也有高低之分。A/D 转换器性能各异，功能引脚也不相同。下面介绍两种常用的 A/D 转换器 ADC0809 和 AD574A。

1. 8 位 A/D 转换器 ADC0809

ADC0809 是 CMOS 型 8 通道 8 位逐次逼近式 A/D 转换器，时钟频率 640kHz 时，转换时间为 100μs，转换精度为±1/2LSB，功耗为 15mW，内部包含三态数据输出锁存器，可以和微机系统总线直接相连。

（1）ADC0809的内部结构

ADC0809的内部结构如图11.21所示，主要由8路模拟开关、地址锁存与译码电路、8位逐次逼近式A/D转换器及8位三态输出锁存器组成。

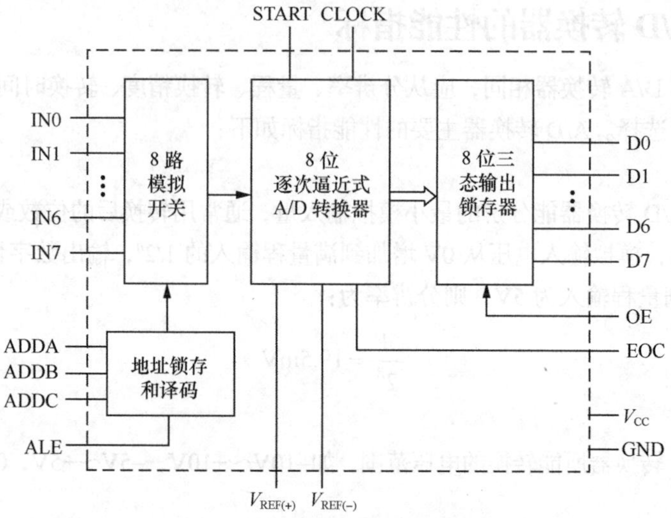

图11.21　ADC0809内部结构

ADC0809有IN_0～IN_7共8个模拟量输入通道，通过地址锁存和译码电路控制8选1的8路模拟开关，从8个输入通道中选择1个进行A/D转换，实现多通道的分时巡回数据采集；启动信号START有效时，8位逐次逼近式A/D转换器对模拟电压进行A/D转换；转换结束后，通过程序控制，把转换结果从8位三态输出锁存器读入计算机。

（2）ADC0809的引脚功能

ADC0809有28个引脚，引脚排列如图11.22所示。主要引脚功能如下：

IN7～IN0：8路模拟电压输入引脚。

D7～D0：8位数字量输出引脚，与CPU数据总线连接。

START：启动信号,输入，上升沿清除内部寄存器，下降沿启动A/D转换，转换期间，保持低电平。

EOC：转换结束信号，输出引脚，高电平有效，转换时EOC=“0”，转换结束后EOC=“1”，可作为A/D转换器的中断请求信号。

OE：数据输出允许信号，高电平有效，OE=“0”时，三态输出锁存器输出高阻态；OE=“1”时，允许读取数字量。

ALE：地址锁存允许信号，输入引脚，高电平有效。

ADDA、ADDB、ADDC：地址输入引脚，用于选通8路模拟量输入通道中的一路，与被选模拟输入通道关系如表11.2所示。

CLOCK：时钟输入引脚，范围：10～1280kHz。

$V_{REF(+)}$、$V_{REF(-)}$：参考电压输入引脚，单极性转换时$V_{REF(+)}$=+5V，$V_{REF(-)}$=0V。

V_{cc}：+5V电源输入引脚。

GND：接地线。

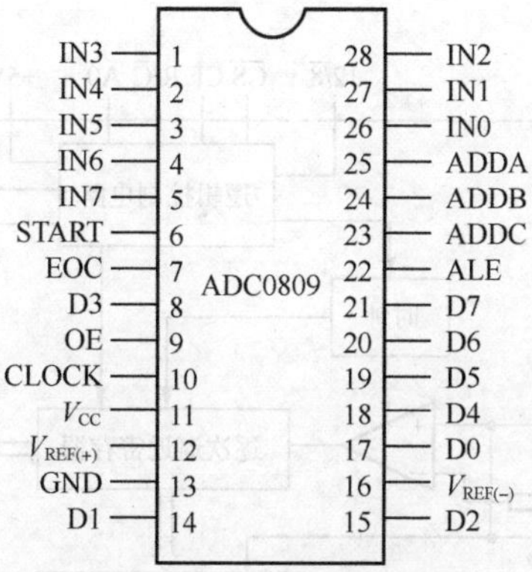

图 11.22 ADC0809 引脚排列

表 11.2 地址输入 ADDA、ADDB、ADDC 与被选通道关系

地址输入信号状态			所选模拟输入通道
ADDC	ADDB	ADDA	
0	0	0	IN0
0	0	1	IN1
0	1	0	IN2
0	1	1	IN3
1	0	0	IN4
1	0	1	IN5
1	1	0	IN6
1	1	1	IN7

2. 12 位 A/D 转换器 AD574A

AD574A 是美国模拟器件公司生产的 12 位逐次逼近式带三态缓冲器的 A/D 转换器，可以直接和 8 位或 16 位 CPU 系统总线连接。AD574A 转换时间为 25μs，分辨率为 12 位，线性误差为±1/2LSB，功耗 390mW，内部有时钟脉冲源和基准电压源，可输入 0～10V 和 0～20V 的单极性及–5V～5V 和–10V～10V 的双极性模拟电压，适合于高精度快速数据采集系统的设计和应用。

（1）AD574A 的内部结构

AD574A 主要由 12 位 D/A 转换器 AD565、+10V 参考电源、12 位逐次逼近寄存器、时钟电路、逻辑控制电路及 12 位三态输出缓冲器组成，内部结构如图 11.23 所示。

（2）AD574A 的引脚功能

AD574A 有 28 个引脚，主要引脚功能如下：

D11～D0：12 位数字量输出引脚，直接与系统数据总线连接。

$10V_{IN}$：10V 量程模拟量输入引脚，单极性输入范围 0～10V，双极性输入范围–5V～5V。

$20V_{IN}$：20V 量程模拟量输入引脚，单极性输入范围 0～20V，双极性输入范围–10V～10V。

CE：芯片允许信号输入引脚，高电平有效。

$\overline{CS}$：片选信号输入引脚，低电平有效。

$12/\overline{8}$：数据输出方式选择信号输入引脚，接高电平时，12 位输出；接低电平时，12 位数据分为两个字节，两次输出。

$R/\overline{C}$：读出/转换控制信号输入引脚，接高电平时，允许读出转换结果；接低电平时，启动

A/D 转换。

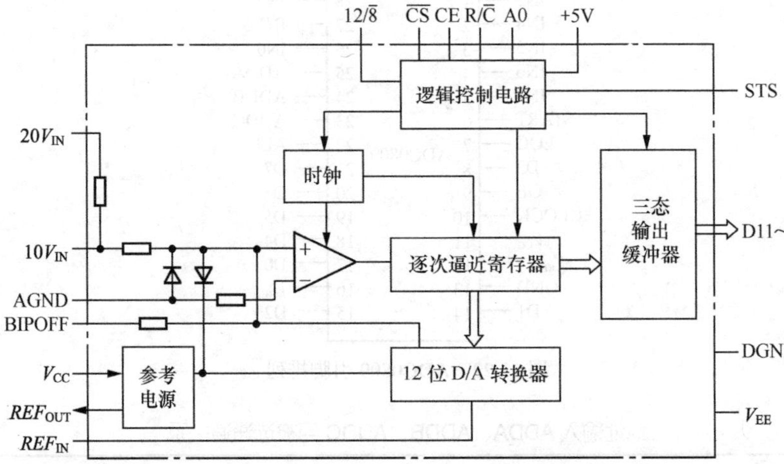

图 11.23　AD574A 内部结构

A0：数据长度选择信号输入引脚，转换过程中 A0= “0” 时，12 位 A/D 转换；A0= “1” 时，8 位 A/D 转换。读转换结果时，如果引脚 $12/\overline{8}$ 输入低电平，则 12 位数据分两次输出，A0= “0” 时高 8 位数据有效；A0= “1” 时低 4 位数据有效，其余 4 位为 0。

STS：转换结束信号输出引脚，转换时 STS= “1”，转换结束后 STS= “0”，可作为 A/D 转换器的中断请求信号。

REF_{IN}：参考电压输入引脚。

REF_{OUT}：+10V 参考电压输出引脚，最大电流 1.5mA。

BIPOFF：双极性偏移及零点调整。BIPOFF 接模拟地时，单极性输入；接+10V 时，双单极性输入。通过外接可调电阻，对零电位进行调节。

V_{cc}：电源正端输入引脚，接 12～15V。

V_{EE}：电源负端输入引脚，接（−12）～（−15）V。

5V：逻辑电路电源输入引脚，接+5V。

AGND：模拟地，芯片模拟电路接地线。

DGND：数字地，芯片数字电路接地线。

（3）AD574A 的工作过程

AD574A 通过 CE、$\overline{CS}$、R/$\overline{C}$、$12/\overline{8}$、A0 共 5 个引脚控制其工作状态，对应关系如表 11.3 所示。

表 11.3　AD574A 工作状态

CE	$\overline{CS}$	R/$\overline{C}$	$12/\overline{8}$	A0	AD574A 工作状态
0	×	×	×	×	禁止
×	1	×	×	×	禁止
1	0	0	×	0	启动 12 位 A/D 转换
1	0	0	×	1	启动 8 位 A/D 转换
1	0	1	1	×	12 位数据并行输出
1	0	1	0	0	高 8 位数据并行输出
1	0	1	0	1	低 4 位输出，其余 4 位补 0

只有 CE=“1”且 $\overline{CS}$=“0”时，AD574 才处于工作状态。启动 A/D 转换时，控制 $R/\overline{C}$ 引脚为低电平，此时由 A0 引脚控制转换位数，A0=“0”时，启动 12 位 A/D 转换；A0=“1”时，启动 8 位 A/D 转换。引脚 STS 在转换过程中为高电平，转换结束后变为低电平，可作为 A/D 转换器的中断请求信号或状态查询引脚，判断 A/D 转换过程是否结束。转换过程结束后，控制 $R/\overline{C}$ 引脚为高电平，输出转换数据。$12/\overline{8}$ 接高电平时，12 位数据并行输出；接低电平时，12 位数据分为两个字节，两次输出。A0=“0”时，输出高 8 位数据；A0=“1”时，输出低 4 位数据。

（4）AD574A 的模拟量输入及校准

AD574A 可输入 0～+10V 和 0～+20V 的单极性及−5V～+5V 和−10V～+10V 的双极性模拟电压，通过外接可调电阻调节满量程和零电位。AD574A 的模拟量输入及校准电路如图 11.24 所示。

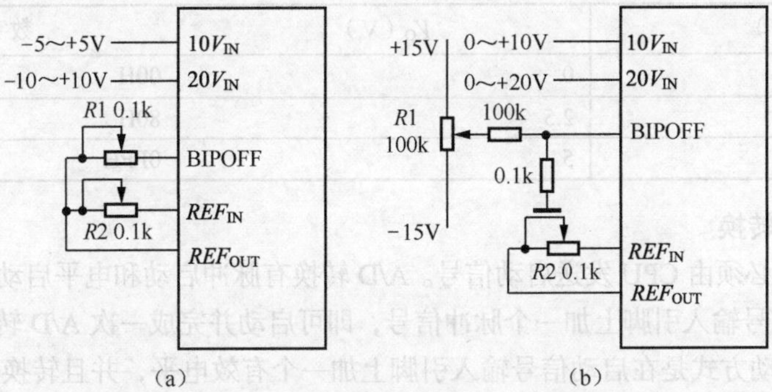

图 11.24　AD574A 的模拟量输入及校准电路

其中图 11.24（a）是单极性输入及校准电路，图 11.24（b）是双极性输入及校准电路。图中，R_1 用于零电位调整，R_2 用于满量程调整。零电位调整时，输入模拟电压为最小输入值+1/2LSB，调节 R_1 使输出数字量由 0 变为 1；满量程调整时，输入模拟电压为最大输入值−3/2LSB，调节 R_2 使输出数字量由 0FFEH 变为 0FFFH。

11.3.4　A/D 转换器应用

A/D 转换器在数据采集、存储测试、控制系统中应用广泛，使用时应充分考虑输入模拟量的极性和范围、A/D 转换的启动、数字量的读取、转换速度的控制等问题，因此接口电路的设计成为实际应用的关键技术。

A/D 转换接口电路应该具备以下功能：（1）把模拟信号转换至输入范围内；（2）向 A/D 转换器发送启动命令；（3）向 CPU 提供联络信号，判断 A/D 转换是否结束；（4）读取转换结果，数字量送给 CPU。

1. 输入模拟信号的转换

A/D 转换器能把模拟电压转换为数字量。如果待转换的模拟信号是电流信号，就要通过 *I/V* 变换电路，把电流转换成电压，再通过前置放大器将模拟输入小信号放大到 A/D 转换的量程范围之内。

模拟输入信号可以是单极性电压，也可以是双极性电压；可以是单端输入，也可以是双端差动输入。ADC0809 通常接成单端单极性输入，此时 $V_{REF(+)}$=+5V，$V_{REF(-)}$=0V。双极性模拟电压经过偏移，可以转换为单极性电压，进行 A/D 转换，偏移电路如图 11.25 所示。

图中双极性电压 V_{IN} 通过跟随器实现阻抗匹配，再用分压电阻引入偏移电压 V_{REF}，被转换成

单极性电压 V_O。

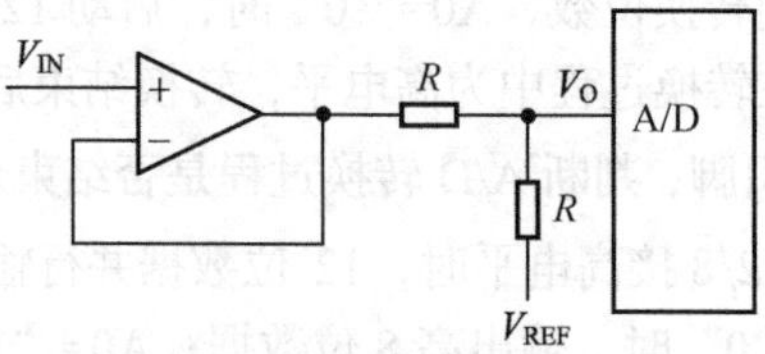

图 11.25 双极性偏移电路

比如 V_{IN} 是−5V～+5V 的双极性电压，偏移电压 V_{REF}=+5V，则转换结果如表 11.4 所示。

表 11.4　　双极性电压转换结果

V_{IN}（V）	V_O（V）	数字量输出
−5	0	00H
0	2.5	80H
+5	5	0FFH

2. 启动 A/D 转换

A/D 转换时，必须由 CPU 发送启动信号。A/D 转换有脉冲启动和电平启动两种方式。脉冲启动方式是在启动信号输入引脚上加一个脉冲信号，即可启动并完成一次 A/D 转换，如 ADC0809、AD574A。电平启动方式是在启动信号输入引脚上加一个有效电平，并且转换期间，要求该电平一直有效；否则，将停止转换，得到错误结果。因此需要把有效电平通过锁存、定时等方法一直保持到 A/D 转换结束。

启动信号由写信号和地址译码器的输出端通过逻辑电路产生。ADC0809 正脉冲启动逻辑电路和启动脉冲分别如图 11.26 和图 11.27 所示。启动信号 $START=\overline{\overline{IOW}+\overline{Yi}}$，CPU 执行输出指令，地址译码器输出端和写信号都为低电平时，启动信号 START 为高电平。START 上升沿对逐次逼近寄存器复位，下降沿开始 A/D 转换。

启动 A/D 转换程序如下：

```
MOV  DX, IOPORT                  ; 设置 A/D 端口地址
MOV  AL, 0
OUT  DX, AL                      ; 启动 A/D
```

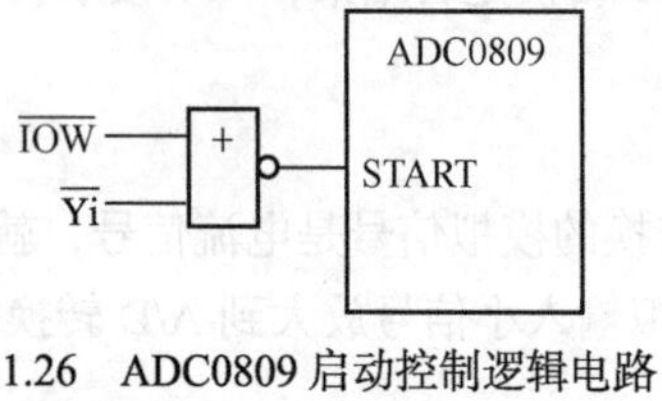

图 11.26　ADC0809 启动控制逻辑电路

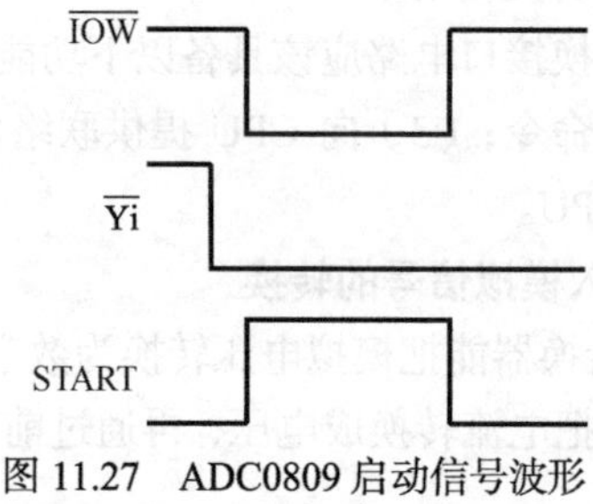

图 11.27　ADC0809 启动信号波形

3. 转换结束信号的处理

转换结束后，A/D 转换器会输出转换结束信号，CPU 一般通过三种方式与 A/D 转换器联络，判断 A/D 转换是否结束。

（1）中断方式

转换结束信号作为中断请求信号，与 CPU 的可屏蔽中断请求端相连，以中断方式控制 A/D 转换器。转换结束时，向 CPU 提出可屏蔽中断请求，CPU 响应中断后，在中断服务处理子程序中读取 A/D 转换结果。计算机采用可编程中断控制器 8259A 控制可屏蔽中断，因此转换结束信号可连接到 8259A 的某一中断请求端。

中断方式提高了 CPU 的效率，适用于实时性较强或参数较多的数据采集系统中。

（2）查询方式

启动 A/D 转换后，CPU 一直不断查询转换结束信号的状态。一旦检测到转换结束信号有效，A/D 转换结束，就停止查询，读取 A/D 转换结果。

查询方式简单可靠，但是效率较低，实时性较差。

（3）软件延时方式

软件延时方式不需要连接转换结束信号，转换结束引脚悬空。转换前要计算出完成一次 A/D 转换所需要的时间，启动 A/D 转换后，进行软件延时，延时时间要大于 A/D 转换的时间，保证 A/D 转换顺利结束，最后读取 A/D 转换数据。

软件延时方式无需连线，但要占用 CPU 的时间，多用于 CPU 处理任务较少的系统。

4. 数据输出和系统总线的连接

有的 A/D 转换器内部带有三态输出缓冲器，数据输出线可以直接挂到系统的数据总线上，比如 ADC0809 和 AD574A；有的 A/D 转换器内部没有三态输出缓冲器，数据输出线不能直接挂到系统的数据总线上，此时应该通过外接输出缓冲器（如锁存器 74LS373 和 74LS273）或并行接口芯片（如 8255A）与 CPU 的数据总线连接。

如果 A/D 转换器的数据位数少于等于 CPU 的数据位数，其输出端与 CPU 数据总线对应相连，CPU 只需读取一次，就可获取转换结果，比如 ADC0809 与 8 位 CPU 连接；如果 A/D 转换器的数据位数多于 CPU 的数据位数，就要把 A/D 转换器的输出分成多组数据，多次读出，比如 AD574A 与 8 位 CPU 连接。

5. 读取转换数据

A/D 转换结束，要读取转换数据，必须由 CPU 发送读取命令。ADC0809 的输出允许信号 OE 高电平有效，由读信号和地址译码器的输出端通过逻辑电路产生，转换数据输出逻辑电路如图 11.28 所示。CPU 执行输入指令，地址译码器输出端和读信号都为低电平时，输出允许信号 OE 为高电平，三态输出缓冲器被打开，转换结果出现在 8 位数据总线上。

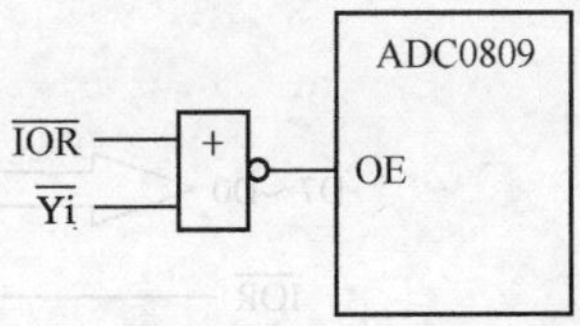

图 11.28 ADC0809 转换数据输出逻辑电路

读 A/D 转换程序如下：

```
MOV  DX, IOPORT              ; 设置 A/D 端口地址
IN   AL, DX                  ; 读数
```

6. 参考电压的连接

参考电压关系到 A/D 转换的精度，对电源的要求较高，一般要求稳压电源供电。A/D 转换器有 $V_{REF(+)}$ 和 $V_{REF(-)}$ 两个参考电压输入引脚。模拟信号为单极性电压时，$V_{REF(+)}$ 接+5V，$V_{REF(-)}$ 接地。模拟信号为双极性电压时，$V_{REF(+)}$ 和 $V_{REF(-)}$ 分别接参考电源的正负极。

7. 时钟设计

时钟频率决定芯片的转换速度，ADC0809 的时钟范围是 10~1280kHz，常用时钟频率为 640kHz

和 500kHz，对应转换时间分别为 100μs 和 128μs。时钟信号可由外部振荡电路产生，也可对系统总线的时钟分频得到。有的 A/D 转换器内部包含时钟脉冲源，用启动信号可以启动内部时钟。

8. 地线连接

有的转换器中包含数字地 DGND 和模拟地 AGND，连接时应把模拟地、数字地分别连接，然后把这两种地在一点上进行连接，避免多点接地，提高抗干扰能力。

例 11.5 某冷冻厂需要监测 8 个冷冻室的温度，要求设计一个温度自动检测系统，能对 8 个冷冻室的温度进行巡回检测。假设被测温度范围为-30℃～+50℃，温度检测精度要求不大于 ± 1℃。

解：被测温度范围为-30℃～+50℃，温度检测精度要求不大于 ± 1℃，而 8 位 A/D 转换器的分辨率为 $\frac{1}{256}$，因此可以满足精度要求，选用 8 位 A/D 转换器 ADC0809 进行 A/D 转换。8 路温度巡回检测系统中 ADC0809 与 8086CPU 的连接如图 11.29 所示。

ADC0809 的参考电源 $V_{REF(+)}$ 接+5V，$V_{REF(-)}$ 接 0V，模拟电压为单端单极性输入，CLOCK 接 500KHz 的时钟信号，A/D 转换时间为 128μs。利用 ADC0809 可以实现 8 个模拟电压的分时转换，系统地址总线的 A2、A1、A0 分别与 ADC0809 的通道选择端 ADDC、ADDB、ADDA 相连，用来选择输入通道，进行 A/D 转换。设 8 个模拟量输入通道 IN0～IN7 的地址分别为 238H～23FH。只要执行输出指令，选中模拟通道，控制 START 和 ALE 有效，就可启动 A/D 转换。ADC0809 工作于中断方式，以提高系统的实时性。转换结束后，ADC0809 向 CPU 提出中断申请。CPU 响应后，在中断处理程序中执行输入指令，选中模拟通道，控制 OE 为高电平即可读入转换后的数字量。

主程序需要设置中断向量，设置中断屏蔽寄存器，开放可屏蔽中断并从 IN_0 通道开始 A/D 转换。转换结束后，ADC0809 输出转换结束信号 EOC，提出中断请求。CPU 响应中断后，读取 A/D 转换结果，并存入数据缓冲区，转向下一通道进行数据检测。直到 8 个通道都检测完成后，重新从 IN0 通道开始 A/D 转换。当延时时间到达后，系统停止运行。

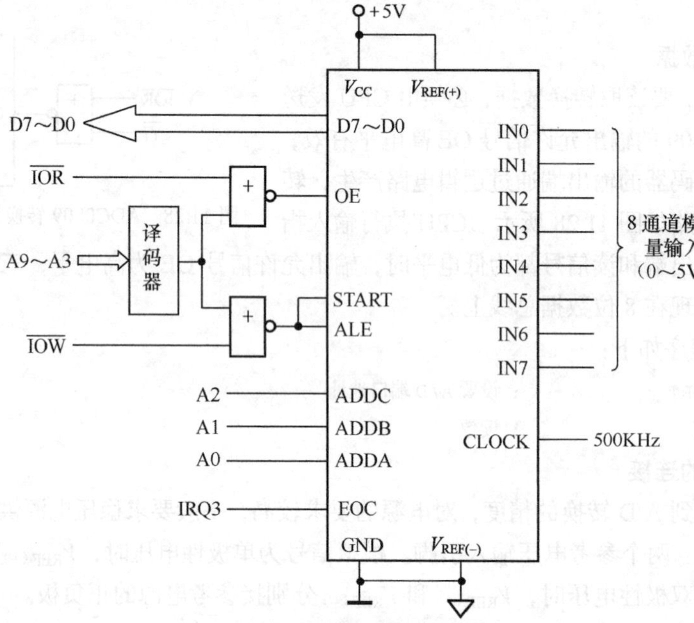

图 11.29 ADC0809 与 8086CPU 连接电路

主程序和中断服务程序如下：

```
CODE    SEGMENT                              ; 定义代码段 CODE
MAIN    PROC  FAR
         ASSUME  CS: CODE
START:   PUSH    DS                          ; DS: 00 入栈
         SUB     AX, AX
         PUSH    AX
         MOV    AX, DATA                     ; 置数据段
         MOV    DS, AX
         MOV    AL, 0AH                      ; 获取 0AH 中断向量
         MOV    AH, 35H
         INT      21H
         PUSH    ES                          ; 保存 0AH 中断向量
         PUSH    BX
         PUSH    DS                          ; 保存 DS 段寄存器的值
         MOV    CX, 8                        ; 巡回检测 8 个通道
         MOV    AX, SEG  ADC                 ; DS: DX 指向子程序 ADC 的入口地址
         MOV    DS, AX
         MOV   DX, OFFSET ADC                ; 设置 0AH 号中断向量
         MOV    AH, 25H
         MOV  AL, 0AH
         INT     21H
         POP    DS                           ; 恢复 DS 段寄存器的值
         IN     AL, 21H                      ; 设置中断屏蔽寄存器，允许 IRQ2 中断
         AND    AL, 11111011B
         OUT    21H, AL
         MOV   BX, 2356H                     ; 数据缓冲区首地址
         MOV    DX, 238H                     ; 启动 IN0 通道 A/D 转换
         MOV    AL, 0
         OUT    DX, AL
         STI                                 ; 开中断
         MOV    DI, 2000
DELAY:   MOV    SI, 3000
DELAY1:  DEC     SI
         JNZ    DELAY1                       ; 延时
         DEC    DI
         JNZ    DELAY
         POP    DX                           ; 原 0AH 中断出栈
         POP    DS
         MOV   AL, 1CH                       ; 恢复原 0AH 中断
         MOV   AH, 25H
         INT    21H
         RET                                 ; 返回 DOS
MAIN    ENDP
ADC     PROC  NEAR
         PUSH  AX                            ; 保护现场
```

```
        PUSH   DX
        PUSH   DS
        STI                          ; 开中断
        IN     AL, DX                ; 读 A/D 转换结果
        MOV    [BX], AL              ; 保存转换结果
        INC    DX                    ; 更新通道
        INC    BX                    ; 指向下一存储单元
        DEC    CX
        JNZ    ADTZ                  ; 判断 8 个通道检测是否完成
        MOV    CX, 8                 ; 8 个通道检测完成，重新从 IN0 开始转换
        MOV    DX, 238H
ADTZ:   MOV    AL, 0                 ; 没有结束，转向下一通道进行检测
        OUT    DX, AL
        MOV    AL, 20H               ; 发中断结束命令
        OUT    20H, AL
        POP    DS                    ; 恢复现场
        POP    DX
        POP    AX
        IRET                         ; 中断返回
ADC     ENDP
CODE    ENDS
        END    START
```

例 11.6 某试验装置需要检测 1 路双极性模拟电压，范围在–5V～+5V。

解：为提高检测精度，选择 12 位 A/D 转换器 AD574A 设计采集电路，与 8086CPU 的连接如图 11.30 所示。AD574A 的 $12/\overline{8}$ 引脚接地，12 位转换数据分成高 8 位和低 4 位两次传送。AD574A 内部有三态输出缓冲器，可以直接和系统数据总线连接，高 8 位连至 PC 数据总线的 D7～D0，低 4 位连至 PC 数据总线的 D7～D4。A0="0"时，输出高 8 位，对应端口地址为 208H；A0="1"时，输出低 4 位，对应端口地址为 209H。CPU 执行写操作时，启动 A/D 转换；执行读操作时，输出转换结果。转换结束信号 STS 取反后作为中断请求信号，以中断方式控制 A/D 转换。模拟输入采用双极性方式输入，输入范围–5V～+5V。

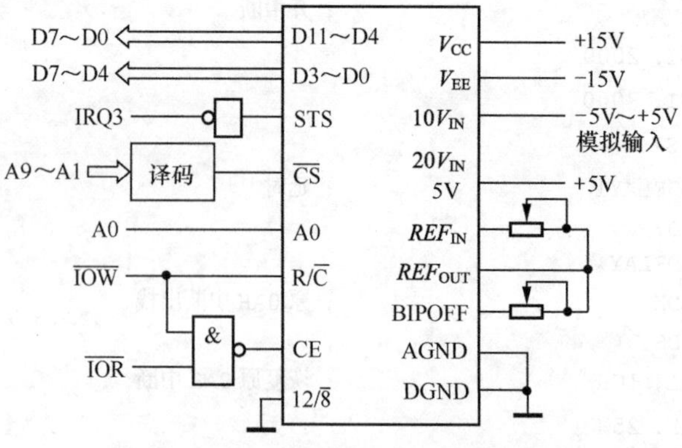

图 11.30　AD574A 与 8086CPU 电路连接

启动 A/D 转换程序如下：

```
MOV    DX, 208H              ; 设置端口地址
```

```
OUT     DX, AL                   ; A0="0"，写信号有效，启动12位A/D转换
```

转换结束后，执行中断服务程序，读 A/D 转换结果，程序如下：

```
MOV    DX, 208H                  ; 设置高8位端口地址
IN      AL,  DX                  ; A0="0"，读信号有效，输出高8位数据
MOV    [SI] , AL                 ; 保存高8位
INC     SI                       ; 内存地址+1
MOV     DX, 209H                 ; 设置低4位端口地址
IN      AL,  DX                  ; A0="1"， 读信号有效，输出低4位数据
MOV    [SI] , AL                 ; 保存低4位
```

本章小结

本章主要介绍了 3 部分内容。第 1 部分内容为模拟设备测控概述，可以了解模拟设备测控系统中 D/A 转换器和 A/D 转换器的用途；第 2 部分内容为 D/A 转换器，通过这部分内容，可以了解 D/A 转换的原理、D/A 转换器的性能指标、常用 D/A 转换器的结构及工作原理、D/A 转换器的应用；第 3 部分内容为 A/D 转换器，通过这部分内容，可以了解 A/D 转换的原理、A/D 转换器的性能指标、常用 A/D 转换器的结构及工作原理、A/D 转换器的接口设计。其中第 2 部分和第 3 部分内容是本章的重点，希望读者能致知于行，学以致用，能根据系统的设计要求，设计出符合要求的数据采集及控制系统。

第 4 篇

32 位基于 Windows 控制台的汇编语言程序设计方法

第 12 章 80386 CPU

1985 年 10 月，INTEL 公司推出了 32 位微处理器 80386，其性能比以前有了很大的进步，内部有 27.5 万个晶体管，时钟频率为 12.5MHz，后提高到 20MHz，25MHz，33MHz。80386 的内部寄存器是 32 位的，数据总线是 32 位的，地址总线也是 32 位的，可寻址高达 4GB 内存。它具有实模式、保护模式和虚拟 86 共 3 种工作模式。

80386 CPU 还具有动态的数据总线宽度，可以适应不同位数的存储器和输入输出设备。指令处理采用 6 级流水线方式，使得 CPU 能并行地完成取指令、分析指令、执行指令和存储管理，指令运行速度高达 3～4MIPS。

12.1 内部结构

80386 CPU 主要由下面 6 个部件组成，如图 12.1 所示。

（1）总线接口部件（Bus Interface Unit, BIU）；

（2）指令预取部件（Instruction Prefetch Unit, IPU）；

（3）指令译码部件（Instruction Decode Unit, IDU）；

（4）执行部件（Execution Unit, EU）；它可进一步分为控制部件（Control Unit）,保护测试部件（Protection Test Unit）和数据处理部件（Data Unit）3 部分；

（5）段管理部件（Segment Unit ,SU）；

（6）页管理部件（Paging Unit, PU）。

概括地讲，中央处理器可以由指令预取部件 IPU、指令译码部件 IDU 和执行部件 EU 构成；存储管理部件 MMU 包括段管理部件 SU 和页管理部件 PU 两部分。微处理器采用 6 级流水线方式工作，使得各部件的工作几乎在同一时刻并行完成，指令执行不需要等待。

1. 总线接口部件 BIU

总线接口部件是用来提供 CPU 与外部环境通讯的高速接口。它用来产生访问 M 或者 I/O 端口所需的地址信息、数据信息和命令信息和状态信息，以及协调 CPU 与协处理器之间控制。例如，指令预取部件从存储器中取指令请求、执行部件做数据传送的请求等，BIU 会根据优先权对这些请求做出仲裁进行服务。BIU 在仲裁操作时，与当前总线的操作是重叠进行的。因此，它同时可以为总线操作提供下一个所需的信号。

2. 指令预取部件 IPU

指令预取部件负责从存储器中取出指令，按顺序存放到一个 16 字节长的预取指令队列中，以便在 CPU 执行当前指令的同时，让指令译码器部件对后续指令进行译码。这样，提前译码若发现指令代码是转移指令，则可以提前通知 BIU 及时预取转移目标代码，从而减少了指令执行地址的不连续性带来的影响。

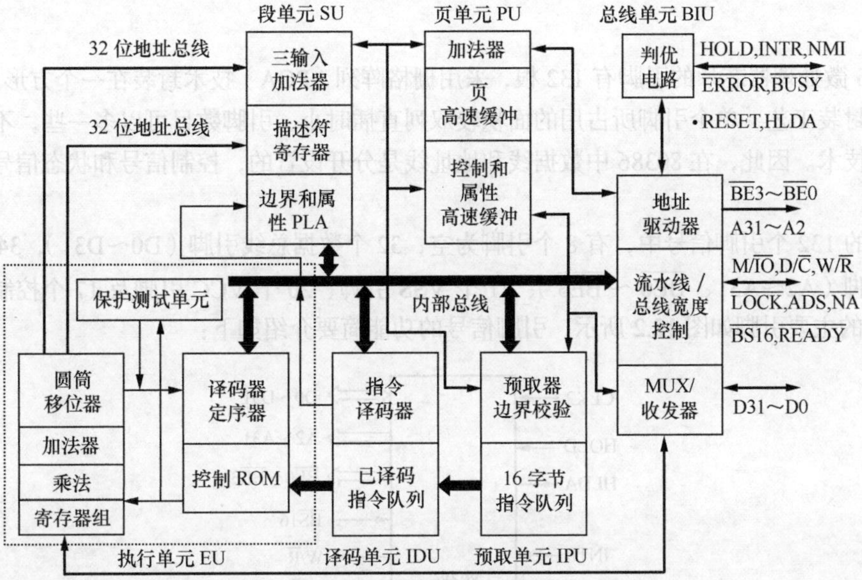

图 12.1　80386 的内部结构

指令队列设有预取指令的指针，每当预取指针部分有空时，或者发生指令转移操作以后，IPU 就自动向总线接口部件发出总线请求。只要是总线空闲，IPU 就从存储器预取指令并将指令队列填满。

3. 指令译码部件 IDU

指令译码部件从 IPU 的指令队列中取出指令进行译码，并将译码的结果存入一个 3 字长的 FIFO（First Input First Output，先进先出）译码指令队列中，等待执行部件来处理。FIFO 译码指令队列可以容纳 3 条指令，它包含指令字域的所有内容，因此，执行部件可以直接执行这些指令。一旦 FIFO 译码指令队列有部分空闲，IDU 就会从指令队列中取后续指令进行译码填充 FIFO 译码指令队列。

4. 执行部件 EU

执行部件包括 1 个 32 位的算术运算单元 ALU、8 个 32 位的通用寄存器和 1 个 64 位的圆桶式移位器。这个移位器可以在一个时钟周期内多次移位，是实现高速乘除法运算的关键子部件。此外，执行部件还包含 ALU 的控制部分和保护测试部分。分别用来加快有效地址的形成，以及检查指令代码是否发生违犯分段规则的情况。而这部分的工作与当前指令的执行是并行进行的。

5. 段管理部件 SU

段管理部件的功能是按执行部件的请求，将逻辑地址转换成线性地址。

6. 页管理部件 PU

页管理部件的功能就是将线性地址转换成物理地址。若页管理部件不使用的话，则线性地址就是物理地址无需转换。为加快存取的访问速度，还提供了页面地址转换旁路缓冲器 TLB（Translation Lookaside Buffer）。这样，从逻辑地址到物理地址的转换，全过程仅需二个时钟周期就可以完成。其中，页面操作不需另外添加时钟周期，因为 TLB 的作用使得地址转换及计算可以在同一个时钟周期内完成。

12.2 外部特性

80386 微处理器芯片的引脚有 132 根，采用栅格阵列（PGA）技术封装在一个方形的芯片上。采用这种封装工艺，单个引脚所占用的面积较双列直插时小，引脚数目可以多一些，不必再采用引脚复用技术。因此，在 80386 中数据线和地址线是分开设置的，控制信号和状态信号也不再复用引脚。

芯片的 132 个引脚信号中，有 8 个引脚为空，32 个数据总线引脚（D0～D31），34 个地址总线相关引脚（A2～A31、$\overline{\text{BE0}}$～$\overline{\text{BE3}}$）、21 个 VSS 引脚、20 个 VCC 引脚及 17 个控制线引脚。CPU 芯片的主要引脚如图 12.2 所示，引脚信号的功能简要介绍如下：

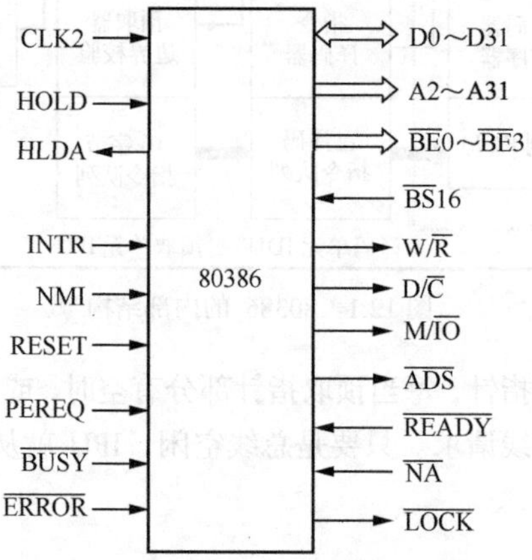

图 12.2　80386 芯片引脚示意图

1. 数据总线 D0～D31

8086 的数据线是三态双向的，数据传送时，可按 16 位传送，也可按 32 位传送，这通过$\overline{\text{BS16}}$信号来控制。当BS16为低电平时，在 D0～D15 进行 16 位数据传送；当BS16为高电平时，在 D0～D31 进行 32 位数据传送。在$\overline{\text{BE0}}$～$\overline{\text{BE3}}$信号的配合下，数据总线还可按字节传送，具体为：

$\overline{\text{BE0}}$为低电平，则 D0～D7 实现数据传送；

BE1 为低电平，则 D8～D15 实现数据传送；

BE2 为低电平，则 D16～D23 实现数据传送；

$\overline{\text{BE3}}$为低电平，则 D24～D31 实现数据传送。

2. 地址总线

地址总线由（A2～A31）和字节选通信号（$\overline{\text{BE0}}$～$\overline{\text{BE3}}$）组成，三态，单向输出。地址线的输出状态决定物理存储器的地址或 I/O 端口的地址，能寻址 4GB（0000 0000H～FFFF FFFFH）的物理存储器和 64KB（0000H～FFFFH）的 I/O 端口，$\overline{\text{BE0}}$～$\overline{\text{BE3}}$充当地址总线的一部分，实现对 4 个存储体的选择。$\overline{\text{BE0}}$～$\overline{\text{BE3}}$组合产生 A1 和 A0，其对应关系如表 12.1 所示。

用$\overline{\text{BE0}}$～$\overline{\text{BE3}}$作为低位地址信号是 80386 的一个特点。这样做，可以通过$\overline{\text{BE0}}$～$\overline{\text{BE3}}$直接对 32 位数据总线的 4 个字节进行选择，简化了系统外部的硬件设计。

表 12.1　　$\overline{\text{BE0}}$ ～ $\overline{\text{BE3}}$ 与 A1、A0 的关系

BE0	BE1	BE2	BE3	A0	A1
0	×	×	×	0	0
1	0	×	×	1	0
1	1	0	×	0	1
1	1	1	0	1	1

3. 时钟输入信号：CLK2

CLK2 用来连接外部时钟芯片 80384 提供的时钟信号，它为 80386 提供最基本的定时功能。在 80386 内部，将 CLK2 二分频，得到 16MHz 主频。

4. 总线周期控制信号：$\overline{\text{ADS}}$、$\overline{\text{NA}}$、$\overline{\text{READY}}$、$\overline{\text{BS16}}$

（1）$\overline{\text{ADS}}$：地址选通信号，输出，三态。当引脚输出有效时，表示总线周期中的地址信号有效。这类似于 8086 芯片的 ALE 信号的作用。

（2）$\overline{\text{NA}}$：下一地址请求信号，输入，用来请求地址流水线操作。为低电平时，表明系统已准备好在现行总线周期结束前，从 80386 接收下一个总线操作的地址和总线周期定义信号。

（3）$\overline{\text{READY}}$：传送响应信号，输入。在 80386 中，$\overline{\text{READY}}$ 信号的作用在本质上和 8086 中的 READY 一样，均用于延长总线周期，但在提法上有所不同。80386 的基本总线周期由两个时钟周期组成。在 80386 中时钟周期又称为总线状态，而总线周期有非地址流水线周期和地址流水线周期之分。基本的非地址流水线周期的两个总线状态分别称为 T1、T2，而基本的地址流水线周期的两个总线状态分别称为 TIP 和 T2P。80386 在每一个总线周期中，从第二总线状态开始，在每个总线状态的结束采样 $\overline{\text{READY}}$ 信号。若为高电平，则表示外部尚未完成现行总线周期的操作，CPU 继续插入 T2/T2P，直至 $\overline{\text{READY}}$ 变为低电平。

（4）$\overline{\text{BS16}}$：总线宽度控制信号，输入，由外部硬件产生。当 $\overline{\text{BS16}}$=0 时，数据总线的宽度为 16 位；$\overline{\text{BS16}}$=1 时，数据总线的宽度为 32 位。因此，80386 既可以和具有 32 位数据宽度的存储器或 I/O 端口空间相连，也可以和具有 16 位数据宽度的存储器或 I/O 端口空间相连。

5. 总线仲裁信号：HOLD、HLDA

HOID 为总线保持请求信号，HLDA 为总线保持响应信号。

当某个总线可控设备请求总线控制权时，置 HOLD 有效（为高电平）。80386 在现行总线周期的结束或在总线空闲状态采样 HOLD 信号。在 HOLD 满足建立时间（>5 ns）和保持时间（>2 ns）时，80386 HLDA 脚输出高电平信号，并且进入总线保持响应状态（TH）。在总线保持响应状态下，HLDA 是唯一由 80386 驱动的信号，其他的输出信号或双向信号都处于高阻状态。因此，请求总线的设备可以控制这些信号线。

6. 协处理器接口信号：PEREQ、$\overline{\text{BUSY}}$、$\overline{\text{ERROR}}$

协处理器接口信号是 80386 与数学协处理器之间的控制信号。除了这些控制信号之外，80386 与协处理器的沟通还必须用到地址总线、数据总线以及总线周期定义等信号。

（1）PEREQ：协处理器请求，输入信号。有效时，表示协处理器请求 80386 代劳，将一个数据写入存储器或从存储器中读出。80386 响应该请求，将这个数据由存储器读出，送给协处理器，或由协处理器取得，而将之写入存储器。由于 80386 内部已经存有协处理器目前正在执行的操作码，所以，能按正确的传送方向及所要求的存储器地址完成所请求的数据传送。

（2）$\overline{\text{BUSY}}$：协处理器忙，输入信号。为低电平时，表示协处理器仍在执行指令，目前还不

能接收下一条指令。每当 80386 遇到一条在数值堆栈上操作的协处理器指令（如装入、弹出或算术运算）或 WAIT 指令时，都自动检测 $\overline{\text{BUSY}}$ 是否为低电平，直到 $\overline{\text{BUSY}}$ 为高电平为止。这样可以防止超越前一条协处理器指令的执行。

（3）$\overline{\text{ERROR}}$：协处理器出错，输入信号，为低电平时，表示协处理器在执行指令时产生了一个没有被协处理器控制寄存器所屏蔽的错误。当 80386 遇到一条协处理器指令时，自动对这个输入进行采样，如果此信号有效，80386 将产生一异常中断以进入错误处理程序。$\overline{\text{ERROR}}$ 信号还有一个附加功能。如果在 RESET 信号下降沿之后不迟于 20 个 CLK2 周期 $\overline{\text{ERROR}}$ 信号有效，并至少保持到 80386 开始第一个总线周期，就认为 80387 存在（CR0 的 ET 位自动置为 1）；否则，就认为 80287（或无协处理器）存在（CR0 的 ET 位自动置为 0）。

需要指出，80386 与协处理器的接口信号还有许多细节。但从 80486（标准的 80486，即 80486 DX）开始，协处理器已被做在 CPU 芯片内部，因此这些细节一般不必深究。了解上述三个信号状态表示，对理解协处理器与处理器之间的配合即浮点运算指令的执行是有一定帮助的。

7. 可屏蔽中断请求：INTR

输入信号，当 80386 标志寄存器的 IF 位为 1，即开中断时，80386 在现行指令执行即将结束时采样 INTR 信号。若为高电平，则响应该外部中断请求，执行两个连续的中断响应周期，并且在第二个中断响应周期结束时，锁存在 D7～D0 数据总线上的 8 位中断类型码。然后，转入相应的中断服务程序。

INTR 是电平触发的信号，且可以与 CLK2 异步。为了保证对 INTR 请求的识别，INTR 在执行第一个中断响应周期前必须保持高电平。

需要指出，80386 没有设置中断响应信号引脚 $\overline{\text{INTA}}$。该信号由外部控制逻辑在识别到中断响应周期时产生。这一点与 8086 最大模式时相似（在 8086 最大模式系统中，$\overline{\text{INTA}}$ 由总线控制器 8288 产生）。

8. 非屏蔽中断请求：NMI

输入信号，NMI 请求一个不能由软件屏蔽的中断服务。非屏蔽中断的中断类型码固定为 2，因此响应 NMI 请求并不执行中断响应周期。

NMI 是上升沿触发的信号，且可以与 CLK2 异步。为了保证对 NMI 请求的识别，NMI 请求信号必须至少是 8 个 CLK2 时钟周期的低电平，然后再保持 8 个 CLK2 时钟周期的高电平。

一旦进入对 NMI 请求的中断服务程序，在执行 IRET 指令前，系统将不再响应新的 NMI 请求。如果在 NMI 中断服务期间又发生了 NMI 请求，80386 将保存第一个上升沿触发的 NMI 请求，待 IRET 指令执行后立即给予响应。

9. 系统复位：RESET

输入信号，该信号有效（为高电平）时，迫使 80386 终止正在执行的任何操作，并将它置于一个已知的复位状态。为了使 RESET 信号能被可靠识别，RESET 为高电平的持续时间至少必须大于 15 个 CLK2 时钟周期。若要求 80386 在 RESET 下降沿后进行自我测试，则 RESET 高电平的持续时间至少必须大于 80 个 CLK2 时钟周期。在复位期间，除 RESET 外，80386 忽略掉所有的输入信号，并且所有其他总线都被置空闲总线状态。

10. 总线周期定义信号：W/$\overline{\text{R}}$、D/$\overline{\text{C}}$、M/$\overline{\text{IO}}$ 和 $\overline{\text{LOCK}}$

这 4 个信号用来定义总线周期的类型，其中每一个规定了周期的某一方面的特性：

（1）W/$\overline{\text{R}}$ 用来区分写/读总线周期，W/$\overline{\text{R}}$ =0，为读周期，反之，为写周期；

（2）$D/\overline{C}$ 用来区分数据/控制总线周期，$D/\overline{C}$=0，为控制总线周期，$D/\overline{C}$=1，为数据总线周期；

（3）$M/\overline{IO}$ 用来区分对存储器 I/O 端口操作的总线周期，$M/\overline{IO}$=0，表示对 I/O 端口操作，$M/\overline{IO}$=1，表示对存储器进行操作。

这三个信号是基本的总线周期定义信号，组合在一起表示某种周期，如表 12.2 所示。

表 12.2　　总线周期定义信号与总线周期

$M/\overline{IO}$	$D/\overline{C}$	$W/\overline{R}$	总线周期类型
0	0	0	中断响应
0	0	1	空闲
0	1	0	I/O 读
0	1	1	I/O 写
1	0	0	存储器指令读
1	0	1	暂停
1	1	0	存储器读
1	1	1	存储器写

（4）$\overline{LOCK}$ 是锁定信号。为低电平时，表示锁定总线周期，即此周期禁止其他总线可控设备获得总线控制权；为高电平，则表示非锁定总线周期。

12.3　寄存器结构

80386 共 34 个寄存器，可分为 7 类，它们是通用寄存器、段寄存器、指令指针和标志寄存器、控制寄存器、系统地址寄存器、调试寄存器、测试寄存器。

1. 通用寄存器

80386 中有 8 个 32 位的通用寄存器，如图 12.3 所示。这些都是作为 8086 中 16 位寄存器的扩展，所以被分别命名为 EAX、EBX、ECX、EDX、ESI、EDI、EBP 和 ESP。这些寄存器可用来存放数据或地址，并支持 1 位、8 位、16 位或 32 位数据的运算，而地址则仅为 16 位或 32 位。为此，32 位通用寄存器的低 16 位是可以独立存取的，并分别命名为 AX、BX、CX、DX、SI、DI、BP 和 SP。其中，AX、BX、CX、DX 寄存器又分为高 8 位和低 8 位的寄存器，它们是：AH、AL、BH、BL、CH、CL、DH、DL。这些寄存器与 8086 系统完全相同，而且用法也相同。

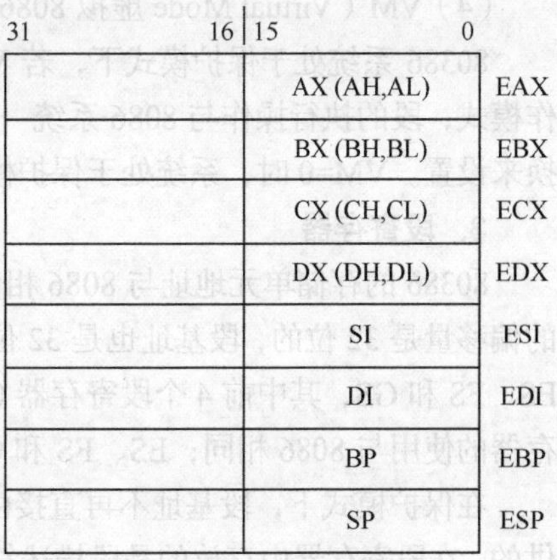

图 12.3　通用寄存器

2. 指令指针和标志寄存器

80386 的指令指针寄存器是 32 位的，被命名为 EIP，作为 8086 系统的 IP 寄存器的扩展。用来存放下一条待执行指令地址的偏移地址。此偏移地址是相对于代码段寄存器（CS）基址的，EIP

寄存器的低 16 位称为 IP，提供给 16 位地址操作数使用，如图 12.4 所示。

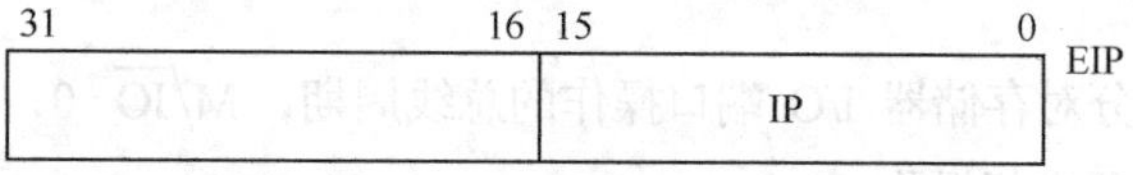

图 12.4 EIP 指令指针寄存器

80386 的 32 位标志寄存器 EFLAGS，如图 12.5 所示。它的低 12 位是 8086 中的标志寄存器，低 16 位则是 80286 中的标志寄存器。其中，标志位的定义和用法也是一样的，相同的内容这里就不再重复介绍了。

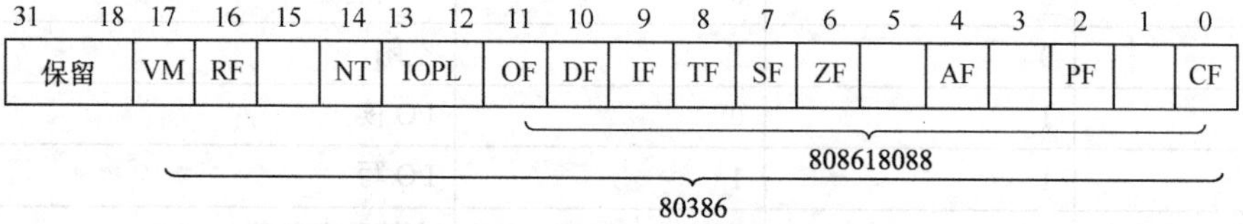

图 12.5 EFLAGS 标志寄存器

（1）IOPL（Input/Output Privilege Level 输入/输出特权标志）

用于支持保护方式的 IOPL 标志位共设有 2 位，用来表示要执行的 I/O 指令的特权级。若当前的特权级小于或等于 IOPL，则 I/O 指令可以执行；否则，将发生一个异常中断。

（2）NT（Nested Task 任务嵌套标志）

用来指示当前的任务是否嵌套在另一个任务之中。若 NT=1，当前任务执行结束后返回到原来的任务，用任务切换来代替中断返回；当 NT=O 时，则执行 IRET 中断返回。

（3）RF（Resume Flag 重新启动标志）

单步操作中用调试寄存器设置的断点，强迫程序恢复执行。当指令正常执行时，RF 标志被自动清零。若 RF=1 时，表示当前指令执行的故障因被 CPU 接受而忽略，但下一条指令执行不受这个故障的影响。

（4）VM（Virtual Mode 虚拟 8086 模式标志）

80386 系统处于保护模式下，若 VM=1 时，80386 就从保护模式切换到虚拟 8086（V86）操作模式，段的执行操作与 8086 系统一样。VM 标志只能在保护模式下，用 IRET 指令或用任务切换来设置。VM=0 时，系统处于保护模式。

3. 段寄存器

80386 的存储单元地址与 8086 相似，仍然由段基址和段内偏移地址两部分组成，只是 80386 的偏移量是 32 位的，段基址也是 32 位的。80386 内部设置有 6 个 16 位的段寄存器 CS、DS、SS、ES、FS 和 GS，其中前 4 个段寄存器 CS、DS、SS 和 ES 与 8086 相同。在实地址方式，这些段寄存器的使用与 8086 相同；ES、FS 和 GS 作为附加数据段寄存器使用。

在保护模式下，段基址不再直接由段寄存器给出，而是通过系统自动产生的一个描述符表提供的，在段寄存器中存放的是段描述符表的一个索引。由此，段寄存器是由 16 位的段选择符和一个与之相对应的 64 位段描述符寄存器组成。段选择符就是段寄存器中存放的段描述符表的索引值，段描述符则含有一个 32 位的段基地址和一些其他信息。段寄存器和段描述符寄存器的结构如图 12.6 所示，其中，段描述符寄存器是隐含的。

可见，除了和 8086 的工作方式类似的实地址方式外，在其他情况下，80386 的段寄存器并不真正存放段地址，只是从名称上沿用了 8086 中的叫法而已。在此，CS 寄存器指向代码段对应的段描述符，由此可以找到当前代码段的段基地址。与此类似，SS 寄存器指向当前堆栈段对应的段描述符，DS 寄存器指向当前数据段对应的段描述符，而 ES、FS、GS 寄存器指向当前 3 个附加段对应的段描述符。

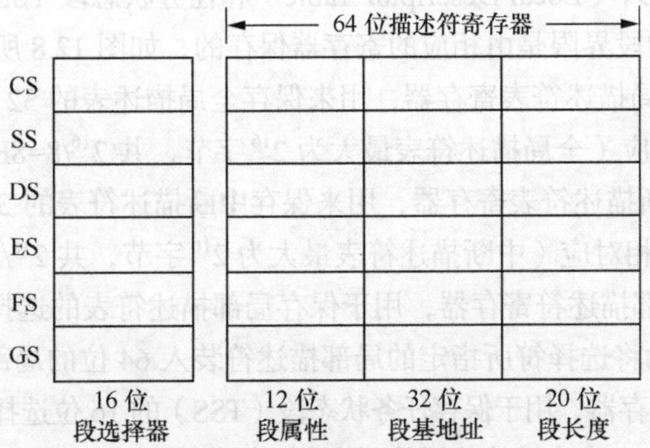

图 12.6 80386 的段寄存器

当段寄存器的值确定之后，80386 的硬件就会自动地根据段寄存器给出的索引，从相应的段描述符表中取 8 个字节的描述符，装入到对应的段描述符寄存器中。每当要求访问存储器时，就可以用段寄存器，直接用对应的段描述符寄存器中段基址作为线性地址计算的一个元素，而不必再去查表取段基址。由于硬件的支持，这种寻址方法加快了存储器的访问速度。

4. 控制寄存器

80386 中设有 4 个 32 位的控制寄存器 CR0、CR1、CR2 和 CR3，用来保存机器的各种全局性状态。这些状态主要是提供给操作系统使用的。注：CR1 作保留用。

（1）CR0 的低 16 位称为机器状态字 MSW（Machine Status Word）。CR0 的结构如图 12.7 所示。

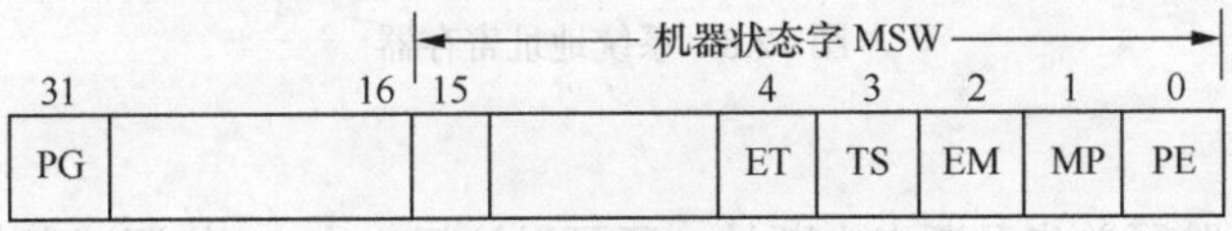

图 12.7 80386 的控制寄存器 CR0

- PE：保护模式允许。PE=1 处理机在保护模式；否则，为实地址模式。
- MP：监控协处理器控制位。MP=1 时，表示有协处理器；否则，没有协处理器。在协处理器工作时，该控制位是与 TS 位一起用来控制 WAIT 指令执行的。在 TS=1，和 MP=1 时，WAIT 指令产生陷阱，做任务的切换。
- EM：模拟协处理器控制位。MP=1 时，表示用软件模拟协处理器。
- TS：任务切换控制位。每当 CPU 做任务切换时，TS 位都自动置位。在处理协处理机指令时也需使用 TS 位的。
- ET：协处理器扩展类型控制。ET=1，表示机器上已装有协处理器。
- PG：允许分页控制。PG=1 时，允许按片内页部件工作；否则，禁止页部件工作。

（2）CR1 由 Intel 公司保留；CR2 和 CR3 实际上是 2 个专用于存储管理的地址寄存器。CR2 用来放故障地址，称为页面故障线性地址寄存器，只有当 CR0=1 时，才使用 CR2。CR3 用来放一个表的起始地址，称为页组目录表基址寄存器，同样，仅当 CR0=1 时，才使用 CR3。

5. 系统地址寄存器

80386 有 4 个系统地址寄存器，存储操作系统所需保护信息和地址转换表信息。所涉及的相关描述符表有全局描述符表 GDT（Global Descriptor Table）、中断描述符表 IDT（Interrupt Descriptor Table）、局部描述符表 LDT（Local Descriptor Table）和任务状态段 TSS（Task Status Segment）。这些表的基地址和它们的段界限是由相应的寄存器保存的，如图 12.8 所示。

- GDTR：48 位全局描述符表寄存器，用来保存全局描述表的 32 位基地址和全局描述表的 16 位界限，与 GDT 相对应（全局描述符表最大为 2^{16}字节，共 $2^{16}/8$=8K 个全局描述符）。
- IDTR：48 位中断描述符表寄存器，用来保存中断描述符表的 32 位基地址和中断描述符表的 16 位界限，与 IDT 相对应（中断描述符表最大为 2^{16}字节，共 $2^{16}/8$=8K 个中断描述符）。
- LDTR：16 位局部描述符寄存器，用于保存局部描述符表的选择符。一旦 16 位的选择符放入 LDTR，CPU 会自动将选择符所指定的局部描述符装入 64 位的局部描述符寄存器中。
- TR：16 位任务寄存器，用于保存任务状态段（TSS）的 16 位选择符。与 LDTR 相同，一旦 16 位的选择符放入 TR，CPU 会自动将选择符所指定的任务描述符装入 64 位的任务描述符寄存器中。

LDTR 和 TR 寄存器由 16 位选择字段和 64 位描述符寄存器组成，用来指定局部描述符表和任务状态段 TSS 在物理存储器中的位置和大小。64 位描述符寄存器是自动装入的，程序员不可见。LDTR 和 TR 只能在保护方式下使用，程序只能访问 16 位选择符寄存器。

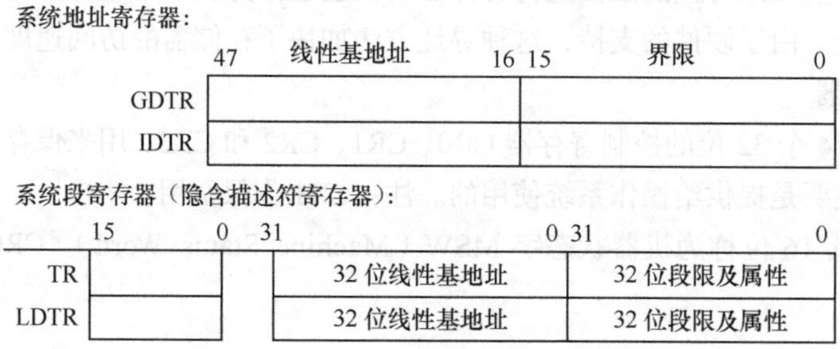

图 12.8　系统地址寄存器

6. 调试寄存器

在程序调试时，除了单步和断点中断外，还可以访问 8 个 32 位调试寄存器 DR0～DR7 来支持调试。其中调试寄存器 DR0～DR3 是 4 个保存断点地址的寄存器，DR4 和 DR5 是备用寄存器，DR6 为调试状态寄存器，通过该寄存器的内容可以检测异常，并进入异常处理程序或禁止进入异常处理程序；DR7 为调试控制寄存器，用来规定断点字段的长度、断点访问类型、“允许”断点和“允许”所选择的调试条件。

7. 测试寄存器

80386 有 8 个 32 位的测试寄存器 TR0～TR7，其中 TR0～TR5 由 Intel 保留，用户只能使用 TR6、TR7。它们主要用于对 TLB 中的随机存储器（RAM）和相联存储器（CAM）的测试。TR6 测试命令寄存器，用来存放测试控制命令。TR7 测试状态寄存器，用于保存测试结果的状态。

12.4 工 作 模 式

和 8086 相比，80386 有以下 4 个主要特点。

- 支持多任务。80386 能同时运行两个或两个以上的程序。用一条指令可以进行任务转换，转换时间为 17 μs（机器时钟为 16 MHz 时）。
- 支持存储器的段式管理和页式管理，易于实现虚拟存储系统。
- 具有保护功能，包括存储器保护、任务特权级保护和任务之间的保护。80386 将任务分成 4 个等级，称为特权级，分别是 0、1、2 和 3 级，其中 0 级最高，3 级最低。一般 0 级用于操作系统，3 级用于用户程序，而 1、2 级保留或用于对操作系统的扩充。
- 硬件支持调试功能。80386 内部含有调试寄存器，调试起来比较方便。

80386 有 3 种工作模式，分别为实地址模式、保护模式和虚拟 8086 模式，3 种模式之间的转换如图 12.9 所示。

在 80386 复位或上电后，进入实地址模式。执行保护模式程序后，通过 LMSW 指令或 MOV 指令修改 CR0 寄存器，使 PE=1 就进入保护模式了，也可通过 MOV 指令再切换实地址模式。虚拟 8086 模式是作为保护模式下的一个任务来看待的，实际上是保护模式下的 8086 模式。因此，在保护模式下可作为任务切换进入或退出虚拟 8086 模式。

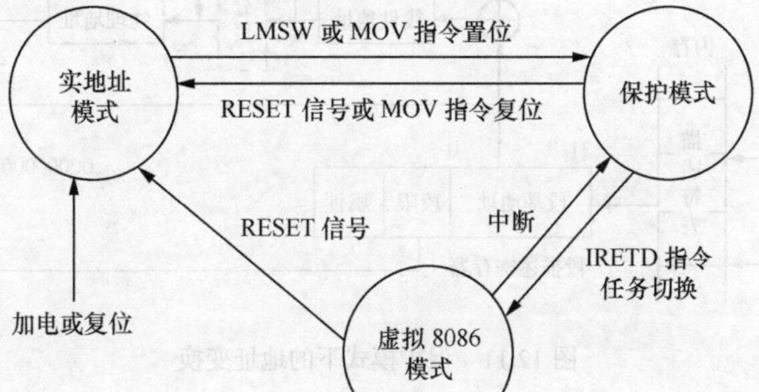

图 12.9　3 种模式之间的转换

1. 实地址模式

当 80386 加电或复位后，就进入实地址工作模式。

在实地址模式下，80386 仅使用分段管理机构而不用分页机构，它与 8086 的基本结构相似。内存最大空间为 1MB，采用段地址寻址的存储方式，每个段最大为 64KB。但是，实地址模式下，操作数的长度默认为 16 位，且允许使用 32 位寄存器和带有 32 位超越指令前缀的寻址模式。

80386 在复位或上电的开始，就处于实地址模式，完成初始化操作后，再切换到保护模式。在实地址模式下，系统保留了两个固定的存储区：一个是初始化程序区 FFFF0H～FFFFFH；另一个是中断向量区 00000H～003FFH。除了保护模式下的一些特殊指令外，几乎所有指令均能在实地址模式下运行。

实地址模式下的物理地址生成如图 12.10 所示，可见与 8086 系统的内存管理模式相同。

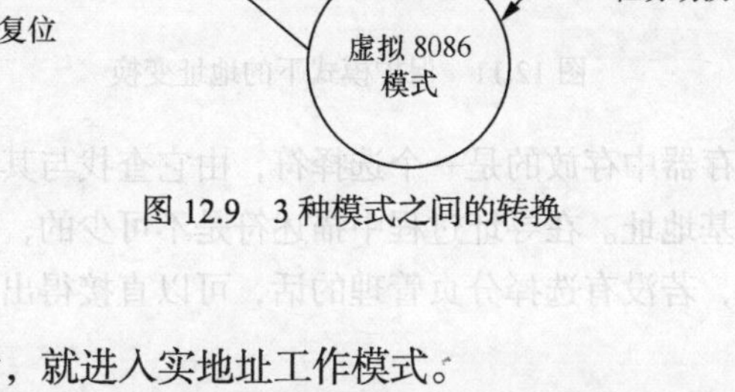

图 12.10　实模式下的地址变换

2. 保护模式

保护模式是 80386 最常用的、也是最具特色的工作模式。通常在开机或复位后，机器先进入实模式完成初始化，然后就立即转换到保护模式。

保护模式完全适应多用户、多任务、环境复杂的存储管理要求。在保护模式下，CPU 可访问的物理存储空间最大为 4GB，段的长度最大也可为 4GB，并且分页机构可选择使用。此外，虚拟存储器的概念引入，使逻辑存储空间达到 64TB，并提供硬件的存储管理部件（MMU）完成地址转换、存储器保护，以及支持多任务操作系统的指令。

在保护模式下，存储器空间用逻辑地址、线性地址和物理地址空间描述。尽管逻辑地址仍由段基址和段内偏移地址构成，但是寻址过程则与 8086 完全不同，如图 12.11 所示。

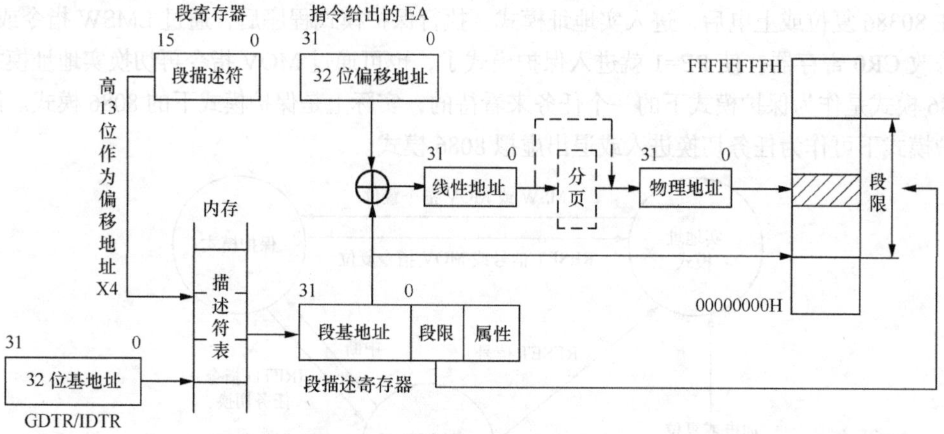

图 12.11　保护模式下的地址变换

在保护模式下，段寄存器中存放的是一个选择符，由它查找与其对应的段描述符，以及描述符（64 位）中 32 位的段基地址。在寻址过程中描述符是不可少的，由它提供段基址、段界线和属性。在得到线性地址后，若没有选择分页管理的话，可以直接得出物理地址；否则，经分页机构转换得到物理地址。

保护方式下 CPU 基本结构没有发生变化，指令和寻址方式依旧。仅仅在内存管理上采用了段式或段页式的存储管理方式。它与实方式的主要差别在于地址空间和内存管理的方式。

3. 虚拟 8086 模式

虚拟 8086 方式又称 V86 方式，这是在保护方式下建立的 8086 工作模式。这种工作方式既有保护模式功能，又可执行 8086 的指令代码。就是说，保护方式下存储器寻址空间为 1MB，仍然可以使用分页管理将 1MB 划分 256 个页，每页 4KB。这样，一个任务可以由多个页面组成，而每个页面又可转换到存储器的不同位置，从而提高了存储地址空间的利用率。

本章小结

在本章中，介绍了 386 的内部结构、外部特性、寄存器结构以及 386 对内存的 3 种管理模式。本章没有对 386 的各种总线操作做微观分析，其基本思想与 8086 的总线操作方式类似。从 32 位程序设计的角度看，第 3 节和第 4 节应该是本章的重点；从硬件系统构建的角度看，第 2 节是本章的重点。如果要深入剖析和搭建一个 386 系统，需要在本章的基础上，学习更多的细节。

第 13 章 32 位 CPU 指令系统

计算机是通过执行指令序列来实现各种功能的，因而每种计算机都有一组指令集供给用户使用。这组指令集就称为计算机的指令系统。目前，一般小型或微型计算机的指令系统可以包括几十个或百余个指令。不同的 CPU,有不同的指令系统。16 位的 CPU 的指令可以处理 8 位或者 16 位的数据；32 位的 CPU 可以处理 8 位、16 位及 32 位的数据。本章介绍 32 位 80X86 的指令系统以及在指令中取得操作数地址所使用的寻址方式。

13.1 寻 址 方 式

指令是由操作码和操作数两部分构成的。在汇编语言中，操作码用助记符表示，操作数由寻址方式体现。虽然有些指令不需要操作数，但大多数指令都有一个或两个操作数。寻找指令中所需的操作数的方式称为寻址方式。32 位 80X86 既支持原来的 8 位或 16 位的寻址方式，还支持 32 位的寻址方式。

根据 32 位 80X86 指令系统中各指令的操作数的来源不同，寻址方式大致可以分为 3 个方面：

（1）操作数来自指令中。在取指令的同时，操作数也随着取出，这种操作数称为立即数（相当于高级语言中的常数）。

（2）操作数来自 CPU 的某个寄存器中。由于寄存器在 CPU 内部，所以取操作数也相对简单，不需要定位地址，只需要寄存器名就可以找到寄存器。

（3）操作数来自内存中。由于内存在 CPU 外，因此在寻找此种操作数时必须要知道该操作数在内存中存放的地址。这种寻址方式，是最复杂的，但也是最灵活的。

32 位 80X86 指令系统中，内存单元的地址是由段基址和偏移地址（又称偏移量）组成。段基址由段寄存器提供，而偏移地址则由以下 4 个元素组成：基址寄存器、变址寄存器、比例因子和位移量。一般将这 4 个元素按照某种计算方式组合形成的偏移地址称为有效地址 EA。有效地址的计算可以用下式表示：

有效地址=基址+（变址 × 比例因子）+位移量

其中的 4 个组成元素的定义为：

基址——任何通用寄存器都可作为基址寄存器，其内容即为基址。

变址——除了 ESP 寄存器外，任何通用寄存器都可以作为变址寄存器，其内容即为变址。

比例因子——变址寄存器的值可以根据操作数的长度乘以一个比例因子（可以为 1、2、4、8），因为操作码的长度可以是 1 字节、2 字节、4 字节或 8 字节。

位移量——在指令操作码后面的32位、16位或8位的常数。

在这4个元素中，除了比例因子是固定值外，其他3个元素都可正可负，以保证指针移动的灵活性。

这4个元素可优化组合出9种内存寻址方式，加上立即数寻址和寄存器寻址，32位80X86CPU共有11种寻址方式。

1. 立即数寻址方式

操作数以立即数形式出现在指令中。操作数可以是8位、16位或32位。由于指令在执行的过程中，立即数作为指令的一部分直接从指令预取单元中取出，不需要再次访问存储器，因此这种寻址方式执行速度快。

格式举例：

```
MOV EAX,55667788H   ；源操作数是立即数寻址方式，因为在指令中可以直接看到操作数
```

立即数寻址只能用于源操作数，目标操作数不容许出现立即数寻址方式。所以当某条指令中源操作数为立即数时，目标操作数必须是寄存器或存储器，并且一般使用寄存器。

2. 寄存器寻址方式

数据在CPU内部的寄存器中。寄存器可以是8位、16位或32位的通用寄存器。由于操作数在寄存器中，不需要以一个总线周期的时间，透过系统总线访问存储器来取得或者存放操作数，因而可以得到较高的运算速度。

格式举例：

```
MOV ECX,EDX  ；源操作数和目的操作数均为寄存器寻址。
```

3. 直接寻址方式

有效地址EA在指令中。

系统默认，这种寻址方式的操作数在数据段中；如果操作数不在数据段，则需要用段跨越前缀来特别指出。有效地址可以是一个常数，也可以是一个符号地址。在程序被汇编期间，符号地址将被翻译为一个确定的常数。

格式举例：

```
MOV AX, VALUE    ;VALUE为存放操作数的存储单元的符号地址
MOV EAX, DATA1  ;指令中的DATA1为符号地址，指向一个32位操作数，故目的操作数也应使用32位寄存器
```

直接寻址方式适用于处理单个变量，例如要处理某个存放在存储器中的变量，可用直接寻址方式将变量送到一个寄存器中，然后再进一步处理。在80X86中为了使指令字不要过长，规定双操作数指令的两个操作数中，只能有一个使用存储器寻址方式。这就是一个变量常常先要送到寄存器的原因。

4. 寄存器间接寻址方式

操作数的有效地址EA存放在某个寄存器中。在16位寻址时可用的寄存器是BX、BP、SI和DI；在32位寻址时可用的是所有的8个通用的寄存器。其中，使用BP、ESP和EBP时，其默认段为SS段，其他寄存器的默认段为DS寄存器。

格式举例：

```
MOV AX,[BX]         ;16位寻址，源操作数是寄存器间接寻址
MOV EBX, [EAX]     ;32位寻址，源操作数是寄存器间接寻址
```

这种寻址方式可以用于数组处理，执行完一条指令后，只需修改寄存器内容就可以取出数组的下一项。

5. 基址寻址方式

操作数的有效地址 EA 由基址寄存器内容与指令中的位移量之和给出。

它所允许使用的寄存器及其对应的默认段情况与寄存器间接寻址方式中所说明的相同。

格式举例：

```
MOV DX, [EAX+3600H]  ；源操作数是基址寻址方式
```

这种寻址方式，经常被用来配合寄存器间接寻址方式使用。

6. 变址寻址方式

EA=（变址寄存器）+位移量。它的指令书写格式和寻址执行过程与基址寻址相同，区别仅是将基址寄存器改成变址寄存器。

格式举例：

```
MOV AX,10H[SI]            ;16 位寻址
MOV EAX,[EBP+100H]        ;32 位寻址
```

基址寻址和变址寻址适用于对一维数组的数组元素操作。

7. 比例变址方式

EA=（变址寄存器）×比例因子+位移量

比例因子可取 1、2、4、8。这种寻址方式只适用于 32 位寻址方式。

格式举例：

```
MOV EAX,TABLE[ESI*4]
```

这种寻址方式与变址寻址方式相比，增加了比例因子。其优点在于：对于元素大小为 2、4、8 字节的数组，可以在变址寄存器中给出数组元素下标，而由寻址方式控制直接用比例因子把下标转换为变址值。

8. 基址加变址寻址方式

EA=（基址寄存器）+（变址寄存器）

同样，基址加变址寻址也有 16 位寻址和 32 位寻址两种情况，每种情况下基址寄存器和变址寄存器的使用规定和段寄存器的默认规定与前面所述相同。例如：MOV EAX ,[EBP][ECX]。

一般规定，由基址寄存器来决定默认的段寄存器为段基址寄存器。上例中，由于基址寄存器是 EBP，所以默认 SS 为段基址寄存器。

9. 基址加比例变址寻址方式

EA=（变址寄存器）×比例因子+（基址寄存器）

例如 MOV EAX,[ECX*8][EDX]

此种方式只适用于 32 位寻址方式。其应用方法与基址加变址寻址方式相同。

10. 带位移的基址加变址寻址方式

EA=（变址寄存器）+（基址寄存器）+位移量

这种寻址方式适用于 16 位寻址和 32 位寻址两种情况。变址、基址寄存器的使用约定和对段寄存器的约定与前面所述相同。

格式举例：

```
MOV AX,[BX+SI+MASK]               ;源操作数是带位移的基址加变址寻址方式
ADD EDX,[ESI][EBP+00FF0088H]     ;源操作数是带位移的基址加变址寻址方式
```

11. 带位移的基址加比例变址寻址方式

EA=（变址寄存器）×比例因子+（基址寄存器）+位移量

此种寻址方式也只有 32 位寻址一种情况。各种约定和默认情况同前所述。例如：

INC [EDI*8][EDX+40]。

上面 11 种寻址方式还可以从访问存储器与否分为两大类：(1) 非存储器操作寻址方式，包括立即数寻址和寄存器寻址。这两种寻址方式不需要访问存储器，故执行速度较快。(2) 访问存储器操作寻址方式，后面 9 种寻址方式都是。在访问存储器时，除了要计算偏移地址 EA 外，还必须确定操作数所在的段，即确定有关的段寄存器。一般情况下，指令不特别指出段寄存器，是因为对于各种不同操作数类型的存储器寻址，32 位 80×86 处理器约定了默认段寄存器。有的指令允许段超越寻址，这时指令中可以加上超越前缀，以改变系统的默认规则。表 13.1 列出了不同的访问存储器操作类型对默认段寄存器、超越段寄存器的约定情况。

表 13.1　段寄存器的使用规定

操作类型	默认段寄存器	允许超越的段寄存器	偏移地址寄存器
读取指令	CS	无	EIP
堆栈操作	SS	无	ESP
通用数据访问	DS	CS、ES、SS、FS 和 GS	有效地址 EA
EBP 或 ESP 为基地址的数据访问	SS	CS、ES、SS、FS 和 GS	有效地址 EA
串指令的源操作数	DS	CS、ES、SS、FS 和 GS	ESI
串指令的目的操作数	ES	无	EDI

从表 13.1 中可看到，程序只能存放在代码段中，而且只能用 EIP 作偏移地址寄存器。堆栈操作数只能在堆栈段中，而且只能用 ESP 作偏移地址寄存器。串操作中目的操作数只能在附加数据段 ES 中，其他操作虽然也有默认段，但都是允许超越的。

13.2 指令系统

本节主要介绍的是 32 位的指令系统，当然这些指令系统是在 8086/8088、80286、80386 和 80486 指令系统的基础上扩充而来的，在代码级具有向上兼容性。8086 指令集主要以 16 位整数指令为基础，32 位指令系统就是以这些基本的 16 位指令系统扩展出来的指令，它们在 32 位 CPU 中形成了 32 位指令，其中也包括 800386 和 80486 新增的指令。

在 32 位 80×86 中，16 位整数指令从两个方面向 32 位扩展：一是所有指令都可以扩展支持 32 位操作数，包括 32 位立即数；二是所有涉及存储器寻址的指令都可以使用 32 位的寻址方式。32 位 80×86 指令系统有很强的功能和很大的灵活性，不仅保持和 16 位系统的兼容，还为编译软件编写者或汇编语言程序设计者提供了更宽的数据选择范围，并扩展和提高了对高级语言的支持性。

下面按功能分类介绍这些 32 位扩展指令，重点是说明这些指令对 32 位操作数的支持以及在 16 位段与 32 位段的异同。

13.2.1 数据传送类指令

数据传送类指令负责数据在存储器、CPU 和端口空间中的传递。它又可以分为 5 组，即通用传送指令、累加器传送指令、标志传送指令、地址传送指令和数据类型转换指令。

1. 通用传送指令

（1）MOV 传送指令

格式为：MOV　DST, SRC

执行操作：（DST）←（SRC）

其中 DST 表示目的操作数，SRC 表示源操作数。

在 16 位汇编语言中具体的格式有 7 种，这里就不一一列出，但该指令同样也可以用于 386 及其后继 32 位机型。

（2）MOVSX 带符号扩展传送指令

格式为：MOVSX　DST, SRC

执行操作：（DST）←符号扩展（SRC）。

该指令是 32 位指令，在 386 及其后续机型都可以使用。该指令的源操作数可以是 8 位或 16 位的寄存器或存储器单元的内容，而目的操作数则必须是 16 位或 32 位寄存器，传送时把源操作数符号扩展送入目的寄存器，可以是 8 位符号扩展到 16 位或 32 位，也可以是 16 位符号扩展到 32 位。MOVSX 指令同样不影响标志位。

（3）MOVZX 带零扩展传送指令

格式为：MOVZX　DST, SRC

执行操作：（DST）←零扩展（SRC）。

该指令是 32 位指令，在 386 及其后续机型都可以使用。有关源操作和目的操作数以及对标志位的影响均和 MOVSX 相同。它们的差别是，源操作是无符号数还是有符号数。MOVSX 是对有符号数而言的，扩展的时候根据源操作的符号位来决定扩展 0 还是 1；而 MOVZX 是对无符号数而言的，扩展的时候不管源操作的符号位是 0 还是 1，高位均扩展 0。

MOVSX 和 MOVZX 指令与一般双操作数指令的区别：一是双操作数指令的源操数和目的操作数的长度是一致的，但 MOVSX 和 MOVZX 的源操作数长度一定要小于目的操作数长度。

（4）PUSH 进栈指令

格式为：PUSH SRC

执行操作：

16 位指令：（SP）←（SP）−2；((SP)+1,（SP）)←（SRC）。

32 位指令：（ESP）←（ESP）−4；

((ESP)+3,（ESP）+2,（ESP）+1,（ESP）)←（SRC）。

（5）POP 出栈指令

格式为：POP DST

执行操作：

16 位指令：（DSP）←((SP)+1,（SP）)；（SP）←（SP）+2。

32 位指令：（DST）←((ESP)+3,（ESP）+2,（ESP）+1,（ESP）)；

（ESP）←（ESP）+4。

这是对堆栈操作的两条指令。堆栈是存储器中一块特殊的存储区，因为它的工作方式是“后进先出”或“先进后出”。同时该存储区域必须在堆栈段中，所以段地址存放于 SS 寄存器中。它只有一个出入口，只有一个堆栈指针寄存器。当堆栈地址长度为 16 位时用 SP，堆栈地址长度为 32 位时用 ESP。SP 或 ESP 的内容在任何时候都指向当前的栈顶，所以 PUSH 和 POP 指令都必须根据当前的 SP 或 ESP 的内容来确定进栈或出栈的存储单元，而且必须及时修改指针，以保证 SP

或 ESP 指向当前的栈顶。

PUSH 指令常用于调用过程（子程序）之前将入口参数存入堆栈，他将一个字或双字推入堆栈，但不能是单独一个字节推入堆栈。POP 指令则从堆栈弹出一个字或双字。

在 386 指令系统中，PUSH 指令的操作数除了可以是寄存器或存储器地址外，还可以是立即数（POP 指令不能），比如：PUSH 678H。但这一功能在 8086 中不具备。

在一个段寄存器和另一个寄存器之间传送时，常用 PUSH 和 POP 指令来实现，但 POP CS 指令是禁止使用的。PUSH 和 POP 指令均不影响标志位。

（6）PUSHA/PUSHAD 所有寄存器进栈指令

格式为：PUSHA

PUSHAD

执行操作：

PUSHA：16 位通用寄存器依次进栈，进栈次序为：AX，CX，DX，BX，指令执行前的 SP，BP，SI，DI。指令执行后（SP）←（SP）- 16 仍指向栈顶。

PUSHAD：32 位通用寄存器依次进栈，进栈次序为：EAX，ECX，EDX，EBX，指令执行前的 ESP，EBP，ESI 和 EDI。指令执行后（SP）←（SP）- 32 仍指向栈顶。

（7）POPA/POPAD 所有寄存器出栈指令

格式为：POPA

POPAD

执行操作：

POPA：16 位通用寄存器依次出栈，出栈次序为：DI，SI，BP，SP，BX，DX，CX，AX，指令执行后（SP）←（SP）+ 16 仍指向栈顶。注意：SP 的出栈只是修改了指针使其后的 BX 能顺利出栈，而堆栈中原先由 PUSHA 指令存入的 SP 的原始内容被丢弃，并未真正送到 SP 寄存器中去。

POPAD：32 位通用寄存器依次出栈，出栈次序为：EDI，ESI，EBP，ESP，EBX，EDX，ECX，EAX。指令执行后（ESP）←（ESP）+ 32 仍指向栈顶。与 POPA 相同，堆栈中存放的原 ESP 的内容被丢弃而不装入 ESP 寄存器。

这两条堆栈指令均不影响标志位。

POPA 和 PUSHA 可以应用在 286 及其以前机型，而 POPAD 和 PUSHAD 可以应用在 386 及其以后机型。堆栈指令主要应用在子程序或中断程序中，用以保护寄存器内容及恢复寄存器内容。

（8）XCHG 交换指令

格式为：XCHG　OPR1，OPR2

执行操作：（OPR1）← →（OPR2）　其中 OPR 表示操作数。

该指令的两个操作数中必须有一个在寄存器中，因此它可以在寄存器之间或寄存器与存储器之间交换信息，但不容许使用段寄存器。指令允许字或字节操作，在 386 及其以后机型还允许双字操作。该指令可用除立即数外的任何寻址方式，并且不影响标志位。

2. 累加器专用传送指令

累加器传送指令包括 IN、OUT 以及 XLAT、XLATB 指令。

（1）IN/OUT 输入/输出指令

这里的 IN 和 OUT 指令的使用方法与 8086 的一样，只不过使用的累加器由原来的 AX 或 AL 增加了 EAX，供 32 位指令使用。使用 IN 和 OUT 指令到底用字节、字或双字，取决于外设端口宽度。比如外设端口为 8 位，只能用字节指令传送信息。

输入、输出指令不影响标志位。

（2）XLAT/XLATB 换码指令

格式为：XLAT OPR 或 XLAT

执行操作：

16 位指令：（AL）←（（BX）+（AL））；

32 位指令：（AL）←（（EBX）+（AL））。

其中使用 XLAT OPR 格式时，OPR 为表格的首地址（一般为符号地址），但在这里的 OPR 只是为了提高程序的可读性而设置的，指令执行时只使用预先已存入 BX 或 EBX 中的表格首地址，而并不用汇编格式中指定的值。

XLAT 指令可以把一种代码转换为另一种代码。使用时，BX 或 EBX 指向表头，当 AL 中为表的项号（注意，项号是从 0 开始编号的）时，执行 XLAT 指令后，AL 中即为对应项内容。

由于 AL 寄存器只有 8 位，所以表格的长度不能超过 256。该指令不影响标志位。

XLAT 和 XLATB 指令功能相同，XLAT 是 8086 中延续下来的指令，而 XLATB 是 XLAT 的变形，但不使用任何操作数。

3. 标志传送指令

标志传送指令用于标志寄存器的存取操作，指令包括 LAHF、SAHF、PUSHF/PUSHFD 和 POPF/POPFD 指令。

（1）LAHF 读取标志指令

格式为：LAHF

执行操作：（AH）←（FLAGS 的低字节）。

指令功能：将标志位寄存器的低 8 位传送给 AH 寄存器。传送后，SF、ZF、AF、PF 和 CF 标志位送至 AH 寄存器的第 7、6、4、2、0 位。指令对标志寄存器各位内容无影响。

（2）SAHF 设置标志指令

格式为：SAHF

执行操作：（FLAGS 的低字节）←（AH）。

设置标志指令 SAHF 的功能与读取标志指令 LAHF 的功能相反，SAHF 指令将 AH 寄存器的相应位传送到标志寄存器的低 8 位。

（3）PUSHF/PUSHFD 标志进栈指令

格式为：PUSHF

　　　　PUSHFD

执行操作：

PUSHF：（SP）←（SP）－2；（（SP）+1，（SP））←（FLAGS）。

PUSHFD：（ESP）←（ESP）－4；

（（ESP）+3，（ESP）+2，（ESP）+1，（ESP））←（FLAGS AND 0FCFFFFH）

（清除 VM 和 RF 位）。

在 PUSHFD 指令执行后，栈顶 4 个单元内容如图 13.1 所示。

ESP	SF	ZF	0	AF	0	PF	1	CF
+1	0	NT	1	OPL	OF	DF	IF	TF
+2	0	0	0	0	0	0	VM	RF
+3	0	0	0	0	0	0	0	0

图 13.1　PUSHFD 指令执行后的栈顶内容

（4）POPF/POPFD 标志出栈指令

格式为：POPF

POPFD

执行操作：

POPF：（FLAGS）←（（SP）+1，（SP））；（SP）←（SP）+2。

POPFD：（FLAGS）←（（ESP）+3，（ESP）+2，（ESP）+1，（ESP））；

（ESP）←（ESP）+4。

这组指令中的 LAHF 和 PUSHF/PUSHFD 不影响标志位。SAHF 和 POPF/POPFD 则由装入的值来确定标志位的值，但 POPFD 指令不影响 VM，RF，IOPL，VIF 和 VIP 的值。

PUSHF/PUSHFD 和 POPF/POPFD 一般用在子程序和中断服务程序的首尾，用来保存主程序的标志和恢复主程序的标志。PUSHF/PUSHFD 和 POPF/POPFD 一般是成对使用的。

4．地址传送指令

地址传送指令完成把地址送到指定寄存器的功能，这一组指令包括 LEA、LDS、LES、LFS、LGS 和 LSS。

（1）LEA 有效地址传送指令

格式为：LEA REG，SRC

执行操作：（REG）←SRC。

指令功能：把源操作数的有效地址送到指定的寄存器中。

该指令的目的操作数可使用 16 位或 32 位寄存器，但不能使用段寄存器。源操作数可使用除立即数和寄存器外的任一种存储器寻址方式。由于存在操作数长度和地址长度的不同，该指令执行的操作如表 13.2 所示。该指令不影响标志位。注意，只有可以充当指针的寄存器才可以被放入有效地址，不可以充当指针的寄存器即使存放了地址，也不可以充当指针，否则，将出现语法错误。

表 13.2　LEA 指令执行的操作

操作数长度	地址长度	执行的操作
16	16	计算得到的 16 位有效地址存入 16 位目的寄存器
16	32	计算得到的 32 位有效地址，截取低 16 位存入 16 位目的寄存器
32	16	计算得到的 16 位有效地址，零扩展后存入 32 位目的寄存器
32	32	计算得到的 32 位有效地址存入 32 位目的寄存器

（2）LDS、LES、LFS、LGS 和 LSS 指针送寄存器和段寄存器指令

以 LDS 为例为：LDS REG，SRC

其他指令格式与 LDS 指令格式相同，仅指定的段寄存器不同。

执行操作：（REG）←（SRC）

（SREG）←（SRC+2）或（SREG）←（SRC+4）。

该组指令的源操作数只能用存储器寻址方式，根据任一种存储器寻址方式找到一个存储单元。当指令指定的是 16 位寄存器时，把该存储单元中存放的 16 位偏移地址（即 SRC）装入该寄存器中，然后把（SRC+2）中的 16 位数装入指令指定的段寄存器中；当指令指定的是 32 位寄存器时，把该存储单元中存放的 32 位偏移地址装入该寄存器中，然后把（SRC+4）中的 16 位数装入指令指定的段寄存器中。

本组指令的目的寄存器不允许使用段寄存器，LFS、LGS 和 LSS 只能用于 386 及其后续机型。

本组指令均不影响标志位。

这些指令适用于 32 位微型机的多任务操作。在任务切换时，需要改变段寄存器和偏移量指针的值，有了上述指令就很方便，尤其是 LSS 指令。因为多任务处理中，每个任务都有自己的堆栈，在任务交替时，堆栈指针要随之改变。在 8086 中，如果要改变堆栈指针，就必须使用两条 MOV 指令，先改变 SS，再改变 SP。而且为了防止两条指令之间有外部中断而引起堆栈操作错误，特意从硬件上采用了措施，但 80386 只要一条 LSS 指令即可。

5. 数据类型转换指令

这组指令用来将字节转换为字，将字转换为双字，将双字转换为 4 字。这一组指令包括 CBW、CWD/CWDE、CDQ 和 BSWAP。

（1）CBW 字节转换为字指令

格式为：CBW

执行操作：AL 的内容符号扩展到 AH，形成 AX 中的字。即扩展的过程中要根据 AL 中最高有效位是 0 还是 1，决定 AH 为何值。当最高有效位为 0，则 AH 为 00H；反之 AH 为 0FFH。

（2）CWD/CWDE 字转换为双字指令

格式为：CWD

执行操作：AX 的内容符号扩展到 DX，形成 DX：AX 中的双字。即扩展的过程中要根据 AX 中最高有效位是 0 还是 1，决定 DX 为何值。当最高有效位为 0，则 DX 为 0000H，反之 DX 为 0FFFFH。

格式为：CWDE

执行操作：AX 的内容符号扩展到 EAX，形成 EAX 中的双字。

（3）CDQ 双字转换为 4 字指令

格式为：CDQ

执行操作：EAX 的内容符号扩展到 EDX，形成 EDX：EAX 中的 4 字。

（4）BSWAP 字节交换指令

格式为：BSWAP　r32

该指令只能用于 486 及其后续机型。r32 指 32 位寄存器。

执行操作：使指令指定的 32 位寄存器的字节次序变反。具体操作为：1、4 字节互换，2、3 字节互换。

本组指令均不影响标志位。

13.2.2　算术运算类指令

80X86 的算术运算类指令包括二进制数运算和十进制数运算两种。算术运算指令有加、减、乘、除等运算指令，可以进行字或字节的运算。参加运算的数可以是带符号数，也可以是无符号数。算术运算指令影响标志寄存器的状态标志位。它又可以分为 5 组，即加法指令、减法指令、乘法指令、除法指令和十进制调整指令。

1. 加法指令

（1）ADD、ADC 和 INC

以上三条指令的使用方法与 8086 的一样，可以对字或字节运算，在 386 及其后续机型中还可以做双字操作，除 INC 指令不影响 CF 标志位，其他都影响状态标志位。

（2）XADD 交换并相加指令

格式为：XADD　DST，SRC

执行操作：TEMP←（SRC）+（DST）；（SRC）←（DST）；（DST）←TEMP

该指令只能用于486及其后续机型中，它把目的操作数装入源操作数，并把源操作数和目的操作数相加之和送到目的地址。该指令的源操作数只能用寄存器寻址方式，目的操作数则可用寄存器或任一种存储器寻址方式。指令可做双字、字或字节运算。他对标志位的影响和 ADD 指令相同。

2. 减法指令

（1）SUB、SBB、DEC、NEG 和 CMP

以上五条指令的使用方法与8086的一样，可以对字或字节运算，在386及其后续机型中还可以做双字操作，除 DEC 指令不影响 CF 标志位，其他都影响状态标志位。

（2）CMPXCHG 比较并交换指令

格式为：CMPXCHG　DST，SRC

该指令只能用于486及其后续机型中。SRC 只能用8位、16位或32位寄存器。DST 则可用寄存器或任一种存储器寻址方式。

执行操作：累加器 ACC 与 DST 相比较，

如　　（ACC）=（DST）

则　　ZF←1，（DST）←（SRC）

否则　　ZF←0，（ACC）←（DST）

累加器可以为 AL、AX 或 EAX 寄存器。该指令对其他标志位的影响与 CMP 指令相同。

（3）CMPXCHG8B 比较并交换8字节指令

格式为：CMPXCHG8B　DST

该指令只能用于 Pentium 及其后续机型中。源操作数为存放于 EDX，EAX 中的64位字，目的操作数可用存储器寻址方式确定一个64位字。

执行操作：EDX，EAX 与 DST 相比较，

如　　（EDX，EAX）=（DST）

则　　ZF←1，（DST）←（ECX，EBX）

否则　　ZF←0，（EDX，EAX）←（DST）

该指令影响 ZF 位，但不影响其他标志位。

3. 乘法指令

MUL/IMUL 乘法指令的使用方法与8086的一样。在386及其后续机型中可做双字运算。累加器为 EAX，两个32位数相乘得到64位乘积存放于 EDX，EAX 中。EDX 存放高位双字，EAX 存放低位双字。指令中的源操作数可以使用除立即数方式以外的任何一种寻址方式。

乘法指令对除 CF 位和 OF 位以外的条件码位无定义。

在286及其后续机型中，IMUL 除8086的单操作数指令外，还增加了双操作数和三操作数指令格式：

格式为：IMUL　REG，SRC

执行操作：

　　字操作数：　　（REG16）←（REG16）*（SRC）

　　双字操作数：　（REG32）←（REG32）*（SRC）

其中，目的操作数必须是 16 位或 32 位寄存器，而源操作数则可用任一种寻址方式取得和目的操作数长度相同的数；但如源操作数为立即数时，除了相应的 16 位和 32 位立即数外，指令中也可指定 8 位立即数，在运算时机器会自动把该数符号扩展成与目的操作数长度相同的数。

格式为：IMUL　REG，SRC，IMM

执行操作：

字操作数：　　　　（REG16）←（SRC）* IMM

双字操作数：（REG32）←（SRC）* IMM

其中，目的操作数必须是 16 位或 32 位寄存器；源操作数可用除立即数外的任一种寻址方式取得和目的操作数长度相同的数；IMM 表示立即数，它可以是 8 位、16 位或 32 位数，但其长度必须和目的操作数一致，如果长度为 8 位时，运算时将符号扩展成与目的操作数长度一致的数。

在 IMUL 的后两种扩充形式中，由于被乘数、乘数和乘积的长度一样，所以，有时会溢出。遇溢出式，溢出部分抛弃，且溢出标志 OF 置 1。

4. 除法指令

DIV/IDIV 除法指令的使用方法与 8086 的一样。除法指令的寻址方式和乘法指令相同。除法运算指令 DIV/IDIV 用 AX、DX+AX 或者 EDX+EAX 存放 16 位、32 位或者 64 位被除数，除数的长度为被除数的一半，可放在寄存器或存储器中。指令执行后，商放在原存放被除数的寄存器的低半部分，余数放在高半部分。

在使用除法指令时，还需要注意一个问题，除法指令要求字节操作时商为 8 位，字操作时商为 16 位，双字操作时商为 32 位。如果字节操作时，被除数的高 8 位绝对值≥除数的绝对值；或者字操作数时，被除数的高 16 位绝对值≥除数的绝对值；或者双字操作时，被除数高 32 位绝对值≥除数的绝对值，则商就会产生溢出。

比如被除数十进制数 800（十六进制为 320H），放在 AX 中，除以 2。对应上面字节操作，此时被除数高 8 位的绝对值为 03H，除数的绝对值为 02H，显然，03H>02H。商溢出。运算结果商十进制数 400（十六进制为 190H），应放在 AL 中；余数为 0，应放在 AH 中。此时商的十进制数 400 超过了 AL 的最大范围 256，则商就会产生溢出。

在 80X86 中这种溢出是由系统直接转入 0 号中断处理。为了避免出现这种情况，必要时程序应进行溢出判断及处理。

5. 十进制调整指令

在 80X86 的十进制调整指令分为两组：（1）压缩的 BCD 码调整指令有 DAA/DAS；（2）非压缩的 BCD 码调整指令有 AAA、AAS、AAM 和 AAD 四条指令。

32 位微处理器在对 BCD 码进行运算时，也要用到十进制调整指令。这些指令的形式及功能和 8086 的完全一样，而且只限于对单字节 AH 或 AL 的压缩 BCD 码或非压缩 BCD 码进行调整。

13.2.3　逻辑运算类指令

逻辑运算类指令包括逻辑运算指令和移位指令。

1. 逻辑运算指令

逻辑运算指令包括 AND、OR、NOT、XOR 和 TEST 五条指令，这些指令的使用方法与 8086 的一样。在 386 及其后续机型中还可执行双字操作。由于逻辑运算是按位操作的，因此一般来说，其操作数应该是位串而不是数。

逻辑运算的五条指令中，NOT 不允许使用立即数，其他四条指令除非源操作数是立即数，至少有一个操作数必须存放在寄存器中，另一个操作数则可以使用任意寻址方式。它们对标志位的影响是：NOT 指令不影响标志位，其他四种指令将使 CF 位和 OF 位为 0，AF 为无定义，而 SF 位、ZF 位和 PF 位则根据运算结果设置。

2. 移位指令

（1）移位指令包括 SHL、SAL、SHR 和 SAR 四条指令。

（2）循环移位指令 ROL、ROR、RCL 和 RCR 四条指令

以上两组指令的使用方法与 8086 的一样。在 386 及其后续机型中还可执行双字操作。

（3）双精度移位指令

在 386 及其后续机型中可以使用本组指令。

①SHLD 双精度左移指令

格式为：SHLD　DST，REG，CNT

执行操作：如图 13.2 所示。

②SHRD 双精度右移指令

格式为：SHRD　DST，REG，CNT

执行操作：如图 13.3 所示。

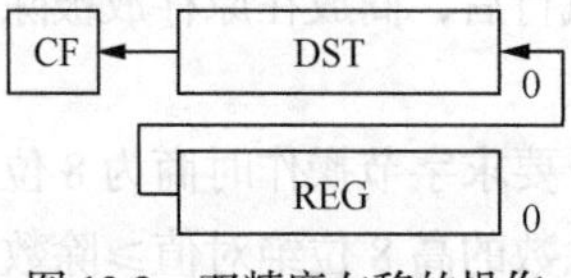

图 13.2　双精度左移的操作

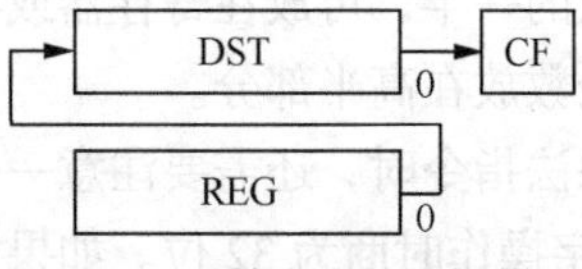

图 13.3　双精度右移的操作

这是一组三操作数指令，其中 DST 可以用除立即数以外的任一种寻址方式指定字或双字操作数。源操作数则只能使用寄存器方式指定与目的操作数相同长度的字或双字。第三个操作数 CNT 用来指定移位次数，它可以是一个 8 位的立即数，也可以是 CL，用其内容存放移位计数值。移位的计数值的范围应为 1 到 31，对于大于 31 的数，机器则自动取模 32 的值来取代。

这组指令当移位次数为 0 时，不影响标志位；否则，根据移位后的结果设置 SF、ZF、PF 和 CF 值。OF 的设置情况是：当移位次数为 1 时，如移位后引起符号位改变则 OF 位为 1，否则为 0；当移位次数大于 1 时 OF 位无定义。AF 位除移位次数为 0 外均无定义。

3. 位测试并修改指令

在 386 及其后续机型中增加了本组指令。

（1）BT 位测试指令

格式为：BT　DST，SRC

执行操作：把目的操作数中由源操作数所指定位的值送往标志位 CF。

（2）BTS 位测试并置 1 指令

格式为：BTS　DST，SRC

执行操作：把目的操作数中由源操作数所指定位的值送往标志位 CF，并将目的操作数中的该位置 1。

（3）BTR 位测试并清零指令

格式为：BTR　DST，SRC

执行操作：把目的操作数中由源操作数所指定位的值送往标志位 CF，并将目的操作数中的该位置 0。

（4）BTC 位测试并取反指令

格式为：BTC　DST，SRC

执行操作：把目的操作数中由源操作数所指定位的值送往标志位 CF，并将目的操作数中的该位变反。

本组指令中的 SRC 可以使用寄存器方式或立即数方式，既可以在指令中用 8 位立即数直接指出目的操作数所要测试位的位位置，也可用任一字寄存器或双字寄存器的内容给出同一个值。目的操作数则可用除立即数外的任一种寻址方式指定一个字或双字。由于目的操作数的字长最大为 32 位，所以位位置的范围应是 0～31。

本组指令影响 CF 位的值，其他标志位则无定义。

4. 位扫描指令

本组指令也是 386 及其后续机型中增加的。

（1）BSF 正向位扫描

格式为：BSF　REG，SRC

执行操作：指令从位 0 开始自右向左扫描源操作数，目的是检索第一个为 1 的位。如遇到第一个为 1 的位置则将 ZF 位置 0，并把该位的位位置装入目的寄存器中；如源操作数为 0，则将 ZF 位置 1，目的寄存器无定义。

该指令的源操作数可以用除立即数以外的任一种寻址方式指定字或双字，目的操作数则必须用字或双字寄存器。

该指令影响 ZF 位，其他标志位无定义。

（2）BSR 反向位扫描指令

格式为：BSR　REG，SRC

执行操作：指令从最高有效位开始自左向右扫描源操作数，目的是检索第一个为 1 的位。该指令除方向与 BSF 相反外，其他规定均与 BSF 相同。因此它们之间的差别是 BSF 指令检索从低位开始第一个出现的 1，而 BSR 则检索从高位开始第一个出现的 1。

13.2.4　串操作类指令

32 位串操作指令基本上和 8086 的一样，包括字符串传送指令 MOVS、字符串比较指令 CMPS、字符串检索指令 SCAS、取字符指令 LODS、存字符指令 STOS，比 8086 增加了字符串输入指令 INS 和字符串输出指令 OUTS。

串操作指令使用时，用 ESI 作为源变址寄存器，EDI 作为目的变址寄存器，ECX 给出要传送的字节数、字数或双字数。传送过程中，ESI 和 EDI 的修改受方向标志 DF 控制，若 DF 为 1，则每次传送后，ESI 和 EDI 做减量修改；若 DF 为 0，则每次传送后，ESI 和 EDI 做增量修改。

CMPS 和 SCAS 指令执行时会影响 ZF 标志，当比较结果相同或检索到匹配字符时，则 ZF 置 1，而其他串操作指令不影响 ZF 标志。另外 CMPS 指令还影响 CF 标志，这与 8086 的规则相同。

使用串操作指令时，可以在前面加重复前缀 REP、REPE、REPZ、REPNE 或 REPNZ，从而使指令的效能很高。重复前缀的使用原理和 8086 的一样，但在 386 中，严格禁止在重复串操作指令中加 LOCK 前缀。防止调页功能失效。

INS 和 OUTS 是 386 中新加的两条串操作指令，前者允许从一个输入端口读入数据送到一串连续的存储单元，后者则从连续的存储单元往输出端口写数据，从而实现如磁盘读/写那样的数据块传送。

INS 指令在使用时以 INSB、INSW 或 INSD 的形式出现，分别代表字节串输入、字串输入或双字串输入。和其他串操作指令一样，INS 指令受 DF 控制，每输入一次，EDI 做增量修改或减量修改。与此类似，OUTS 的使用形式为 OUTB、OUTW 或 OUTD，传送过程中，ESI 按 DF 为 0 或 1 做增量修改或减量修改。注意：INS 和 OUTS 要求用 EDX 存放端口号，而不能用直接寻址方式在指令中给出端口号。

13.2.5 控制转移指令

1. 无条件转移指令

无条件转移指令就是无条件地转移到指令指定的地址去执行从该地址开始的指令。JMP 指令必须指定转移的目标地址。其用法与 8086 的一样。在 8086 及其他机型的实模式下段长为 64KB，所以 16 位位移量可以转移到段内的任一个位置。在 386 及其后续机型的保护模式下，段的大小可达 4GB，32 位位移量可转移到段内的任何位置。JMP 指令不影响条件码。

2. 条件转移指令

条件转移指令根据上一条指令所设置的条件码来判别测试条件，每一种条件转移指令有它的测试条件，满足测试条件则转移到由指令指定的转向地址去执行那里的程序；如不满足条件则顺序执行下一条指令。因此，满足条件时：IP 或 EIP 与 8 位、16 位或 32 位位移量相加得到转向地址；如不满足测试条件，则 IP 或 EIP 值不变。可见条件转移指令使用了相对寻址方式，它只可用 JMP 中的短转移和近转移两种格式。在汇编语言中，OPR 应指定一个目标地址，在 8086 和 80286 中只提供短转移格式，目标地址应在本条转移指令下一条指令地址的−128～+127 个字节的范围之内。在 386 及其后续机型中，除短转移格式外，还提供了近转移格式，这样它就可以转移到段内的任何位置。但条件转移不提供段间远转移格式，如需要可采用转换为 JMP 指令的办法来解决。最后，所有的条件转移指令都不影响条件码。具体的指令格式与 8086 的一样，这里不再赘述。

3. 循环指令

循环控制指令包括 LOOP、LOOPZ/LOOPE 和 LOOPNZ/LOOPNE。该组指令的含义和用法与 8086 的完全相同，转移范围也仍限于−128～+127。

4. 子程序

子程序是程序中某些具有独立功能的部分编写成独立的程序模块。程序中可由调用程序来调用这些子程序，而在子程序执行完后又返回调用程序继续执行。

在 80X86 提供了 CALL 和 RET 两条指令来实现上述功能。CALL 指令绝大多数为直接调用，但也可以间接调用。CALL 指令执行时，先把 CS 压入堆栈，堆栈指针减 2；然后 EIP 压入堆栈，堆栈指针减 4；同时，CS 和 EIP 装入新值。返回指令 RET 和调用指令 CALL 是相对应的。执行时，从栈顶弹出 4 个字节装入 EIP，再弹出 2 个字节装入 CS，同时栈指针加 6。80386 的返回指令和 8086 的一样，RET 后面也可带一个偶数，比如，RET 6，以便返回时丢弃栈顶下面一些用过的参数。

5. 中断指令

和中断有关的指令为 INT n、INTO 及 IRET，这些指令的含义和 8086 的一样。此外，80386 还增加了 IRETD 指令。这条指令功能上和 IRET 类似，但执行时，从堆栈中先弹出 4 个字节装入 EIP，再弹出 2 个字节装入 CS。

6. 条件设置指令

这是 386 及其后续机型中提供的一组指令。

格式为：SETcc　DST

执行操作：DST 可使用寄存器或任一种存储器寻址方式，但只能指定一个字节单元。指令根据所指定的条件码情况，如满足条件则把目的字节置为 1；如不满足条件则把目的字节置为 0。指令本身不影响标志位。条件设置指令各种形式，这里不再一一列举。

条件转移指令是根据上一条刚执行完的指令所设置的条件码情况，来判断是否产生程序转向的。有时并不希望在这一点就产生程序分支，而是希望在其后运行的程序的另一个位置，根据这一点条件码设置来产生程序分支。这样就要求把这一点的条件码情况保存下来，以便在其后面使用，条件设置指令就是根据这样的要求而产生的。

13.2.6 处理器控制指令

1. 标志指令

除有些指令影响标志位外，80X86 还提供了一组设置或清除标志位指令，他们只影响本指令指定的标志，而不影响其他标志位。这些指令包含清除进位标志指令 CLC、设置进位标志位指令 STC、进位标志求反指令 CMC、清除方向标志指令 CLD、设置方向标志指令 STD 以及中断允许标志清除指令 CLI 和中断允许标志设置指令 STI。

2. 其他处理机控制指令

（1）NOP 空操作指令，这条指令使 CPU 执行空操作，它仅仅影响 EIP（IP）寄存器的值。

（2）HLT 停机指令，这条指令使程序暂停执行，只有在出现外部中断或者复位操作后，才能再执行指令。

（3）ESC 换码指令，这条指令提供一种机制，利用这种机制，数值协处理器 80387 可以接收 80386 的指令，并可以利用 80386 的寻址方式执行程序。

（4）WAIT 等待指令，它使 CPU 处于等待状态，直到出现外部中断，才退出此状态。

（5）LOCK 封锁指令，该指令是一种前缀，它可与其他指令联合，用来维持总线的锁存信号直到与其联合的指令执行完为止。当 CPU 与其他处理器协同工作时，该指令可避免破坏有用信息。

13.2.7 高级语言指令

从 80386 及其后续机型都提供了三类高级语言指令，为实现 C 和 PASCAL 这样的结构化语言提供支持。

1. BOUND 数组边界检查指令

格式为：BOUND DST，SRC ；DST 为寄存器，SRC 为存储单元

指令功能：验证目标寄存器中的 16 位或 32 位操作数是否在源操作数所指定的两个界限内。若有效地址值小于下界或大于上界，则产生中断 5。

2. ENTER 对过程设置堆栈指令

在许多高级语言中，每个子程序或函数都有自己的局部变量，为保存这些局部变量，在执行时，应为其建立相应的堆栈。ENTER 指令为过程参数建立一个堆栈区。

格式为：ENTER imm16，imm8

指令功能：建立堆栈，imm16 指出堆栈字节数，imm8 指出过程的嵌套层数：0～31。

3. LEAVE 过程退出指令

格式为：LEAVE

指令功能：撤销前面 ENTER 指令的动作。当退出子程序时，应撤销对堆栈框架的设定。

有关操作系统型指令和浮点运算指令，本书不再赘述，需要时可查阅有关手册。

本章小结

在本章中，首先介绍了 32 位 CPU 的寻址方式，接着介绍了 32 位 CPU 的指令系统。寻址方式部分，需要重点领会 32 位的指针可以由哪些寄存器充当、32 位的有效地址如何计算得到；指令系统部分，需要注意指令如何操作 32 位的数据以及在 8086 的基础上新增加的指令。有些 16 位 CPU 和 32 位 CPU 共有的指令，其功能有微小的改变和提升，这也是需要注意的。

第 14 章 基于 Windows 控制台的 32 位汇编语言程序设计方法

WIN32 汇编语言是相对于 D0S16 汇编语言来说的。可以看出，汇编语言有 16 位和 32 位之分，16 指的是使用机器字长为 16 位的 CPU,如 8086、80286；32 指的是使用机器字长为 32 位的 CPU，如 80386、80486 及奔腾系列。因为 DOS 主要是运行于 16 位系统，而 Windows 主要是运行于 32 位系统，所以将 DOS 下的汇编语言叫 DOS16，将 Windows 下的汇编语言叫 WIN32。这里要澄清的是，DOS 和 16 位的 CPU 没有必然联系；同理，Windows 与 32 位 CPU 没有必然联系。

我们要研究与学习的 WIN32 汇编语言，是使用 32 位的 CPU 为处理核心，以 Windows 操作系统为开发平台。用 WIN32 汇编语言写的程序的运行，就好像一个人在舞台上跳舞。舞台是 Windows 操作系统，跳舞的人是 32 位 CPU，舞蹈的所有动作序列就是我们的程序。CPU 在特定的操作系统上执行程序，就是一个人在特定的舞台上跳舞。一段舞蹈的完成可以表达一个思想和情感，一个程序的执行可以完成特定的功能。舞台与人没有必然关系：一个人可以在不同舞台上跳舞；一个舞台可以支持不同的人跳舞。只是，16 位 CPU 总是在 DOS 这个舞台上“跳舞”，所以就有 DOS16 汇编语言；32 位 CPU 总是在 Windows 这个舞台上“跳舞”，所以就有 WIN32 汇编语言。

学习 WIN32 汇编语言有如下的意义。

（1）该语言能实现程序设计的基本功能，而且适应性强。

我们知道在 DOS 下，高级语言远离底层，让程序员将精力集中于具体问题上，适用于应用软件的开发；汇编语言就是底层，程序员要分出很大精力，注意与底层相关的很多细节，适用于系统软件的开发、硬件控制软件开发，而不适宜进行应用软件开发。

在 Windwos 下，高级语言与汇编语言，从调用系统功能的角度看，是一样的，因为它们都可以调用 API 函数。可见，高级语言可以实现的功能，汇编语言都可以实现。这一点与 DOS 下不同。DOS 下，C 语言有庞大的函数库去支持应用开发，而汇编语言只能去进行 DOS 系统功能调用和 BIOS 功能调用，而这些不能很好地支持应用开发，尤其是科学计算。

总之，WIN32 汇编语言可以像 VB、VC 那样，开发出漂亮的 GUI 应用程序。

（2）该语言能帮助理解 Windows 的程序运行机理。

提到 Windows，大家的表象感觉是，简单易用，界面美观。对程序员来讲，Windows 程序设计，最重要的两个概念是消息映射（事件驱动）和 GUI（图形用户界面）。可惜的是，因为 VB、VC 等高级语言的强力封装，使得大家很难理解 Windows 的运行机理。

WIN32 语言的学习，可以帮助大家理解 Windows 的运行机理。因为该语言没有封装，只有理解了消息映射的原理，并自己搭建消息映射的框架，才能完成基于窗口的程序。

（3）该语言仍然是高效率编程、硬件编程和系统软件开发的选择。

这一论断，在 DOS 时代是成立的，在 Windows 时代仍然是成立的。

汇编语言本质上是机器指令，所以它的时空效率是最高的，即运行快、占用内存少。在高效率编程的场合，汇编语言是必不可少的。

所谓的硬件编程，其实就是在端口级上对接口的编程。在 DOS 下，我们可以用 I/O 指令对任何一个端口输入输出，完成数据传输、控制命令下达和状态命令读取等操作，以完成硬件编程。在 Windows 下，这是不允许的，因为该操作系统为避免大家深入系统内核为所欲为，所以采用了保护模式。但是，这并不表示 WIN32 汇编语言不可以做硬件编程，只是用它进行硬件编程的时候，要遵守 Windows 保护模式的规则。Windows 下的驱动程序经常使用汇编语言来开发，就是很好的一个例证。

系统软件的开发，使用 WIN32 汇编语言是最适合。因为该语言没有做任何封装，也就可以用最灵活的方式开发系统软件。高级语言做不到这一点。比如 VB 不支持指针，很多需要使用指针的 API 函数，它都没有办法调用，就没法开发系统软件。

在该书中，我们仅仅是为着 WIN32 汇编语言入门，所以将仅仅讲解基于 Windows 控制台的程序设计方法。

14.1 上机环境及上机过程

汇编语言的上机过程决定了上机需要的环境。

上机的过程是编辑、汇编、连接、执行、调试。其实，任何一门语言的上机过程都是这样的。只是高级语言都有自己的集成开发环境（IDE），所以上机环境，从来就不是一个问题。

高级语言有集成开发环境，这一特点跟它的强封装性一样，导致了一个很大的缺点。那就是让人没法透彻理解其上机过程，没法理解每一步之后，究竟发生了什么，最后又怎么样了。所以，汇编语言的上机过程，可以帮助我们了解计算机程序的基本工作顺序及原理。

上机环境包括 Windows 操作系统、文本编辑器、汇编器、连接器、调试器。

Windows 操作系统可以是 98、2000、XP、也可以是 7.0 等。所谓的 Windows 控制台模式，其实就是 Windows 操作系统的文本操作模式，可以通过“命令提示符”来建立。这个文本操作环境很像 DOS 操作环境，要注意他们是不同的。DOS16 的汇编语言程序可以在 WIN32 的“命令提示符”环境中运行，但是，WIN32 的汇编语言程序不可以在 Windows 的虚拟 MS-DOS 环境运行。

文本编辑器，可以使用记事本，也可以使用专门用于写程序的文本编辑软件，只是要千万注意，文件的扩展名必须是 ASM。

汇编器，可以扫描处理源程序，生成目标文件（OBJ 文件）和列表文件（LST 文件）等。我们最关注的是目标文件。MASM 6.0 以上版本的汇编器是 ML.EXE。

连接器，可以将多个 OBJ 文件和库文件（LIB 文件）合并生成一个可执行程序（EXE 文件）。MASM 6.0 以上版本的连接器是 LINK32.EXE。

调试器，用来调试程序。我们配套使用的是 WinDbg，它是微软提供的 Windows 调试程序 WinDbg 可调试用户模式和内核模式的程序。

假设源程序名为 qiao.asm。

上机过程是：第一步，用记事本输入源程序，得到 qiao.asm。第二步，用汇编器翻译 ASM 文件，得到 OBJ 文件，格式为：

```
ML /c /coff qiao.asm
```

参数“/c”（小写字母）实现源程序的汇编；参数“/coff”（小写字母）表示生成 COFF 格式的目标模块文件。

第三步，用连接器连接 OBJ 文件及 LIB 文件，生成 EXE 文件，格式为：

```
LINK32 /subsystem:console qiao.obj
```

“/subsystem:console”表示生成 Windows 控制台（Console）环境的可执行文件。“/subsystem:windows”生成 Windows 图形窗口的可执行文件，这个不在本书的讨论范围内。

第四步，执行程序。在命令提示符下，直接键入 qiao,然后回车就可以了。

第五步，调试程序。在必要的时候，用 WinDbg 软件调试程序。需要指出的是，在 DOS 下，我们不可以用 DEBUG 在代码级上调试程序；而在 WINDOWS 平台上，可以使用 WinDbg 在汇编语言的源程序上，进行调试。具体的调试技巧，请参考相关文献。

14.2 简化形式的源程序框架

一个典型的源程序的框架如下：

```
; ****************************************************
; ************第一部分，模式定义部分****************
.386
.model flat,stdcall
option casemap:none
; ****************************************************
; ************第二部分，包含文件定义****************
 include     windows.inc
 include     user32.inc
 includelib  user32.lib
 include     kernel32.inc
 includelib  kernel32.lib
; ****************************************************
; **************第三部分，数据段*****************
.data
a db 'this is a messagebox', 0
b db  'hello world',0
; ****************************************************
; **************第四部分，代码段*****************
.code
start:
     invoke MessageBox,NULL,offset b,offset a,MB_OK
     invoke ExitProcess,NULL
     end start
```

14.2.1 第一部分——模式定义部分

“.386”，这是一条伪指令，表示我们的程序用到的指令集是 386CPU 所对应的指令集。可能我们正在一台奔腾机（586）上使用上面的程序，没有关系，CPU 是可以向下兼容的。如果用的是 586 的指令集，则要用“.586”；如果使用 586 的指令集，并且还要使用特权指令，则应该定义为“.586p”，这里“p”代表的意思是特权。一般情况下，我们编写应用程序时，就一般写成“.386”就可以了。

“.model flat,stdcall”是一个伪指令，“flat”表示内存的使用模式。注意内存的使用模式跟 CPU 对内存的管理模式是两个概念。在 DOS16 中，8086 对内存的管理模式是实模式；在 WIN32 中，80386 及其以上的 CPU 对内存的管理模式有实模式、保护模式和虚拟 86 模式三种模式。这些都不是这里要讲的使用模式，但是有一定联系。在 DOS16 中，实模式对内存的管理是分段机制，每个段不能大于 64K。与之对应的内存使用模式就有：tiny,small,medium,compact,large,huge。我们经常使用的是 small 使用模式，意思是整个程序有两个段，一个是代码段，另一个是数据段。在 WIN32 中，保护模式对内存的管理模式只有一个，那就是“flat”。这种内存使用模式叫平坦模式，意思是整个程序只有一个段，这个段的大小为 4G。显然，这个段足够大了，通常的数据和程序都是可以容纳的。而事实上，我们很多的计算机的真正内存也没有那么大。这样做的好处是，程序设计时，程序员不用考虑变量在哪一个段，只要关注变量的 32 位的偏移地址就可以了。

“stdcall”表示了一种子程序调用时的参数传递方法和堆栈平衡方法。因为 Windows API 函数采用了该方式，所以 WIN32 汇编语言必须采用这种方式。

“option casemap:none”定义了程序对大小写字母的敏感性。因为 Windows API 函数对大小写是敏感的，所以这一定义，必须有。

14.2.2 第二部分——包含文件定义部分

在 C 语言中，我们经常用到包含文件，以使用特定的函数。在 DOS16 汇编语言中，为什么一般不需要使用包含文件呢？因为在 DOS 下我们调用的功能模块，要么是 DOS 系统功能调用，要么是 BIOS 系统功能调用，只需要用中断指令就可以完成调用，不需要包含文件。而在 WINDOWS 下调用 API 函数，就好像是调用一个 C 语言函数一样，所以必须有包含文件。

14.2.3 第三部分——数据段

“.data”是一个段定义伪操作，而且是一个专门用于定义数据段的段定义伪操作。表示下面是程序的数据部分。

当我们要访问这些数据的时候，只要能以符号地址为依据找到这些数据的偏移地址就可以了。因为在 32 位汇编语言中，整个程序只有一个段，大小为 4G，在具体寻址的时候，只关注偏移地址，这时候可以忘了段的存在。

14.2.4 第四部分——代码段

“.code”是一个段定义伪操作，而且是一个专门用于定义代码段的段定义伪操作。表示下面是程序的代码部分。

在上面的框架例子中，“start”和“end start”是一对伪操作。表示程序从“start”开始执行；“end start”表示汇编结束，也就是说汇编程序在翻译源程序的时候，看到这个伪指令就停止翻译了。显然，写到这句话后面的所有的指令都不会最终生成可执行代码。

14.2.5　其余说明

在 DOS16 汇编语言中，我们经常使用完全格式的程序框架。与上面的 WIN32 的简化形式的程序框架对比，可以发现，在 WIN32 汇编语言中，我们已经淡化了段的概念，在整个框架中，没有出现 DS 和 CS 等段寄存器。这是因为这里的代码段和数据段，就是一个段，不需要区分。淡化不意味着不需要在逻辑上区分段，实际上从逻辑的角度将程序分为数据段和代码段是有特殊意义的。32 位的 CPU 采用保护模式管理内存，段寄存器里存放的不是段地址，而是段选择信息。由段选择器，经过一系列复杂的寻找，可以找到一个特定段的起始地址，但同时它也找到了关于这个段的一些属性，比如是否可读可写，是否可执行等。正是因为定义逻辑段，可以找到区分不同段的属性，所以在框架中还是出现了定义数据段和代码段的伪指令。关于保护模式下的段的起始地址的寻找方法，是一个很复杂的过程，对于汇编程序员来说不需要懂得其细节，因为这部分工作是操作系统利用 32 位 CPU 的保护模式下的特有功能来完成的，有兴趣的读者可以参考相关文献。

14.3　Windows API 函数调用方法

API，就是应用程序接口的意思。正如 DOS 为自身及应用程序提供了很多 DOS 系统功能调用一样，Windows 也为自身和应用程序提供了很多系统功能调用——API 函数。各种 Windows 下的计算机语言都有自己的函数库或者类库，可以实现各种各样的功能。我们可以想到这些函数或者类中的函数最终还是调用了 API 函数，当这种语言的库函数不够用时，就需要调用 API 了。如果一个功能连 API 也没有提供，那就只有自己写了。实际上，API 提供了各种各样的底层函数，不但可以满足应用程序设计的需要，也可以满足系统程序的需要。Windows 操作系统其实是建立在 API 基础之上的。

C 语言里面，调用一个库函数，其实需要把这个函数的可执行代码包含到最终的可执行程序中，这就是静态调用。DOS16 汇编语言调用一个 DOS 系统功能调用，不需要包含之，因为那个被调用的程序是常驻内存的。

Windows API 是怎样一种使用方式呢？这是一个很有趣的问题。试想，如果将所有的 API 都常驻内存，内存将被占去太大的空间。要知道 API 函数相比 DOS 功能调用来说，太多了，该方案不可行。再试想，如果像 C 语言中的函数一样，需要静态调用，则每个 Windows 应用程序将变得巨大无比，太耗费硬盘了，该方案也不可行。

API 的调用方式，是一种动态调用的方式。API 函数均存在于动态链接库（DLL）文件中。DLL，是 Dynamic Link Library 的缩写形式，它是一个包含可由多个程序同时使用的代码和数据的库，不是可执行文件。动态链接提供了一种方法，避免了静态调用导致的可执行程序过大的问题。API 函数的可执行代码位于一个 DLL 中，该 DLL 可以包含若干个 API 函数。

显然，这种方法既不浪费硬盘空间，也不消耗过多的内存空间，并且可以被多个程序共同使用，具有优良的时空和复用特性。

在程序中要调用一个 API 函数，要有如下几步：

第一步，在程序的包含文件部分，用一个“include”命令将该 API 函数对应的 INC 文件包含进来。INC 文件是一个文本文件，包含进来，就成了我们的源代码的一部分，它存放了该文件所对应的 DLL 文件中所有函数的声明信息。比如，要使用 MessageBox 函数，因为它在 user32.dll

文件中，所以要用“include user32.inc”将该DLL中所有函数的声明信息包含进来，这样在程序中就可以使用这个文件了。

第二步，在程序中的包含文件部分，用一个“includelib”命令将相应的导入库LIB文件包含进来，使得在动态链接的时候可以找到这个API函数。比如，要使用MessageBox函数，因为函数所在的user32.dll文件对应的导入库文件是user32.lib,所以就要用到“includelib user32.lib”了。

第三步，调用API函数。调用格式为：

```
invoke 函数名[,参数1],[,参数2],…
```

需要说明的是，API函数的入口参数和出口参数在WIN32汇编语言看来，都是双字类型的，即是一个32位的二进制数。在查阅一些手册的时候可以看到，API函数都是用C语言的格式来定义的，有的用了很多专门的数据类型来定义，不要被那些符号吓倒，只要记住每个入口参数和出口参数的意义，就可以了。

14.4 控制台下键盘输入和显示器输出的常用API介绍

在DOS下，写汇编语言，为了完成人机交互，必须使用关于键盘输入和显示器输出的DOS系统功能调用。键盘输入经常使用1号、6号、7号和10号，其中前面三个可以实现从键盘输入一个字符，10号可以实现从键盘输入一个字符串。显示器输出经常使用2号和9号，2号可以实现在显示器的当前光标处显示一个字符，9号可以实现在当前光标处显示一个字符串。

控制台是一个类似于DOS环境的操作系统平台。

控制台下的汇编语言的人机交互，是通过调用键盘和显示器的相关API函数实现的。

1. 读入字符串的API

名称：ReadConsole

作用：从键盘读入一个字符串

入口参数：第1个，键盘句柄，双字类型；第2个，输入缓冲区指针，双字类型；第3个，要读取字符的最大数量，双字类型；第4个，实际输入字符个数存放位置的指针，双字类型；第5个：未使用，设置为0。

出口参数：无。

说明：句柄是一个32位的无符号整数，可以独一无二地标示一个对象。键盘作为标准的输入设备，其句柄为“–10”。所以，这个参数可以固定填写“–10”。

第2个参数，比较好理解。输入的字符串一定要放到数据段的某个连续的存储区中，这个存储区就是输入缓冲区。为了定位它的首字节，必须设置一个指针指向它。比如可以让EBX作为指针事先指向它，使用该API的时候，这个位置填写“EBX”就可以了。

第3个参数，一般是缓冲区的最大容量。要注意，该函数会自动给输入的字符串添加两个字符，一个是回车符号（0DH），一个是换行符号（0AH）。所以，如果你想最多输入98个字符，则开辟的输入缓冲区就需要100个字节的大小了。这里有一个很重要的细节，如果缓冲区开辟了100个字节的大小，这个参数是可以设定为任何小于等于98的数字的。比如设定为10，则从键盘输入98个字符，也只能有10个被存入缓冲区。

第4个参数，要千万注意了，这是一个指针，指向一个双字类型的变量，这个变量存放实际输入的字符数量，而不是说这个参数就是字符数量本身。另外要注意，如果你在键盘上输入了5

个字符，则这里所说的字符数量是 7，而不是 5，原因同上。

第 5 个参数，无意义。

2. 显示字符串的 API

名称：WriteConsole

作用：在显示器上当前光标闪烁处显示一个字符串

入口参数：第 1 个，显示器句柄，双字类型；第 2 个，要显示的字符串的指针，双字类型；第 3 个，要显示的字符的最大数量，双字类型；第 4 个，实际显示的字符的数量存放位置的指针，双字类型；第 5 个，未使用，设置为 0。

出口参数：无。

说明：显示器作为标准的输出设备，其句柄为“-11”。所以，这个参数可以固定填写“-11”。

第 2 个参数，串指针，一般使用 EBX、ESI 和 EDI 等充当。

第 3 个参数与第 4 个参数，跟“ReadConsole”中的定义类似。

第 5 个参数，无意义。

这里要注意的是，字符串不需要以“$”，也就是 0 来作为最后一个字节。这跟 DOS 系统功能调用的 9 号调用的要求不一样。

14.5 WIN32 控制台程序举例

在说明框架的时候，用了一个显示消息框的例子。那个例子没有体现出控制台输入与输出的风格。本节将使用上节所提到的两个 API 函数，完成键盘的输入和显示器的输出。需要说明的是，32 位的汇编语言，并没有想象中的复杂，反而变得简单了。一是要淡化段的概念。在 DOS16 中，程序员需要时刻知道一个指针是哪一个段的，而 WIN32 对内存采用保护模式来管理，采用平坦模式来使用。所以，将数据段的变量当成高级语言中的变量来使用就可以了。二是不要使用中断指令，也不要直接对端口操作，这些都属于特权操作，被 Windows 保护起来了。三是将调用的概念，从 DOS 系统功能调用转换到 Windows API 的调用。

题目要求：从键盘接收 26 个字母，将其倒序输出到屏幕，最后显示“the program is right!”

题目分析：从键盘接收字符串，用 ReadConsole 函数读取；用显示器显示字符串用 WriteConsole 函数。要将一个字符串倒序，用交换的方法，第 1 个和第 26 个交换；第 2 个和第 25 个交换……显然需要用到 13 次的循环。用 ECX 做循环计数器，用 EBX 和 ESI 做首尾指针。

程序列表：

```
.386       ; 使用了 386 指令集
.model flat,stdcall     ; 使用保护模式管理内存，使用平坦模式使用内存，标准调用函数的方式调用 API
option casemap:none     ; 区分大小写

include windows.inc
```

这 5 个包含语句非常重要，可以当成程序固有的一部分使用。因为使用的 MASM32 程序包的配置不同，所以程序员要根据自己的程序包的文件夹设置方式，使用特定的绝对路径或者相对路径。这里没有使用路径，因为这些包含文件跟 ASM 文件是在同一个路径下。

```
include user32.inc
include kernel32.inc
```

```
includelib user32.lib
includelib kernel32.lib


.data        ; 数据段开始
inputbuffer db 100 dup(?)   ; 缓冲区，其实只开辟 28 个字节就够了，这里开辟 100 个字节的空间，以方便调试
realnum_of_input dd ?               ; 存放实际输入字符串的长度
realnum_of_output dd ?              ; 存放实际输出的字符串的长度
hello db 'the program is right!'    ; 这是一个典型的字符数组
.code
start:invoke GetStdHandle,STD_INPUT_HANDLE
      invoke ReadConsole,eax,addr inputbuffer,30,addr realnum_of_input,NULL
      ; 前面这两句话，是从键盘接收一个字符串，设置最大可以接收 30 个字符。键盘的句柄是通过第一句话中的 API 函数读取到 EAX 中的，其实，可以直接写“-10”
      lea ebx,inputbuffer; ; EBX 指向字符串的首地址
      lea esi,inputbuffer
      add esi,25            ; ESI 指向字符串的末地址
      mov ecx,13            ; ECX 作为循环计数器，这是习惯用法，可以设定为任何一个通用寄存器
    k:mov al,[ebx]
      xchg al,[esi]
      mov [ebx],al          ; 上面的三条指令，完成一对字符的交换
      inc ebx               ; 循环的修改部分，首指针往下移动
      dec esi               ; 循环的修改部分，末指针往上移动

      dec ecx               ; 已经交换了一次，循环计数器减 1
      jnz k                 ; 计数器不为 0，则继续循环
      mov inputbuffer+26,0dh  ; 本条和下条指令，给长度为 26 的字符串的末尾加上回车符和换行符
      mov inputbuffer+27,0ah
      invoke GetStdHandle,STD_OUTPUT_HANDLE
      invoke WriteConsole,eax,addr inputbuffer,28,addr realnum_of_output,NULL
; 上面的两条指令在显示器的当前光标闪烁处，显示一个大小为 28 个字符的字符串。其实，该 API 函数的第一个参数 EAX 可以写成“-11”，这是显示器的句柄
      invoke GetStdHandle,STD_OUTPUT_HANDLE
      invoke WriteConsole,eax,addr hello,100,addr realnum_of_output,NULL
; 显示符号地址“hello”开始的一个字符串。注意这里已经不需要字符串以“$”结束了
      invoke ExitProcess,0 ; 返回操作系统
      end start             ; 汇编结束
```

程序运行结果 1：

```
11111222223333344444555556666666
65555544444333332222211111
the program is right!
```

程序运行结果 2：

```
abcdefghijklmnopqrstuvwxyz
zyxwvutsrqponmlkjihgfedcba
the program is right!
```

请读者思考，为什么第一次输入了 30 个字符，但是最后只显示了 26 个字符串的倒序结果？

如上所示的程序，是一个典型的 Windows 控制台的程序，体现了 32 位 CPU 和 Windows 的

特点。具体表现为：

（1）使用了 32 位的寄存器；

（2）使用了保护模式管理内存；

（3）使用了平坦模式使用内存；

（4）使用了动态链接库机制；

（5）使用了 Windows API 函数。

这些特点是 DOS16 汇编语言所没有的。需要程序员在大量的设计实践中去体会。

本章小结

Windows 控制台程序可以实现类似 DOS16 汇编语言的大部分功能。

显然，Windows 控制台程序不是真正的 Windows 窗口（GUI）程序，它没有体现消息映射和图形界面这两个特点。

现在大家所用的 Windows 操作系统是一个典型的 GUI 操作系统，也可以通俗地叫窗口操作系统。一个窗口，可以是一个包含标题栏、菜单栏、工具栏、客户区、状态栏的很全面的窗口，也可以是一个对话框类型的窗口，也可以是一个警告类型的窗口。

那么用 WIN32 汇编语言是否可以设计 VB 或者 VC 设计出来的应用程序呢?

答案是肯定的。

WIN32 窗口程序与控制台程序的根本区别在于两点：

（1）控制台程序仍然是过程驱动的，不是事件驱动（消息映射）的。

（2）控制台程序没有窗口样式的界面。

所以要用 WIN32 窗口程序设计方法设计真正的 Windows 程序就要解决如上两个问题，即如何构造消息映射机制以及如何用代码“画出”界面。

Windows API 提供了足够的函数，可以让程序员自己构建消息映射的机制；也可以让程序员用代码“画出”界面。

在 Windows 的高级语言集成开发环境中，程序员不需要自己构建消息映射的环境，也不需要用代码来描述界面上的各种资源。程序员只需要理解并且遵循特定集成开发环境的相应机制就可以了。

有的集成开发环境比较简单，容易使用；有的集成开发环境比较复杂，难以驾驭。大部分程序员都觉得 VC 比 VB 的集成开发环境要复杂，其根本原因在于 VC 是基于 C++的类来解释消息映射和界面的。很少有 VC 相关的教材，详细讲解 VC 这一集成开发环境是如何构造出消息映射机制的，是如何用类来管理界面资源的。一来过于复杂，二来这方面的公开的资料比较少。

可喜的是，WIN32 汇编语言可以让程序员彻底理解消息映射和界面资源。当程序员用 WIN32 汇编语言基于 Windows API 开发出窗口应用程序的时候，对这些问题将豁然开朗。

用 WIN32 汇编语言究竟要做什么事情呢?

如果有人要用此开发一个科学运算的程序，是不合理的，因为这有点太复杂了，毕竟有那么多的简单的工具摆在那里。但是，如果我们要设计驱动程序或者一些底层的系统程序，用 WIN32 汇编就很适合了。

另外，如果程序员想彻底明白 Windows 程序设计的基本原理，建议一定要继续学习 WIN32

窗口程序设计部分的内容。

WIN32 汇编语言窗口程序设计方法是理解 Windows 程序设计方法的钥匙，但不是理解 Windows 内核的钥匙。那些需要认识 Windows 内核的人们，仍然要寻找专门的剖析 Windows 内核的书籍，而这完全取决于微软公司愿意公布多少内核原理了。

附录1 DOS系统功能调用

DOS 系统功能调用有 80 多个子程序，每个子程序有一个功能。它们有规定的入口，先送入口信息，最后用中断指令“INT 21H”进入子程序，功能号统一放在 AH 中。以下按功能号的顺序列出各模块的功能入口参数及出口参数。

功能号	功　能	调用参数	返回参数
00H	程序结束	AH=00H，CS=程序前缀区段界地址	
01H	键盘输入单字符	AH=01H	AL=输入字符编码屏幕显示 键入字符
02H	显示输出单字符	AH=02H，DL=字符编码	显示或打印输出单字符
03H	异步通信口输入（传输速度为 2400pbs）	AH=03H	AL=通信口传送的字符编码无校验
04H	异步通信口输出（传输速度为 2400pbs）	AH=04H，DL=字符编码	串行输出 DL 中的字符
05H	打印机输出	AH=05H，DL=字符编码	
06H	直接控制台输入输出	AH=06H，若 DL=0FFH 表示 输入，若 DL≠0FFH 表示输出，DL 中为输出字符的编码	当 DL=OFFH 时，若有字符则输入到 AL，否则 AL=0
07H	无回显直接控制台输入（不做字符串检查）	AH=07H	AL=输入字符编码
08H	无回显键盘输入（做字符串检查）	AH=08H	AL=输入字符编码
09H	显示输出字符串	AH=09H，DS：DX 指向字符串首址，要求字符串以“$”结尾	
0AH	键盘输入字符串	AH=0AH，DS：DX 指向缓冲区首址（其中[DS：DX]为缓冲区最大长度）	[DS：DX+1]存放输入字符数，[DS：DX+2]开始存放实际输入的字符
0BH	检查键盘输入状态	AH=0BH	AL=00H 无输入，AL=0FFH 有输入
0CH	清键盘缓冲区并执行键盘输入功能	AH=0CH，AL=模块号（1，6，7，8 或 OAH）	
0DH	重置键盘	AH：0DH	
0EH	确定默认键盘	AH=0EH，DL=磁盘号	AL=系统中盘数

续表

功能号	功　能	调用参数	返回参数
0FH	打开文件	AH=0FH，DS：DX=FCB 首址	AL=0FFH，不成功 AL=0，成功，$FCB_{C.D}$及 FCB10～FCB25 被设置
10H	关闭文件	AH=10H，DS：DX=FCB 首址	AL=OFFH，成功，AL=0，成功
11H	查找文件名或查找第一个目录项	AH=11H，DS：DX=FCB 首址	AL=OFFH，未找到 AL=0，找到
12H	查找下一个目录项	AH=12H，DS:DX=FCB 首址	AL=OFFH，未找到 AL=0，找到
13H	删除文件	AH=13H，DS：DX=FCB 首址	AL=0FFH，不成功 AL=0，成功
14H	顺序读一个记录	AH=14H，DS：DX=FCB 首址，DTA 缓冲区已设置	AL=00，成功 AL=02，缓冲区不够 AL=01，文件结束 AL=03，读部分记录而结束
15H	顺序写一个记录	AH=15H，DS：DX=FCB 首址，DTA 缓冲区已设置	AL=01，成功 AL=02，磁盘空间不足 AL=03，缓冲空间不足
16H	建立文件	AH=16H，DS：DX；FCB 首址	AL=00，成功 AL=01，磁盘空间不足
17H	改文件名	AH=17H，DS：DX=FCB 首址，DS：DX+17=新文件名首址	AL=00，成功 AL=OFFH，不成功
19H	取当前默认的驱动器号	AH=19H	AL=驱动器号
1AH	设置 DTA	AH=1AH，DS：DX=DTA 首址	
1BH	取文件分配表（FAT）的有关信息	AH=1BH	DS：BX=盘类型直接地址，DX=FAT 表项数，AL=分配单元扇区数，CX=物理扇区字节数
1CH	取制定盘文件分配表（FAT）的有关信息	AH=1CH，DL=驱动器号	DS：BX=盘类型直接地址，DX=FAT 表项数，AL=分配单元扇区数，CX=物理扇区字节数
21H	随机读一个记录	AH=21H，DS：DX=FCB 首址，DTA 已设置	AL=00，成功 AL=02，缓冲区不够 AL=01，文件结束 AL=03，读部分记录而结束
22H	随机写一个记录	AH=22H，DS：DX=FCB 首址，DTA 已设置并填好	AL=00，成功 AL=01，磁盘空间不足 AL=02，DTA 不够
23H	取文件长度	AH=24H，DS：DX=FCB 首址	AL=00，成功，长度在 PCB 中 AL=0FFH，不成功
24H	置随机记录号	AH=24H，DS：DX=FCB 首址	

续表

功能号	功　　能	调用参数	返回参数
25H	设置中断矢量	AH=25H，DS：DX=入口地址，AL=中断方式码	
26H	建立一个程序段	AH=26H，DX=段号	
27H	随机块读出	AH=27H，DS：DX=FCB 首址，CX=记录数，DTA 已设置并填好	AL=00，成功 AL=01,文件结束并读完 AL=02,缓冲区不够 AL=03：量后为部分记录
28H	随机块写入	AH=28H，DS：DX=FCB 首址，CX=记录数，DTA 已设置并填好	AL=00，成功 AL=01，盘空间不足 AL=02，DTA 不够
29H	建立 FCB	AH=29H，ES：DI=FCB 首址，DS：SI=字符串（文件名），AL=0E 非法字符检查位	ES：D1=格式化后的 FCB 首址 AL=00，标准文件 AL=01，多义文件 AL=0FFH，非法盘标识符
2AH	取日期	AH=2AH	CX，DX=日期
2BH	设置日期	AH=2BH，CX、DX=日期	AL=00，成功；AL=0FFH,失败
2CH	取时间	AH=2CH	CX、DX 二时间
2DH	设置时间	AH=2DH，CX：DX=时间	AL=00，成功；AL=0FFH，失败
2EH	置写盘校验状态	AH=2EH，DL=0，AL=状态	
2FH	取 DTA 首址	AH=2FH	ES：BX=DTA 首址
30H	取 DOS 版本号	AH=30H	AL=版本号，AH=发行号
31H	结束程序并留在内存	AH=31H，AL=退出码，DL=程序长度（按块计算）	
33H	Break 检查	AH=33H，AL=0 为取状态，AL=1 为置状态，DL=0 为关，DL=1 为开	
35H	取中断矢量	AH=35H，AL=中断方式码	ES：BX=入口地址
36H	取盘自由空间数量	AH=36H，DL=驱动器号	AX=OFFFFH，无效驱动器号，否则成功， 且BX=可用簇数　DX=总簇数 CX=扇区字节数　AX=每簇扇区数
38H	取国别信息	AH=38H，DS：DX=信息区首址（32 字节），AL=0	DS：DX=信息区首址，其中有国别信息，CF=0，正常；否则出错
39H	建立子目录	AH=39H，DS：DX=字符串地址	CF=0，成功，此时 AX=3；否则失败，此时 AX=5
3AH	删除子目录	AH=3AH，DS：DX=字符串地址	CF=0，成功；否则失败，此时 AX=3，找不到路径，AX=5，拒绝存取

续表

功能号	功　能	调用参数	返回参数
3BH	改变当前目录	AH=3BH，DS：DX=字符串地址	若CF=0，成功；否则失败，此时AX=3
3CH	建立文件	AH 二 3CH，DS：DX 字符串地址，字符串为：驱动器名．路径名．文件名．扩展名，CX= 文件属性	CF=0，成功，则AX=文件号；否则失败，此时 AX=3，路径找不到 AX=4，打开文件多 AX=5，拒绝存取
3DH	打开文件	AH=3DH，DS：DX=字符串地址，AL中为存取码：AL=0，读，AL=1，写 AL=2，读/写	CF=0，成功，则AX=文件号；否则失败，此时 AX=1，无效存取码　AX=2，文件找不到 AX=3，路径找不到　AX=4，打开文件多 AX=5，拒绝存取
3EH	关闭文件	AH=3EH，BX=文件号	CF=0，成功；否则失败,此时AX=6,无效文件号
3FH	读文件	AH=3FH，BX=文件号，CX=字节数，DS：DX=缓冲区首址	若CF=0，成功；否则失败，此时AX=5，拒绝存取，AX=6 无效文件号
40H	写文件	AH=40H，BX=文件号，CX=字节数，DS：DX 缓冲区首址	若AX=CX，成功；否则失败，此时AX=5，拒绝存取，AX=6 无效文件号
41H	删除文件	AH=41H，DS：DX=字符串（驱动器名．路径名．文件名．扩展名）地址	若CF=0，成功；否则失败，此时AX=2，找不到文件，AX=5，拒绝存取
42H	移动文件读写指针	AH=42H，BX=文件号，CX：DX=位移量，AL=0，从文件开始移，AL=1，从当前位置移，AL=2，从文件结尾移	若CF=0，成功；否则失败，此时AX=1，无效的AL，AX=6，无效文件号
43H	修改文件属性	AH=43H，DS：DX=字符串地址，AL=0，取文件属性，AL=1，置文件属性，CX=文件属性	若CF=0，成功，此时CX=文件属性；否则失败，此时AX=1 无效功能码，AX=5 文件找不到
44H	设备文件I/0控制	AH=44H，　BX=文件号 AL=0,读状态　　AL=1,置状态DX AL=2,读数据到缓冲区，其中 DS:DX=缓冲区首址，CX=读的的字节数 AL=6，取输入状态　AL=7，取输出状态	DX=状态
45H	复制文件号	AH=45H，BX=文件号1	若CF=0，成功，此时AX=文件号2；否则失败，此时AX=4，找开文件多，AX=6，文件号无效

续表

功能号	功　能	调用参数	返回参数
46H	强迫复制文件号	AH=46H，BX=文件号 1，CX=文件号 2	若 CF=0，成功，此时 CX=文件号 1；否则失败，此时 AX=4，打开文件多，AX=6，文件号无效
47H	取当前目录路径	AH=47H，DL=驱动器号，DS：SI=内存地址	若 CF=0，成功，则路径全名在所指内存中；否则失败，则 AX=15，驱动器名无效
48H	分配内存	AH=48H，BX=申请内存块数	若 CF=0 成功，此时 AX：0=分配的内存首址；否则失败，此时：BX=最大可用空间块数 AX=7，内存控制块破坏 AX=8，内存不够
49H	释放内存	AH=49H，ES：0=释放内存首址	若 CF=0，成功；否则失败，此时 AX=7，内存控制块破坏，AX=8，内存不够
4AH	修改已分配的内存	AH=4AH，ES 指向已分配段值，BX=要求内存段数	若 CF=0 成功；否则失败，此时：BX=最大可用空间块数;AX=7，内存控制块破坏;AX=8，内存不够
4BH	程序的装入	AH=4BH，DS：DX=字符串地址，ES：BX=参数区首址，AL=0，装入执行，AL=3，装入不执行	若 CF=0，成功；否则失败
4CH	进程结束，返回操作系统	AH=4CH	屏幕显示操作系统提示符 N>
4DH	取子程序退出码	AH=4DH	AH 包含子程序的结束码，其中 00 表示正常结束，01 表示用 CTRL+C 结束，02 表示设备出错，03 表示程序驻留结束； AL 包含来自子程序的返回值
4EH	查找第一个文件	AH=4EH，DS：DX 字符串地址，CX=文件属性	若 CF=0，成功，此时 DTA 中有记载信息；否则失败，此时 AX=21，文件找不到 AX=18，没有文件
4FH	查找下一个文件	AH=4FH，DS：DX 字符串地址，CX=文件属性	若 CF=0，成功，此时 DTA 中有记载信息；否则失败，此时 AX=21，文件找不到 AX=18，没有文件
54H	取校验开关状态	AH=54H	AL=00，为 OFF，AL=01，为 ON
56H	改文件名	AH=56H，DS：DX=字符串 1，ES:DI=字符串 2，字符串 1，字符串 2 表示驱动器名.路径名与文件名．扩展名，字符串 1 是被动的	若 CF=0，成功；否则失败，此时 AX=2，文件找不到，AX=3，路径找不到 AX=5，拒绝存取，AX=17，设备不一致

续表

功能号	功　能	调用参数	返回参数
57H	置或取文件日期及时间	AH=57H，BX=文件号，AL=00 表示读取日期及时间，AL=01 表示置日期及时间，DX：CX 日期及时间	若 CF=0，成功，此时 DX：CX=日期及时间；否则失败，此时 AX=1,无效的 AL,AX=6,无效的文件号
58H	置或取分配策略码	AH=58H	若 CF=0，成功，AX=策略码
59	取扩充错误码		AX=扩充错误码 BH=错误类型 BL=建议的操作 CH=错误场所
5A	建立临时文件	CX=文件属性 DS:DX=ASCIIZ 串地址	成功:AX=文件代号 失败:AX=错误码
5B	建立新文件	CX=文件属性 DS:DX=ASCIIZ 串地址	成功:AX=文件代号 失败:AX=错误码
5C	控制文件存取	AL=00 封锁 =01 开启 BX=文件代号 CX:DX=文件位移 SI:DI=文件长度	失败:AX=错误码
62	取程序段前缀		BX=PSP 地址

附录 2 BIOS 功能调用

INT	AH	功　能	调用参数	返回参数
10	0	设置显示方式	AL=00 40×25 黑白方式 AL=01 40×25 彩色方式 AL=02 80×25 黑白方式 AL=03 80×25 彩色方式 AL=04 320×200 彩色图形方式 AL=05 320×200 黑白图形方式 AL=06 320×200 黑白图形方式 AL=07 80×25 单色文本方式 AL=08 160×200 16 色图形（PCjr） AL=09 320×200 16 色图形（PCjr） AL=0A 640×200 16 色图形（PCjr） AL=0B 保留（EGA） AL=0C 保留（EGA） AL=0D 320×200 彩色图形（EGA） AL=0E 640×200 彩色图形（EGA） AL=0F 640×350 黑白图形（EGA） AL=10 640×350 彩色图形（EGA） AL=11 640×480 单色图形（EGA） AL=12 640×480 16 色图形（EGA） AL=13 320×200 256 色图形（EGA） AL=40 80×30 彩色文本（CGE400） AL=41 80×50 彩色文本（CGE400） AL=42 640×400 彩色图形（CGE400）	
10	1	置光标类型	$(CH)_{0-3}$=光标起始行 $(CL)_{0-3}$=光标结束行	
10	2	置光标位置	BH=页号　　DH,DL=行,列	
10	3	读光标位置	BH=页号	CH=光标起始行 DH,DL=行,列

续表

INT	AH	功　能	调用参数	返回参数
10	4	读光笔位置		AH=0 光笔未触发 =1 光笔触发 CH=象素行 BX=象素列 DH=字符行 DL=字符列
10	5	置显示页	AL=页号	
10	6	屏幕初始化或上卷	AL=上卷行数　AL=0 整个窗口空白 BH=卷入行属性 CH=左上角行号 CL=左上角列号 DH=右下角行号 DL=右下角列号	
10	7	屏幕初始化或下卷	AL=下卷行数 AL=0 整个窗口空白 BH=卷入行属性 CH=左上角行号 CL=左上角列号 DH=右下角行号 DL=右下角列号	
10	8	读光标位置的字符和属性	BH=显示页	AH=属性 AL=字符
10	9	在光标位置显示字符及属性	BH=显示页 AL=字符 BL=属性 CX=字符重复次数	
10	A	在光标位置显示字符	BH=显示页 AL=字符 CX=字符重复次数	
10	B	置彩色调板（320×200 图形）	BH=彩色调板 ID BL=和 ID 配套使用的颜色	
10	C	写象素	DX=行（0—199） CX=列（0—639） AL=象素值	
10	D	读象素	DX=行（0—199） CX=列（0—639）	AL=象素值
10	E	显示字符光标前移	AL=字符 BL=前景色	

续表

INT	AH	功 能	调用参数	返回参数
10	F	取当前显示方式		AH=字符列数 AL=显示方式
10	13	显示字符串 （适用 AT）	ES:BP=串地址 CX=串长度 DH,DL=起始行,列 BH=页号 AL=0,BL=属性 串:char,char,... AL=1,BL=属性 串:char,char,... AL=2 串:char,attr,char,attr,... AL=3 串:char,attr,char,attr,...	光标返回起始位置 光标跟随移动 光标返回起始位置 光标跟随移动
11		设备检验		AX=返回值 bit0=1,配有磁盘 bit1=1,80287 协处理器 bit4,5=01,40×25BW（彩色板） =10,80×25BW（彩色板） =11,80×25BW（黑白板） bit6,7=罗盘驱动器 bit9,10,11=RS—232 板号 bit12=游戏适配器 bit13=串行打印机 bit14,15=打印机号
12		测定存储器容量		AX=字节数（KB）
13	0	软盘系统复位		
13	1	读软盘状态		AL=状态字节
13	2	读磁盘	AL=扇区数 CH,CL=磁盘号,扇区号 DH,DL=磁头号,驱动器号 ES:BX=数据缓冲区地址	读成功:AH=0 AL=读取的扇区数 读失败:AH=出错代码
13	3	写磁盘	同上	写成功:AH=0 AL=写入的扇区数 写失败:AH=出错代码
13	4	检验磁盘扇区	同上（ES:BX 不设置）	成功:AH=0 AL=检验的扇区数 失败:AH=出错代码

续表

INT	AH	功　能	调用参数	返回参数
13	5	格式化盘磁道	ES:BX=磁道地址	成功:AH=0 失败:AH=出错代码
14	0	初始化串行通讯口	AL=初始化参数 DX=通讯口号（0,1）	AH=通读口状态 AL=调制解调器状态
14	1	向串行口写字符	AL=字符 DX=通讯口号（0,1）	写成功:$(AH)_7$=0 写失败:$(AH)_7$=1 $(AH)_{0\text{-}6}$=通讯口状态
14	2	从串行口读字符	DX=通讯口号（0,1）	读成功:$(AH)_7$=0,(AL)=字符 写失败:$(AH)_7$=1,$(AH)_{0\text{-}6}$=状态
14	3	取通讯口状态	DX=通讯口号（0,1）	AH=通讯口状态 AL=调制解调器状态
15	0	启动盒式磁带马达		
15	1	停止盒式磁带马达		
15	2	磁带分块读	ES:BX=数据传输区地址 CX=字节数	AH=状态字节 AL=00 读成功 =01 冗余检验错 =02 无数据传输 =04 无引导
15	3	磁带分块写	DS:BX=数据传输区地址 CX=字节数	同上
16	0	从键盘读字符		AL=字符码 AH=扫描码
16	1	读键盘缓冲区字符		ZF=0 AL=字符码 AH=扫描码 ZF=1 缓冲区空
16	2	读键盘状态字节		AL=键盘状态字节
17	0	打印字符 回送状态字节	AL=字符 DX=打印机号	AH=打印机状态字节
17	1	初始化打印机 回送状态字节	DX=打印机号	AH=打印机状态字节
17	2	取状态字节	DX=打印机号	AH=打印机状态字节
1A	0	读时钟		CH:CL=时:分 DH:DL=秒:1/100 秒
1A	1	置时钟	CH:CL=时:分 DH:DL=秒:1/100 秒	
1A	2	读实时钟		CH:CL=时:分（BCD） DH:DL=秒:1/100 秒（BCD）
1A	6	置报警时间	CH:CL=时:分（BCD） DH:DL=秒:1/100 秒（BCD）	
1A	7	清除报警		

附录3 ASCII 字符表

1. 标准 ASCII 对照表

高四位 / 低四位		非打印控制字符				可打印字符					
		0000		0001		0010	0011	0100	0101	0110	0111
		0		1		2	3	4	5	6	7
		字符	字符解释	字符	字符解释	字符	字符	字符	字符	字符	字符
0000	0	NUL	空	DLE	链路转义	SP	0	@	P	、	p
0001	1	SOH	头标开始	DC1	设备控制 1	!	1	A	Q	a	q
0010	2	STX	正文开始	DC2	设备控制 2	‘’	2	B	R	b	r
0011	3	ETX	正文结束	DC3	设备控制 3	#	3	C	S	c	s
0100	4	EOT	传输结束	DC4	设备控制 4	$	4	D	T	d	t
0101	5	ENQ	查询	NAK	反确认	%	5	E	U	e	u
0110	6	ACK	确认	SYN	同步	&	6	F	V	f	v
0111	7	BEL	响铃	ETB	传输块结束	‘	7	G	W	g	w
1000	8	BS	退格	CAN	取消	(	8	H	X	h	x
1001	9	HT	水平制表符	EM	媒体结束	)	9	I	Y	i	y
1010	A	LF	换行	SUB	取代	*	:	J	Z	j	z
1011	B	VT	垂直制表符	ESC	换码	+	;	K	[	k	{
1100	C	FF	换页	FS	文件分隔符	,	<	L	\	l	|
1101	D	CR	回车	GS	组分隔符		=	M	]	m	}
1110	E	SO	移出	RS	记录分隔符	.	>	N	↑	n	~
1111	F	SI	移入	US	单元分隔符	/	?	O	←	o	DEL

2. 扩展 ASCII 对照表

高四位 / 低四位		1000	1001	1010	1011	1100	1101	1110	1111
		8	9	A	B	C	D	E	F
		字符	字符	字符	字符	字符	字符	字符	字符
0000	0	Ç	É	á	░	└	┴	α	≡
0001	1	ü	æ	í	▒	┴	┬	ß	±
0010	2	é	Æ	ó	▓	┬	┬	Γ	≥
0011	3	â	ô	ú	│	├	└	π	≤

续表

低四位 \ 高四位		1000	1001	1010	1011	1100	1101	1110	1111
		8	9	A	B	C	D	E	F
		字符	字符	字符	字符	字符	字符	字符	字符
0100	4	ä	ö	Ñ	┤	─	Ô	Σ	⌠
0101	5	à	ò	Ñ	╡	┼	╒	σ	⌡
0110	6	å	û	ª	╢	╞	╓	µ	÷
0111	7	ç	ù	º	╖	╟	╫	τ	≈
1000	8	ê	ÿ	¿	╕	╚	╪	Φ	·
1001	9	ë	Ö	⌐	╣	╔	┘	Θ	·
1010	A	è	Ü	¬	║	╩	┌	Ω	•
1011	B	ï	¢	½	╗	╦	█	δ	√
1100	C	î	£	¼	╝	╠	▄	∞	^{n}
1101	D	ì	¥	¡	╜	═	▌	φ	^{2}
1110	E	Ä	_	«	╛	╬	▐	ε	■
1111	F	Å	ƒ	»	┐	╧	▀	∩	

附录 4
常用 DEBUG 命令

Debug 是汇编程序设计的调试工具，它通过提供单步执行、断点设置等功能为汇编程序员提供了有效的调试手段。常用的 Debug 命令如下：

1. 汇编命令 A(Assemble)

格式为：-A[address]

该命令允许键入汇编语言语句，并能把它们汇编成机器代码，相继地存放在从指定地址开始的存储区中。

必须注意：DEBUG 把键入的数字均看成十六进制数，故十六进制数后不用加 H。如要键入十进制数，则必须转换成对应的十六进制数输入。

2. 反汇编命令 U(Unassemble)

格式 1：-U[address]

从指定地址开始，反汇编 32 个字节。如果地址被省略，则从上一个 U 命令的最后一条指令的下一个单元开始，显示 32 个字节。例如，-u100，结果如下。

```
18E4:0100 C70604023801     MOV WORD PTR[0204],0138
18E4:0106 C70606020002     MOV WORD PTR[0206],0200
18E4:010C C70606020202     MOV WORD PTR[0208],0202
18E4:0112 BBO4O2                 MOV BX,0204
18E4:0115 E80200           CALL 011A
18E4:0118 CD20                 INT 20
18E4:011A 50                   PUSH AX
18E4:011B 51                   PUSH CX
18E4:011C 56                   PUSH SI
18E4:011D 57                   PUSH DI
18E4:011E 8B37                 MOV SI,[BX]
```

格式 2：-U[range]，对指定范围内的存储单元进行反汇编

例如：-u100 10C

```
18E4:0100 C70604023801 MOV WORD PTR[0204],0138
18E4:0106 C70606020002 MOV WORD PTR[0206],0200
18E4:010C C70606020202 MOV WORD PTR[0208],0202
```

或

```
-u100 112
18E4:0100 C70604023801 MOV WORD PTR[0204],0138
18E4:0106 C70606020002 MOV WORD PTR[0206],0200
18E4:010C C70606020202 MOV WORD PTR[0208],0202
```

可见这两种格式是等效的。

3. 跟踪命令 T(Trace)

格式 1：-T [=address]，逐条指令跟踪

从指定地址起执行一条指令后停下来，显示所有寄存器内容及标志位的值。如未指定地址则从当前的 CS：IP 开始执行。

格式 2：-T [=address][value]，多条指令跟踪

从指定地址起执行 n 条指令后停下来，n 由 value 指定。

4. 运行命令 G

其格式为：-G[=address1][address2[address3…]]

其中，地址 1 指定了运行的起始地址，如不指定则从当前的 CS：IP 开始运行。后面的地址均为断点地址，当指令执行到断点时，就停止执行并显示当前所有寄存器及标志位的内容，和下一条将要执行的指令。

5. 显示存储单元的内容命令 D

格式为：D[address]或 D[range]

Address 格式------段地址：偏移地址

注意：段地址可以是段名或者数字，D 命令默认显示 DS 段的内容。
Range 格式-----起始地址 结束地址

例如，-d100 120，显示 0100 至 0120 的单元内容。

屏幕最左边显示主存逻辑地址，中间用十六进制表示每个字节，右边用 ASCII 字符表示每个字节，表示不可显示的字符。

6. 检查和修改寄存器内容的命令 R(register)

格式 1： -R，显示 CPU 内所有寄存器内容和标志位状态

格式 2：-R register name，显示和修改某个寄存器内容

例如，键入-R AX，系统将响应如下：

```
AX F1F4 :
```

即 AX 寄存器的当前内容为 F1F4，如不修改则按 ENTER 键；否则，可键入欲修改的内容，如：

AX F1F4 ：059F，则把 AX 寄存器的内容修改为 059F。

格式 3：显示和修改标志位状态

如：-RF，系统将响应，OV DN EI NG ZR AC PE CY-

此时，如不修改其内容可按 ENTER 键；否则，可键入欲修改的内容，如：OV DN EI NG ZR AC PE CY-PONZDINV 即可，可见键入的顺序可以是任意的。

7. 修改存储单元内容：E 命令

第一种格式：格式为：-E address[list]，可以用给定的列表中的内容表来替代指定范围的存储单元内容。

例如，-E DS:100 F3'XYZ'8D

该命令可以用这 5 个字节来替代存储单元 DS：0100 到 0104 的原先内容。

第二种格式：逐个单元相继修改

命令格式为： -E address

例如，-E DS:100

则可能显示为：18E4：0100 89.-

如果需要把该单元的内容修改为78，则用户可以直接键入78，再按"空格"键可接着显示下一个单元的内容，如下所示。

18E4：0100 89.78 1B.-

这样，用户可以不断修改相继单元的内容，直到用ENTER 键结束该命令为止。

8. 填写命令F(FILL)：

格式为：-F range list

例如：-F 4BA:0100 1004 F3'XYZ'8D 使04BA：0100~0104 单元包含指定的五个字节的内容。

或者-F 4BA:0100 L5 F3'XYZ'8D，L5 指定填充的字节数。

如果list 中的字节数超过指定的范围，则忽略超过的项；如果list 的字节数小于指定的范围，则重复使用list 填入，直到填满指定的所有单元为止。

9. 退出DEBUG命令Q(Quit)

格式为：-Q

它退出DEBUG，返回DOS。本命令并无存盘功能，如需存盘应先使用W 命令。

10. 写命令W(Write)

格式：-W[address]，把数据写入指定的文件中。

此命令把指定的存储区中的数据写入由CS：5CH 处的文件控制块所指定的文件中。如未指定地址则数据从CS：0100 开始。要写入文件的字节数应先放入BX 和CX 中。

参考文献

1. 李顺增等编著. 微机原理及接口技术. 北京：机械工业出版社，2006.

2. 钱晓捷，陈涛编著. 16/32 位微机原理汇编语言及接口技术（第二版）. 北京：机械工业出版社，2005.

3. 赵伟主编. 微机原理及汇编语言. 北京：清华大学出版社，2011.

4. 王克义编著. 微机原理与接口技术. 北京：清华大学出版社，2012.

5. 周明德主编. 微机原理与接口技术（第二版）. 北京：人民邮电出版社，2007.

6. 钱晓捷编著. 16/32 位微机原理、汇编语言及接口技术教程. 北京：机械工业出版社，2011.

7. 刘立康，黄力宇，胡力山编著. 微机原理与接口技术. 北京：电子工业出版社，2010.

8. 洪志全，荣莹等编著. 现代微机原理与接口技术. 北京：机械工业出版社，2008.

9. 黄文生，庄志红主编. 微型计算机原理及其接口技术. 北京：国防工业出版社，2011.

10. 熊江，杨凤年，成运主编. 微机系统与接口技术. 武汉：武汉大学出版社，2007.

11. 王爽著. 汇编语言（第 2 版）. 北京：清华大学出版社，2008.

12. 沈美明，温冬婵编著. IBM-PC 汇编语言程序设计（第二版）. 北京：清华大学出版社，2012.

13. 彭虎，周佩玲，傅忠谦编著. 微机原理与接口技术（第 2 版）. 北京：电子工业出版社，2008.

14. 龚尚福主编. 微机原理与接口技术（第二版）. 西安：西安电子科技大学出版社，2008.

15. 李云强主编. 微机原理与接口技术. 北京：中国水利水电出版社，2010.

16. 谢维成，牛勇主编. 微机原理与接口技术. 武汉：华中科技大学出版社，2009.

17. 周国祥主编. 微机原理与接口技术. 合肥：中国科学技术大学出版社，2010.

18. 陈光军，傅越千主编. 微机原理与接口技术. 北京：北京大学出版社，2007.

19. 戴梅萼，史嘉权编著. 微型计算机技术及应用（第 4 版）. 北京：清华大学出版社，2008.

20. 王忠民主编. 微型计算机原理（第二版）. 西安：西安电子科技大学出版社，2007.